笔记大自然

Keeping a Nature Journal

[美] 理查德·洛夫 著

琪琪 译

民主与建设出版社

© 民主与建设出版社，2022

图书在版编目（CIP）数据

笔记大自然 /（美）理查德·洛夫著；琪琪译
. —北京：民主与建设出版社，2020.11
书名原文：THE NATURE PRINCIPLE: RECONNECTING
WITH LIFE IN A VIRTUAL AGE
ISBN 978-7-5139-2819-9

Ⅰ. ①笔… Ⅱ. ①理… ②琪… Ⅲ. ①自然科学 – 普
及读物 Ⅳ. ①N49

中国版本图书馆CIP数据核字（2020）第233024号

北京市版权局著作合同登记号：图字 01-2021-2245

笔记大自然
BIJI DAZIRAN

著　　者	［美］理查德·洛夫	译　　者	琪　琪
责任编辑	李保华	封面设计	主语设计
出版发行	民主与建设出版社有限责任公司		
电　　话	（010）59417747　59419778		
社　　址	北京市海淀区西三环中路10号望海楼E座7层		
邮　　编	100142		
印　　刷	三河市金轩印务有限公司		
版　　次	2020年11月第1版	印　　次	2022年2月第1次印刷
开　　本	710mm×1000mm　　1/16	印　　张	20
字　　数	700千字	书　　号	ISBN 978-7-5139-2819-9
定　　价	68.00元		

注：如有印、装质量问题，请与出版社联系。

各界评论

"如果我们投入在大自然中和沉浸在电子产品中的时间一样多，生活会变成什么样？"在理查德·洛夫的世界里，我们会更加快乐和健康。抑郁、焦虑、注意力不集中等问题出现频率会更低。我们会建造更加整洁、可持续发展的社区。"

——《芝加哥论坛报》

"拥有记者视角的理查德·洛夫说在科技铺天盖地的时代，人们比任何时刻沉浸在'电路的海洋里'都要深，我们也就更需要和大自然联系起来……洛夫的《自然法则》在美国任何城市都会是胜利者——尤其考虑到当地人的健康和幸福。"

——尼尔·皮尔斯，《华盛顿邮报作家团体》专栏作家

"洛夫关注的是一些重要的、永恒的观点，当你合上最后一页，你不仅会明白为什么要和大自然建立和加深联系，你还会明白……他的书振奋人心，让你觉得应该立刻行动。"

——《圣迭戈联合论坛报》

"在肯定人类价值和创造力的同时，洛夫证明了我们能够回到大自然的家庭中。"

——玛丽·凯瑟琳·贝特森，《青春永不落 ：不怕老的理想生活指南》作者

"引人入胜的故事（在阿拉斯加和家人一起嗅着棕熊味道旅行）和最新的研究（医院住院的病人中，那些窗外有绿树的病人比窗外是砖墙的病人住院时间更短，吃的止疼药更少）把大自然融入生活中的实际办法（他所说的'深入自然的绿色锻炼'）结合起来，《自然法则》既富有知识性又能启发人。读这本书就好比进行一次提神的思想和灵魂的远足。"

——欧普拉网站

"有力地论证了大自然的重要性……古老的智慧，在被沥青包裹的世界里需要再次拿出来警醒世人。"

——《柯克斯书评》

"洛夫的激情很有感染力……他列出了一百个我们应该到户外的理由，消灭了待在室内的每个借口。"

——《地球上》杂志

"《自然法则》，理查德·洛夫再次送给我们最需要的书籍，不只是现在，而是一直以来……这部精妙的，独创的，幽默的和绝世的佳作指明了在这个世界里我们回家的道路 ：这本相当于大自然定律的书值得我们关注。"

——罗伯特·迈克尔·派尔
《被雷击过的树 ：城市荒地和蝴蝶百合路的经验教训》作者

"书中穿插着可靠的科学研究，多彩、真实的人生趣事和个人经历，洛夫向我们展示了自然法则如何帮助我们改善生活、工作、玩耍、锻炼、探索、旅行和放松的方式。"

——《灵性与实践》时事通讯

"理查德·洛夫创造了'自然缺失症'一词，来描述在成长过程中被剥夺了在泥泞的溪流中涉水玩耍权利的那些儿童。这本新书《自然法则》则强调成年人也需要大自然——作为一剂补药，一种平衡力和治疗法。对这个观点，我深信不疑。"尼古拉斯·D. 克里斯托夫在《纽约时报》专栏中写道："我们急切需要这部作品……这本书的道理不言而喻，洛夫对他简单的计划胸有成竹：学校里有更多绿色，社区提供更多接触大自然的机会，让人们掌握工具的重要性，以及用健康创建更美好的世界。"

——《洛杉矶时报》

"富有激情，呼吁人类更多地接触大自然。"

——《加利福尼亚书评》

"文笔优雅，这本书可以看作是户外活动恢复能量的颂歌。"

——《弗吉尼亚生活》期刊

"我们忽视了这本书，以及在它冒险方面能教给我们的东西。"

——《里士满时讯报》

"洛夫从方方面面证明接触大自然（维生素 N）有助于我们的身心健康……他设法鼓励读者，让读者感觉自己正参与到一种历史性的，让人兴

奋的运动中……读完一页又一页，我们不难发现在重建自然来治愈世界的
过程中，我们治愈了自己。"

——《猎户座》杂志

"一次和环境联系起来的探索，里面有很多幸福的反馈。"

——《奥斯汀纪事报》

"放下遥控器，走到户外。理查德·洛夫的这本新书为建立大自然智
能型的社区提供了让人耳目一新的个人的和有说服力的案例，这样的社区
不仅会保护地球上生命的多样性，还会维持我们的社区和我们自己。"

——国家奥杜邦协会主席和首席执行官戴维·亚诺德

"洛夫从很多方面描述了和大自然世界重新联系起来对人类健康的重
要性。我相信他关注的是很重要的东西，不仅是为了孩子们。"

——《夏洛特观察家报》

"父母们，理查德·洛夫坚定地告诉你们，孩子们应该花更多的时间
在户外，在大自然中。实际上，你们真应该这样做。"

——《密尔沃基新闻卫报》

"我们建立了精致的社会，这种设计让人类和环境分离，这样使得我
们——理查德·洛夫现在正在告诉我们，具有启发性地告诉我们，为什么
没必要这样。"

——塞拉俱乐部前董事长卡尔·波普

"读完《自然法则》，你一定会明白在保护大自然和与大自然建立联系方面，时间是本质，行动起来，改变还来得及。"

——《卡斯卡迪周报》

"这个及时的，鼓舞人心的重要作品会给读者带来新的希望，同时让人们再次思考我们的生活方式。"

——美国游戏联盟

"《自然法则》第一章还没读完，我就在头脑中构思好了这个月末带孩子们去斯特福德岩石公园的计划。"

——《芝加哥太阳时报》

"'自然缺失症'的词汇是理查德·洛夫发明的……为了指出一个深藏的真理：我们人类——包括孩子和成年人——是进化遗产的组成部分，需要花大量时间在野外和户外，如果做不到的话，我们会遭受损害……我目睹了太多例子，大自然缺乏是产生很多负面心理趋势的主要起因，包括现代社会流行的抑郁症。"

——《新闻周刊》的安德鲁·韦尔博士

"洛夫探索了大自然如何帮助我们提高智商和激发创造力。即使在冬日，这是本好读物，也是沉思大自然世界对我们的健康是何等重要的好时间。"

——《亚利桑那每日太阳报》

"电子世界里对人类心智健全最后一次呼吁，也是最后一次召唤人们回到大自然的家里，那里孕育着人类最宝贵的品质，创造力，智力，联系和同情心……《自然法则》是教师，家长，设计师，城市规划者和任何喜欢好书的人的必读书目。马上行动：拔掉电源，关机，离线，到户外去，重新呼吸，在现实世界里变回真实的自我。"

——戴维·W. 奥尔，《希望是必需品》作者

"我们创造的环境让我们悲伤、肥胖和不健康。理查德·洛夫做出有见地的诊断，并为我们指出了强有力的治疗办法，我们都需要的药物，维生素 N。"

——理查德·J. 杰克逊，硕士，加州大学洛杉矶分校公共健康学院，环境健康科学教授

"这个重要的、有力量的愿景，为我们勾画了追求更美好的世界，做更快乐、更健康的居民的蓝图。"

——萨莉·朱厄尔，区域经济一体化主席和首席执行官

"很赞！《自然法则》是壮观的结合体，收集了大量证据证明了一个对我们来说显而易见的真理，但是因为我们的担心而被藏在耀眼的光亮后：我们的健康、创造力、基本的理智都依赖于定期和周边的生活环境的接触和交流。"

——戴维·艾布拉姆《变成动物》和《感官的咒语》作者

感谢托马斯·贝里和戴维·F. 博带给我的回忆和灵感。

我们在自己生活中对品质的追求是任何人一生追求的核心，也是每个

人故事的核心。正是追求这些瞬间和状态的时候，我们活得最清醒。

——克里斯托弗·亚历山大，《建筑的永恒之道》

　　当对世界绝望的心情在我内心滋生，夜晚轻如飘絮的声响也会把我吵醒，我担心自己的生活，还有孩子们的生活会变成什么样，我走到门外，躺下，木鸭在水面上栖息着，夜鹭正在觅食。我融进了荒野的平静里……在大自然的恩惠中，我放松下来，也自由了。

——温德尔·贝里

理查德•洛夫的其他作品

《林间最后的小孩：拯救自然缺失症儿童》

《鲨鱼飞鱼：一个美国人的旅行》

《生活的网》

《父爱》

《101 件能为孩子们的未来做的事》

《童年的未来》

《美国 2》

| 目录 |

致谢

　　我的妻子凯西为本书的架构和书中的许多想法做出了巨大贡献，不仅因为她的善良和对我写作的帮助，还有她活跃的思维和艺术性的头脑，这点在书中很多地方都可以体现出来。同样还要感谢我的两个儿子。贾森，一位温文尔雅的作者和编辑，在早期调查研究阶段帮了我很大的忙，还贡献了他在哲学、宗教和广告方面的丰富知识；马修以他的敏锐的洞察力和智慧也贡献很多，通常都是他在溪流中撒网的时候提供的。我的朋友迪安·斯塔尔也提出了很好的支持，还有智慧和幽默。罗宾·比约恩森在编辑方面提供了果断和勇敢的意见。詹姆斯·莱文是个很棒的朋友，也是个出色的经纪人。我经常说在阿岗昆，我有全世界最好的出版商，才华横溢的伊丽莎白·莎莱特此时正在主持一场有关耐心的研讨会，或者说应该是。这本书很多地方都能发现阿岗昆团队成员的痕迹，包括执着和精明的编辑埃米·加什、艾娜·斯特恩、布伦森·胡尔、迈克尔·托肯斯、克雷格·波佩勒斯、凯利·博文、谢里尔·尼克基塔。自从《笔记大自然》出版后，我们的大家庭里同事数量日渐增多，他们创办了儿童与自然组织，其中包括谢里尔·查尔斯、埃米·珀楚克、马丁·莱布兰克、迈克·珀楚克，已故的约翰·帕尔、尤瑟夫·伯吉斯兄弟，马蒂·埃里克森、霍华德·弗鲁姆金、贝蒂·汤森、弗兰·梅因尼拉，还有普通市民：胡安·马丁内斯、埃弗里·克利里、约翰·蒂尔巴、南希·赫伦、玛丽·罗斯科、鲍勃·皮尔特、斯文·林德布拉德以及还有很多为这本书提供想法和鼓励作者的人。还有我的弟弟马克·洛夫和我的朋友（当然，这里没有全部都列出来），包括卡伦·兰登、彼得·凯和马蒂·凯、安妮·皮尔斯·霍克、约翰·约翰斯、尼尔·皮尔斯、鲍勃·伯勒斯、彼得·西布林、乔恩·芬纳比克、比尔·斯托瑟尔斯、辛迪·琼斯，乔恩·沃尔特曼、加里·希尔伯乐、约翰·鲍曼、斯蒂夫·邦奇、唐·利弗林，我还要感谢鲍勃·珀克威斯和生态美国团体，他们帮助建立了自然岩石机构，还要感谢《猎户座》杂志和《圣迭戈联合论坛报》，在这两个地方我最先产生了写这本书的部分想法。这本书在某种程度上也要归功于越来越多的出于人类天性热爱自然理论的支持者们的开拓性工作，包括斯蒂芬·凯勒特，他曾邀请我参加过一场非常重要的生物区设计会议，在场的还有 E.O. 威尔逊，戴维·奥尔，蒂姆·比特利，罗伯特·迈克尔·派尔，以及那个新世界里其他的顶尖学者们。

成年人的自然缺失症

听：隔壁铃声响起，那是美丽的宇宙在召唤；我们出发吧。

——爱德华·艾斯特林·卡明斯

沿着一条土路，我们穿过了一片土坯房村落，这是新墨西哥州逐渐衰败的波多德卢娜村。接着越过一座架在佩科斯河水位较浅处的矮桥，就开进了一座长满青椒的山谷，这些植物附着在红砂岩的峭壁上。我们的大儿子贾森那年三岁，正在后座上睡觉。

"这个路口吗？"我问妻子。

"下一个。"凯西说道。

　　我从租来的车上走下来，打开大门，开进了这片属于我们的朋友尼克·雷文和伊莎贝尔·雷文的土地。那年他们正好外出在墨西哥州的首府圣菲上班，他们的农场和房屋都空置着。贾森出生前，我们就认识了。凯西和我曾在附近的圣罗莎度过两个夏天，当时她在一家医院工作。

　　如今，在一段紧张的生活过后，我们回来小住几个星期。我们需要这样的闲暇时间，不单是为了自己，也是为了贾森。

　　我们走进那间落满灰尘的土坯房，检查了一下房间，这房子还是我在某年夏天帮尼克盖的。接着，我开了屋里的电闸和水闸，心想雷文家的宅子终于装上了室内水管，随后便走进了厨房，打开了水龙头。忽然一只一英尺（约合 30 厘米）长的蜈蚣从下水管里窜了出来，它挥舞着尾巴朝我的脸扫来。我不知道到底谁更怕谁，是蜈蚣更怕我，还是我更怕它，但握着一把牛排刀的人是我。

　　后来，凯西和贾森睡午觉了，我一人来到屋外，太阳很晒，尼克那把已经生锈的折叠椅还在，我把它搬到树荫下。我和尼克经常在这棵树下乘凉，那时为了盖这间房子，我们在地上挖了一个坑，填满稻草、沙子、泥土和水后不断地搅和，累了就在这棵树下休息一会儿。我想起了尼克，想起了我们关于时政的争论，还有青椒炖菜，伊莎贝尔总是把菜放在柴火炉子上加热，然后盛到金属盆里，即使在天气最热的日子里。

　　我独自坐着，望向远处的佩科斯河，岸边生长着一排白杨树。午后雷雨云正在沙漠上空升起，逐渐向东，向河对岸沉积的那片砂岩飘去。田地里的辣椒在太阳的炙烤下颤动。风吹动头顶的树叶，哗啦啦地作响，树枝也跟着沙沙地响。我的目光停留在河边的一棵白杨树上，树上部的枝条和叶子以缓慢的节奏摇曳着。一个小时，或者更长的时间就这样过去了。紧张的情绪先爬上心头，又爬开，在一片绿地上空旋转，最后消失了，取而代之的是一种十分惬意的感觉。

24 年后，我还是会想起河边的那些白杨树，似乎我可以从大自然中得到我所需要的东西：一种难以捉摸的东西，我也不知道该称作什么。

我们曾经考虑过搬到新墨西哥州，或者以农业为主的佛蒙特州。但每天似乎都觉得在我们现在生活的地方也能找到这样的感觉，即使在最密集的城市里，也会在最意想不到的地方发现城镇中的那片未被破坏的大自然。在我们生活、工作和娱乐的地方也能还原或者创造出这样的生物区。

愿望如此强烈的人不只是我们。

有一天在西雅图，一位女士竟然抓着我的衣领说："听着，成年人也有自然缺失症。"当然，她说得对。

2005 年，我在《林间最后的小孩》一书中初次提出了自然缺失症这一概念，它并不是医学上的诊断结论，而是描述儿童和大自然间的距离越来越远的一种现象。书出版后，我听到很多成年人动情地、甚至很气愤地讨论这种缺失感，而且他们自己也感受到了那种缺失感。

我们和自然之间的关系或者我们所缺少的与自然的接触影响着我们每天的生活。这是一个亘古不变的事实。在 21 世纪，我们要想生存或者繁荣就要改变我们当今的这种现状，让人类和自然重新联系起来。

本书中，我描绘了一个由自然法则构成的未来，这里荟萃着各种新的理论和趋势，还有一些和传统观念的融合。该法则强调将人与自然重新联系起来，这对人类的健康、幸福、精神和生存有着至关重要的作用。

自然法则最初只是一种哲学说法，后来有越来越多的理论性、趣闻逸事性和观察性的研究都支持这一原则，认为自然拥有重塑的力量，可以影响我们的感官和智力，我们的身体、心理和精神健康，还有我们与家庭、朋友和多层次的社会团体间的联系。在写这本书时，我的很多灵感得益于我遇到的那些人，他们的想法和故事。这本书提出的思考是：如果每个白天和夜晚，我们投入到大自然的时间和投入到科技产品中的时间一样多，生活会发生什么改变？我们每个人该怎样做才能创造出那个增益人生的世界，不是在假想的未来，而是在现在，为了我们的家人，也为了自己？

紧迫感一直在增强。2008 年，人类历史上第一次，有过半的人口居住在城镇和城市中。人们传统的认识和感知自然的方式在逐渐消失，同时还伴随着生物多样性的消失。

与此同时，我们的文化信仰在科技的浸透过程中变得几乎没有底线，人们越浸越深，沉浸到电路系统的海洋里。媒体大规模地宣传人工合成生命，将细菌和人类 DNA 相结合；设计出微观器材进入人体中与生物入侵者斗争，或者是在战争的沙场上制造出一片置人于死地的云团；伴随着计算机日渐增多的现实，未来的房屋里，我们周围的模拟现实会透过每一面墙传输进来。我们甚至会听到"变性人"或"复活人"时代的说法，到时候人类会被科技优化，还有"后生物宇宙"的时代，美国国家航空和宇宙航行局的史蒂文·迪克是这样描绘那个时代的："大部分的智能生命都进化到了超越血肉之躯的地步。"

本书并不是反对这些观念，以及它们的支持者——至少不是针对那些遵循伦理道德来研究科技，从而扩展人类能力的人们。但本书的确认为我们有些过头了。我们还未完全意识到，全面地研究大自然的力量能够帮助人类提升自我。在一篇称赞高科技教室的文章中，一名教育工作者引用了亚伯拉罕·林肯的话："平静的过去留下的那些教条已无法满足暴风雨似的现今的需求。如今困难堆积如山，我们必须随着时事崛起。既然问题是新的，那么思考和行动的角度也得是崭新的。"我们的确应该那样，但是在 21 世纪，颇具讽刺意味的是，人类对科技——让我们远离大自然的科技的过度信仰必须成为这个时代所淘汰的教条。

相反，自然法则建议，在当今自然、经济与社会飞速变革的时代，未来将属于自然智能型的人，即那些能够从更深层次来理解自然，将虚拟与现实平衡好的个人、家庭、企业和政治领袖。

2010 年，《阿凡达》的票房创了历史新高。它的成功不仅在于先进的 3D 电影技术，更多的是它唤醒了人们内心的渴望——我们的直觉，有朝一日，濒临灭绝的人类因失去与大自然间的纽带而将为此付出惨痛的代价。描述影片传递的中心思想时，制片人詹姆斯·卡梅隆说道："影片引人深思的是我们彼此间的关系，一种文化和另一种文化间的关系，还有在这个大自然缺失症泛滥的时代，我们与自然界的关系。"这种集体缺乏症威胁着我们的健康、精神、经济和未来的环境。然而，尽管看似胜率不高，但是带来有创造性的变革还是可能的。我们已经感受到的这种缺失感和已经了解的事实，将奠定大自然的新时代。实际上，正因为今天所面对的环境挑战，我们才会——最好——挺进人类历史上最有创造性的阶段，以建立和扩大环境主义为目标，包括不仅保证每天能够重新自然化我们的生活，而且更要超越这一点。

在自然变革力量的基础上，七种相互交叠的感官能够重新塑造现在和未来的生活。它们一起汇聚成了一种力量：

科技越发达，我们就越需要亲近自然，这样才能实现大自然平衡。

头脑、身体和自然的联系，也称为维生素 N——自然维生素，自然

（Nature）一词的首字母，这种维生素将有益于身体和心理健康。

科技和自然可以提升我们的才智、创造性思维、生产力，最终产生一种混合思维。

人类和大自然的社会资本将丰富并重新定义"社区"一词，届时全部生命体都会涵括在内。

在这个有新目标的地方，自然历史和人类历史对区域和个人的身份鉴定将同样重要。

崇尚人类天性热爱自然的设计理念，我们的房屋、工作地点、社区和城镇不仅能节约能源，还能制造出人类所需的能源。

在与自然的联系中，高效能的人类，在我们生活、学习、工作和娱乐的地方，保护和创造自然栖息地——还有新的经济潜力。

无论年轻人、老人还是中年人，我们都可以通过和大自然建立联系——或者重新建立联系——来获得意想不到的好处。那些疲倦、烦躁的人们，来到户外世界能够扩展我们的感官，重新燃起童年以后就再也没有感受过的令人敬畏的、神奇的感觉；它能帮助我们获得更健康的身体，提高创造力，创造新的事业和商机，充当家庭成员间和社会团体间的纽带。大自然能帮助我们体验到更加充实的活着的感觉。

本书为这个逐渐兴起的研究提供了一个范例，我并没有刻意地排斥任何与我的中心论点相矛盾的研究。但是，我希望这本书能为将来的研究提出有参考价值的论点。在此还要补充的是：我的观点不是仅仅依靠科学实验，还有人类与大自然相处的长期经验，普通人的故事和我的反思。

质疑者会说大自然这个处方是有问题的，鉴于我们在不断破坏自然的事实，质疑者的观点或许会成真的。如果我们继续破坏身边的大自然，自然界对人类的认知和健康有益的事实将不复存在。但是那种破坏是在人类没有和自然进行重新连接的前提下。这就是为什么自然法则不仅提倡保护，还提倡重建自我的同时重建自然；在我们曾经居住过或从未居住过的地方，创造新的自然栖息地，在家里、工作场所、学校、社区、城市、郊区和农场里亦然。本书讲述的是在大自然中生活的力量——不是与大自然分别存在，而是融入到大自然之中。21 世纪将成为人类在自然世界中重塑自我的世纪。

小马丁·路德·金过去常说如果无法勾勒出人们所期待生活的世界的画面，任何运动——任何文化——都将灭亡。眼下勾勒出该画面的第一笔已经完成。

这本书是关于那些在日常生活中或以外，正在努力创建那个世界的人们，以及如何加入其中的办法。

第一部分

自然神经元

智力，创造力和混合思维

那些热爱大自然的人，他们内在和外在的感官能力仍然能够真正地相互协调。

——拉尔夫·沃尔多·爱默生

自然界并不仅是一系列的束缚，还包含着让我们能够更好地实现梦想的环境。

——保罗·谢泼德

第一章　为熊歌唱
探索感官能力的所有作用

当下的世界里还存在着另一个世界。

——苏珊·凯西，《恶魔之牙》作者

人类这个物种，只有在白天和晚上都与自然界接触时，才会觉得活在地球上最有生命力。新出生的婴儿，一件叹为观止的艺术品，陷入爱河，都能让我们体验到无尽的快乐。但是所有生命都源于大自然，如果远离那个广阔的世界，我们的身体和精神将会变得迟钝，并一点点被削弱。重新与身边的或者远一点的自然环境联系起来，会为我们打开一扇崭新的、通向健康、创造力和神奇力量的大门。这种事永远不嫌晚。

那年我的小儿子马修 20 岁，我俩在阿拉斯加的科迪亚克岛上徒步逆流而上。我们的向导乔·索拉基安教我们如何感知科迪亚克棕熊的出没，这种棕熊体型是同类中最大的，跑起来时速可达 35 千米。

"最重要的是千万别惊吓到它们。"乔说。

还有，时刻铭记蒂莫西·崔德威尔的命运，他是一名纪录片导演——也是棕熊的食物——永远也不要尝试和它们做朋友。

两面像墙一样的森林中间夹着一片深潭碧水，各种鲑鱼，王鲑、粉红鲑都游到这里产卵，但它们中很多都将在这里死去，因为这里是棕熊的厨房。我们边走边交谈，唱歌，摇晃衣服上为熊准备的铃铛，观察动物的足迹，嗅着空气中那种与众不同的味道，那是麝香味和鲑鱼尸体的腐烂味混在一起的味道。在那个星期，那种味道不时地会忽然飘到附近的空气里，然后我们背上和脖子上的汗毛都会立起来。因为那意味着有只熊正在灌木丛中或者在河道拐弯处盯着我们，或者它刚刚离开。

有一天下午，我们真的看到了一只熊。它出现在逆风方向，也超出了我们能听到的范围。它从森林里出来，在碎石沙洲上缓慢移动着，抬起了鼻子，犹豫了一下，然后转身迈着大步蹚过小溪，钻进了树林里。

为熊唱歌每一天都让生命处在危险之中。

生活在这座岛上也同样如此。1964 年，一场海啸，30 英尺（约合 9 米）高的巨浪将海岸沿线的村庄全部吞噬。1912 年的灾难更加残酷，卡特迈火山喷发了。"那天下午大约三点钟，我们刚从森林里走出来，就看到一团巨大的扇形云团，那是有生以来见过的最大的云团，就在村子的西边。"科迪亚克岛的幸存者希尔德雷德·厄斯金回忆道，"那是我见过的最黑、最厚的云团。闪电频繁地划过天空……阿拉斯加平时少有雷电交加的暴风雨。那天，静电干扰很严重，广播人员都不敢靠近设备。" 天也黑了下来，这种现象在六月份的科迪亚克岛非常罕见，因为这个月份岛上几乎都是白昼。"我们开始回忆庞培古城人民的命运。"（意大利南部古城，公元 79 年，火山爆发，全城湮灭。）

火山灰填满了湖泊；正值筑巢、产卵期的雷鸟无一幸免；虹鳟鱼也是同样的命运；岛上大部分的动植物都被活埋了。但是没过多久，生命在这一灰烬中重新开始。重复了从大陆方向上吹来的风前所未有地给岛上送来了树木和植物的种子，令整座岛重获新生。从地质学角度来讲，现在科迪亚克岛的外观和岛上的生命都是崭新的，它也在提醒着人们万物伊始的另一面是死亡。

飓风卡崔娜过后，有人说新奥尔良应该重新还原它的海岸湿地环境，当地人口应该被转移到地势高的周边城市里，也许被水淹没的波本街的游乐园转移起来不费劲。湿地重建的办法很明智，因为从某种角度来看，它提倡回归自然的、应受保护的栖息地。但是，有人说那些生活在曾经发生过自然灾害的地方的人都是傻子，他们说这话时，好像真的以为绝对的高地是存在的。人们，包括你我在内，在面临自然灾害威胁的时候，真的应该离开我们赖以生存的栖息地吗？什么地方能没有洪水和火灾呢？难道要去那看似安全的密苏里州的"靴子后跟部"？那里可是曾经改变了密西西比河航道的断层处。

卡特迈火山喷发后，半个多世纪过去了，我和儿子来到了这片土地上，暗沉沉的火山灰孕育着新的生命。生命从悬崖边缘退了回来，正在开始新的前行。我和马修决定继续向上游前进。我们比平日里任何一天都清醒和谨慎，竖起耳朵、抬着头，运用各种感官思考着风带来的任何讯息。

一旦感觉到有东西在靠近，我们就摇起铃铛，开始唱歌。

比我们觉察到的要多得多的感官能力

平常的日子里，人们不会想到为熊唱歌或者靠嗅觉来判断它们的位置，但是在此刻，我们与生俱来的感官能力，尽管平时很少用，竟都成了好办法。

我们中很多人都渴望在生活中可以运用到更多的感官能力。

自然缺失症最泛泛的解释是所谓意识的萎缩，身边的生活，无论以什么方式，我们都会渐渐地找不到它的意义。这种生活的衰退直接影响到了身体、精神和社交的健康状况。我们的感官与大自然建立联系不仅能逆转自然缺失症，还能使生活变得丰富多彩。在《感觉的自然史》一书中，黛安娜·阿克曼写道："人们以为思维存在于大脑中，但最新的生理学研究表明思维实际上并不驻扎在大脑里，它是随着酶的活动在身体各处忙碌着，参与到我们的感官活动中去，包括触觉、味觉、嗅觉、听觉和视觉。我们这些居住在城市里的人总是羡慕或惊叹澳大利亚土著人或其他'原始'人的那些看似超人类或者超自然的能力，认为这些能力在人们身上退化得已经所剩无几，就像那根已经退化的尾骨。而我却不这样认为。这些天赋并没有完全退化，而是被我们的嗅觉和推断能力掩盖了。"

你是否好奇过自己为什么会有两个鼻孔？加利福尼亚大学伯克利分校的一位研究人员就想到了这一点，并把研究成果发表在《自然神经科学》期刊上。美国西北大学的神经学教授杰伊·戈特弗里德写道："这项研究给我的最大启示是，人类的嗅觉能力远比多数人想象到的要强。有限的视觉和听觉信息流确实构成了我们生命中最主要的感官信息流，但是所有的感官能力都比我们想象的要更强大。"研究人员挑选了一些大学生来进行实验，给他们戴上了遮住两眼的护目镜、耳塞、工作手套，这样他们的这些感知器官就被屏蔽了。然后他们零散地站在一片空地上，多数学生都能够追随着巧克力的香味，走完 30 英尺（约合 9 米）的路线，甚至能在这条不可见的路上精准地改变方向，完成转弯。受测者在两个鼻孔都可用的情况下嗅觉更加准确， 研究人员说这好比是听双声道的立体声。一名研究人员假定大脑能够从两个鼻孔里接收到气味不同的"图像"，然后合成一条路线图。学生们发现自己有呈"之"字形移动的能力，该能力也是狗在跟踪目标时所使用的能力。

研究还发现学生的嗅觉跟踪能力在有目的的训练的情况下可以提高，也就是说人类能够提高自己的跟踪能力，甚至敌得过很多其他动物。据诺姆·索贝尔研究员介绍，狗在这方面的能力比人类强，部分原因是狗嗅得更快，非常快。"我们在这方面测试上做些干扰后发现，受测者如果加快行进步伐，他们就必须加快嗅的速度来获得同样的信息。"索贝尔说道，"我们发现人类不仅有能力完成气味的跟踪，同时还能够模仿其他哺乳动物的跟踪模式。"

还有哪些能力被我们遗忘了？我们允许科技的一团团连接线日益把自己勒得更紧，在看、听和学习的过程中，我们还遗失了什么？我们怎样做才能重新拾起这些天生的，却已经变得模糊的能力，并用到当今的生活中来呢？

也许你不由得想起了以前的时光，那时你能更多地感受到这个世界，的确如此。那时的你是新的，世界也是新的。当我还是小男孩时， 经常会走进树林里，找棵树靠着坐下，润湿我的拇指，用来擦两个鼻孔。我曾看书中写过，那些拓荒者和印第安人会这样做，目的是让自己的嗅觉更加灵敏，来判断逐渐靠近的猎物甚至危险。我也这样效仿，背部紧靠着粗糙的树皮，然后一动不动地等待着。慢慢地，动物们的生活恢复常态。灌木丛里出现了一只兔子，鸟儿飞得很低，一只蚂蚁爬到了我的膝盖上，好像要看看膝盖背面究竟是什么。我顿时觉得自己充满了活力。

大部分研究知觉的科学家都不再认为人类只有五种感官能力：味觉、触觉、嗅觉、视觉和听觉。如今感官能力的数目从保守的 10 到 30 不等，包括血糖水平、空腹感、口渴感和关节感等。这个数目还在不断地增加。

2010 年，伦敦大学学院的科学家公布了一项研究结果，称人类可能拥有一种内在的方向感。还有一个相关的感觉被称为本体感觉：即对自己身体在空间中的位置的意识，包括动作和平衡感，一种感觉使人能够在闭眼的情况下摸到自己的鼻子。海豚和蝙蝠可以在我们共同拥有的潜在的天赋方面给我们一两点启发：回声定位，一种通过分析从身体发出的声音的回声来判断物体位置的能力。2009 年，马德里的阿尔卡拉大学的研究人员向人们展示了人类如何在看不见的情况下，通过咂咂舌头发出"咔哒"的回声来判断身边物体的位置。一位首席研究员说，这些回声是通过耳朵、舌头和骨头的振动来获得的。有些盲人，甚至部分视力正常的人体验过这种更精确的感官能力，有的是在实验中，有的则是在误打误撞中学到的。

"在某些情况下，人类甚至可以和蝙蝠较量回声定位能力或者是生物声呐能力。"该研究的主要作者胡安·安东尼奥·马蒂内特·罗杰斯说道。有很多东西，它们不会发声，比如一间空房间，但它们有不同的结构。它们给声音以不同的空间形状，也就是不同的传播路径，这是人类不睁开眼睛也能够感知到的。我曾经做过实验，让学生听声音在两个板子间传播，他们就能够告诉我两个板子间的距离是否足够让他们通过。加州大学河滨分校的心理学教授劳伦斯·罗森布拉姆曾说过："人类的回声定位能力可以不借助任何科技，也不需要进行新的头脑训练。"对他来说，世界是由各种声音组成的，而非安静的。所以我们应该去听听这个世界。

卡伦·兰登听到了那个世界。曾经做过新闻编辑的兰登多年来一直是一名野外鸟类观察员，在多次观察过程中，她发现少数人在发现和鉴别鸟类方面有过人的本领。她称这些人为"超级观鸟者"，从某种程度上来讲，这些人在用耳朵看。怎么用耳朵看呢？他们学习过西雅图奥杜邦协会组织的用耳朵观察鸟类的课程，由专业的观鸟旅行领队鲍勃·森德斯特龙主讲。兰登学过鸟类的歌声和语言，所以她觉得观察它们应该不难。

很快，她明白了为什么多数学生都是复述者："人类的语言有规律，但鸟类的语言却不一样，没有规律而言。我们学习了很多的歌声类型——口哨声、响而粗的叫声、嘶叫声、短促的尖利声、啭鸣声、颤音声——和不同的音色——清晰的、流音的、金属声的、刺耳的、粗喉音的和悦耳的。你要听的是一种模式，拍子数、音长、简明的或复杂的、重复的乐句。音调是升调还是降调？有没有延长音或者长的喘息时间？知更鸟和黑头的黄昏雀的歌声听起来很像，但知更鸟的音质是清晰的，而黄昏雀的音质是含糊的（所以人们说黄昏雀的歌声是喝醉了的'知更鸟'的歌声）。"

她还学到了，一些鸟类是乐器演奏家，而另一些是作曲家："啄木鸟是鼓手，蜂鸟的翅膀是用来'哼'曲的。年轻的北美歌雀可能只会唱简单的短句，但是一只拥有上等领地的老歌雀就会插入一些额外的、即兴的前奏或装饰乐句，以此炫耀它的身份。除此之外，同一物种的声音也会因地域和个体的差异而不同，就像我们一样。"兰登了解到原来鸟类观察起步于一种感官，然后再逐渐扩展到其他的感官。超级观鸟者都是先学习看鸟类，然后学习听，再后来才是通过听来"看"它们。你用耳朵观察鸟类时，会发现那里上演的是一出完整的生活剧。通知大家捕食者，天敌出现的警报声。一只雄鸟对其他雄鸟唱："不许擅自闯入。"同时又对雌鸟唱："你好，女士，我是个英俊的、成功的家伙，我能与你组建一个很棒的家庭。"她笑着说道。"你知道自己每天在睡醒前做的梦，如果是一场美梦，那么这种记忆会让你一整天都笼罩在快乐中。其实，用耳朵观察鸟儿也是这样，同样能形成这种甜美的感觉，每天陪伴在你的身边。我无法想象生活中没有鸟儿，没了它们的美，它们的生气勃勃和歌声，那样的人生是感观匮乏的人生。"

这就是我们所谓的第六感，对于一些人来说，这就是知觉；对另一些人来说，这就是超感知觉；对其他一些人来说，这就是人类能够下意识发现危险的能力。

2004 年 12 月，一场威力极大的亚洲海啸在逐渐逼近，加拉瓦部落的成员和一些动物，据说在海啸拍向岸堤之前就从海浪的声音和其他不寻常的自然现象中感知到并判断出危险的临近。他们逃到了地势较高的地方。加拉瓦人运用本部落的知识，觉察出大自然发出的警告信号，位于加尔各答的印度人类学调查研究所的所长 V. R. 拉奥解释道："他们从风中辨别出危险的临近，这是生物警告信号，像鸟类的叫声和海洋动物习惯的改变一样。"加拉瓦人的例子很好地证明了第六感是人类所有感觉的总和，当然也包括人们所掌握的自然常识。

圣路易斯华盛顿大学的研究人员认为前扣带脑皮层，即大脑的最初警告系统，比科学家原本设想的更加善于接收敏感和微小的警告信号。印第安纳大学伯明顿分校的认知能力控制实验室主任乔舒亚·W.布朗与人合著了一份研究报告，2005 年发表在《科学》期刊上。"该原理的确存在，因为日常生活中很多情况都要求大脑能够监测出周边环境的细微改变，然后做出调节行为习惯的命令，甚至有时候我们根本意识不到我们已经做出改变了。"他写道，"个别情况下，大脑监测环境细微变化和命令身体做出改变的能力在下意识的情况下更加厉害。"

罗恩·伦森克是不列颠哥伦比亚大学心理学和计算机科学的副教授，他曾做过调查研究第六感，他称第六感为"思维视觉"，借此研究人类如何能够获得正确的"直觉"，知道有事情要发生。"从某种程度上讲，它就好比'第一印象'系统，我们在无意识思考时使用它。"伦森克在美国心理学会的《监察》期刊上写道。他的研究认为视觉实际上是一系列能力的总和，并不只是一种感官能力——大脑通过光的照射接收到的是类似原像的信息。在不列颠哥伦比亚大学的月报《UBC 报告》中，他这样解释道："那还有一些东西——人类是能够进入到其他的子系统中的。实际上，这是两个完全不同的子系统——一个是有意识的，一个是没有意识的——他们运作方式稍有不同。过去，人们认为一旦有光进入眼睛里，就一定会有图像。如果没有图像，就说明看不见。"相反，他写道，光能够进入你的眼睛中，并被其他感官系统利用。"其实这就是另外一种方式的看。"

在另外一项研究中，美国军队对部分陆军和海军陆战队的士兵进行了研究，这些士兵能够利用潜在的感官能力很自然地探测出路边的炸弹，以及在阿富汗和伊拉克战场上的其他危险。"军事研究人员发现有两类士兵特别擅长发现异常情况：一类是有狩猎经验的士兵，他们年轻时就经常在树林里出没，猎获鹿或者火鸡等动物；另一类是生活在城市里的士兵，都是住在不安宁的市区，他们时刻要分清哪些街区由哪些流氓团伙管辖。"
《洛杉矶时报》的托尼·佩里写道。

这两种人有一个共同点：大量的户外经历，远离虚幻与泡影，户外的经历需要人们更好地运用自己的感官能力。军士长托德·伯内特做的这项研究，他曾参加过伊拉克和阿富汗战争。该研究历时 18 个月，共有来自不同基地的 800 名士兵参与，研究结果表明，最擅长找出地雷和爆炸装置的士兵都来自乡村，熟悉狩猎，都曾参加过南卡罗来纳州的国民警卫队。据伯内特介绍，"他们就是特别擅长捕捉东西……懂得着眼于全局。"其他士兵怎么样呢，尤其是那些玩电子游戏机长大，周末都在商场度过的年轻士兵？总的来说，这些士兵缺乏识别细微差别的能力，也就很难发现隐藏的炸弹和地雷。即使视力很好，他们也缺乏这个特殊本领，只有拥有深度的洞察力、环视能力和直觉的人才能觉察出环境中有哪些异样。他们注意力很狭小，好像眼里的世界是固定的模式，"就好像悍马的挡风玻璃是电脑屏幕一样。"佩里写道。军士长伯内特是这样说的：玩家的注意力都"集中在电脑屏幕上，而不是周边的环境"。

这种解释可能在一定程度上属于生理学范畴。澳大利亚的研究人员认为越来越多的近视眼、近视问题是因为孩子和年轻人在户外待的时间太少了，眼睛看远处的时间也太少了。但可能还有别的原因。视觉，包括思维视觉，更精确的听觉，更协调的嗅觉，辨别自己身体的空间感等，所有这些能力都是可以同时进行的。自然环境有这个优势让我们的这些能力得到实际的锻炼，并收获相应的益处：一方面学习能力会提高；另一方面躲避危险的能力也会提高。还有，也许是最重要的一点，是否定固定模式的能力，让我们能够更加投入到生活中。

本体感受是通过动作和平衡感来判断身体位置的感官能力，除此之外，大自然还赋予了我们拥有更加广泛的感官能力的机会，即意识到我们的身体和精神在整个宇宙和时间中的地位。

有一天，儿子马修问我："信念是感官能力吗？"

"什么意思？"我问。

"你看，比如说更高层次的感知？"

这个问题提得好，让我们想到了其他问题：感觉的最边缘处是否存在着一种实实在在的精神感知呢，就像地平面的边缘，也是所有生命开始的地方？其他感觉全速开启时，也就是通常置身大自然中时，这种特殊的感觉会被激活吗？

也许这种感知，如果它称得上是感知的话，就是那些在我们谈到大自然经历时总用具有宗教色彩的词汇来描述的感受，尽管严格地说，我们没有宗教信仰。

自然作家罗伯特·迈克尔·派尔创造了一个高雅的说法，"经验的消亡，"他问道，"如果一个物种和他们赖以生存的栖息地失去联系，会怎么样？"我们对大自然的敏感和谦逊感对身体和精神的生存至关重要。然而，我们与自然的联系渐行渐远，感官也变得迟钝，最后甚至靠人为或自然灾难磨炼出来的敏锐的感觉也会变得迟钝麻木。在大自然中，尤其是在野外，身体可能处于危险中，但是因为这种危险和不舒服而拒绝大自然则是一次更大的冒险。

谦逊感

在阿拉斯加的那条溪流中，红色的大马哈鱼逆着水流快速地向上游着，溪流两边的树木都朝着中间开阔的河岸倾斜着，灌木丛里出现的熊可能会伤害我们。同时，我们得靠警觉来保护自己，所有感官能力都兴奋起来，对溪流里和溪流边的一切都时刻警惕着。这让我们感到了一种强大的东西：对大自然的谦逊感。

一片开阔的平地上，一只熊正朝着我们跑来。乔建议我们站在一起。"这样，在它眼里，我们就像只有很多条腿的巨型动物。"他说道。这个建议听起来很明智。我心里清楚科迪亚克棕熊被隔离在科迪亚克群岛上已经有一万两千年，它是世界上最大的陆地食肉动物，重达 1700 镑（约合 770 公斤）。

"我们往后退，远离水面。"乔说道。

忽然，那只熊在我们前面改变了方向，然后跳进了我们刚刚退出来的河流转弯处。我们充满敬畏地望着它。那只年轻却让人生畏的棕熊朝着迁徙的大马哈鱼猛扑猛打，而且时不时抬起鼻子，快速地晃动着脑袋，向我们这边望望，然后又重新回去捕鱼。

"它也得谋生啊。"乔说。

我看看马修，他正紧握着那罐胡椒喷雾剂。很不理性的是，一种快乐的感觉竟然掩盖了我对自身安全的担忧。我心想，马修能经历这一时刻真的很难得，这既体现出大自然的美好又有它强制的谦逊感。在你不得不时刻警惕才能生存的时候，活着的感觉是如此的美好。在更广阔的宇宙中活着，在时间的长流里活着。

科迪亚克岛上熊的数量比人类的数量多，它是地球上唯一几个能让你感到脖子后面的肌肉绷紧的野生动物栖息地，那种感觉只有置身于其他食肉动物的领地中才能体会到。即使是那些住在地球上最不发达地区的人也知道这种感觉变得越来越少。2003 年，戴维·夸姆曼在《上帝的野兽》一书中预测截止到 2050 年，世界上所有的顶级食肉动物要么灭绝了，要么就在动物园里，它们的基因库在逐渐减少，凶猛的兽性都被关禁在笼子里。他写道，人们"将很难想到这些动物曾经是多么的骄傲，危险，不可预料，分布广泛和像君主一般高贵……如果有人给孩子们讲诉这些动物的故事，他们会很吃惊又兴奋地发现原来在这个世界上曾经有那么多自由的狮子"。此外还有老虎和熊。

只有在十分罕见的情况下，大型食肉动物的数量才会在被大量猎杀，又重新保护起来后有所增加。20 世纪 40 年代，科迪亚克岛上的棕熊被猎人大规模捕杀，后来一系列的保护措施才让棕熊的数量保持了稳定，也许还有所增长。在加利福尼亚州南部，1990 年该州开始禁止猎杀狮子后，美洲狮的数量戏剧性地增长了。然而，美洲狮的数量让人有些难以捉摸，因为牧场主受到"猎杀、掩埋、闭嘴"心态的影响，有时他们在遵循着自己的动物控制原则。黄石国家公园重新引进的狼群也面临类似的问题重重的未来。我们很少再听到对人口数量的控制，只有对野生动物数量的控制。

在野外和自然环境中，或者在城市的公园里，我们能重新拾起各种感官能力，但是能及时地加以利用吗？即使人类以后再也不会遇到食肉动物（除了人类），他们对野生动物的保护也只是保留了或者恢复了我们人性中的一部分。它滋养着我们更深层次的感知的残留部分，尤其是谦逊感，这是真正智慧的人类所必需的。

在科迪亚克岛上，一块没被开发过的土地幸免于难——好似有大马哈鱼的侏罗纪公园。一天，我和儿子看到了另外一只熊迅速地向一个小山脊靠近，直接奔向这座岛上野生的、凶残的马群。也许它希望从马群那里抢到那只白色的小马。让人惊讶的是，这些马（乔告诉我们，这些马甚至比熊对人类威胁还大）在头马银鬃马的带领下，径直向这只熊飞奔过去。这些马跑起来后，尾巴像旗帜一样飞起来，这只熊不得不放弃追赶，再另寻它法。

这些野马停了下来，站在一起，观望着，就像我们当时一样，而这只熊慢慢地沿着沙滩退去，消失在了雾气中。马群沿着它们的路线也走了，走进了同一片雾气中。然后整个平坦的土地上就只剩下了我们。

第二章 **混合思维**
户外生活体验提高智力水平

让我们现实一点吧。即使我们幸运得能在阿拉斯加为熊唱歌，或者小时候就和大自然有紧密的联系，可是维系那种紧密的感情或者重新和自然建立关系也不是件容易的事儿。

在圣迭戈，我的办公室里有许多分散注意力的东西。我的桌子上一共有两台电脑、两台打印机、一台传真机、电话答录机、扫描仪、胶片扫描仪、收音机和四个硬盘驱动器；桌子下面是一团各式各样的连接线，它们已经困扰我多年了。我甚至有些期盼这些像神经节一样错乱复杂的东西某天夜里能爬到楼上，像连环杀手"机灵鬼"一样，在我睡着的时候勒死我。就在此刻，我忽然看见玻璃拉门外面的灌木丛中有什么东西在动。一只有斑点的红眼雀正在树枝上欢快地舞动着，一边找虫子，一边做着滑稽的后踢腿动作，还叽叽喳喳地叫着。最近，马修迷上了观鸟，还送给我和他妈妈一副双筒望远镜和一本《国家奥杜邦协会观鸟野外指南：西部地区》。他还用黄色的标签在书页上做了标记，指出哪些鸟类经常出没在我们生活的区域。

双筒望远镜和那本书就在我的桌子上。桌子正在振动，我伸手拿起了苹果手机。

罗伯特·迈克尔·派尔是第一个说找到平衡点不容易的人。2007 年，派尔在《俄里翁杂志》自然专栏上说他正想着要戒掉邮件。"时间会告诉我没有邮件我到底能不能生存。"他写道，"同时，我要回到邮寄信件，以耐心和安静为美德的时代。你可能会说，我会失败的。也许。但等着瞧……"

两年后，我给鲍勃写信寻问他戒掉邮件以后生活得怎么样了。他很快就回复我，这不是个好现象。"我堕落了。"他写道，"你可以说我正处于间歇期，但其实我还没有完全实现那个愿望。我尽量在写作时少用机器，想尽办法，尽量少开网页。"在他日常写作必须用电脑时，他就会起身离开到外面去。

有时候，甚至派尔——你能遇到的最充满希望和活力的人——在谈到人和自然重新建立联系的时候，也会感到泄气，失去勇气。

那些油腔滑调的名人们在加油站的平板显示屏上对着我们高声抱怨。架设广告牌的公司将广告纸换成了闪烁的电子屏幕。忽然间发现了电子屏幕似乎正无处不在，机场、咖啡馆、银行、杂货店收银台，甚至洗手间小便池和干手器上面也都安装上了电子显示屏。一些航空公司把广告信息登在了座椅靠背的小餐桌上和晕机袋上。为了向学前儿童推广数码视频光盘，迪斯尼在儿科医生诊查床的纸垫子上打广告。也许这就是对我们用磁盘录音机来浏览商业广告的惩罚。"我们永远没法预测消费者会在何时何地看到这些广告，所以只能让这些广告分布在各处。"凯普兰萨勒集团广告部执行长琳达·凯普兰·萨勒在接受《纽约时报》采访时说道，"到处存在是新的独家方式。"

这场信息"闪电战"已经孕育出一个新的学科叫作"中断科学"，还有最新创造的一种状态：持续地分散注意力。

《注意力分散：注意力的侵蚀和即将来临的黑暗时代》一书的作者玛吉·杰克逊写道，如果一个人在工作时注意力被打断，他需要花将近半个小时的时间来重新集中注意力，才能继续工作；一名普通工人每天有28%的工作时间都浪费在了注意力被打断，又重新集中注意力的过程中；电子产品不时地打断工作人员的注意力会使他们感到沮丧、会有紧迫的压力感和缺乏创造性。如今，人们发短信的时间越来越多，交流的时间却越来越少。在加州大学洛杉矶分校的家庭日常生活研究中心，语言人类学家埃莉诺·奥克斯和由21名研究员组成的一个小组，运用人种学、生态学、考古地质学和灵长类动物学的研究方法，记录并研究了居住在洛杉矶的32个家庭的日常生活。该研究小组发现焦躁不安的家庭成员们行动速度更快，全家人待在同一间屋子里的时间仅占16%；这些人比较喜欢发牢骚而不是交谈；彼此见面不打招呼，注意力主要集中在视频游戏、电视和电脑上。"一天结束，回到家里是生命中最美好、最敏感的时刻。世界各地，所有社会团体都有自己的问候和迎接方式。"但这些家庭却几乎没有。

圣迭戈大学价值观研究学院院长、哲学教授拉里·辛曼研究过机器人的发展过程。他采访过的一名科学家说机器"没有牵挂"，他认为这是一个优点。"大自然是个复杂的世界，你生来就有牵挂，从出生时的脐带开始。"辛曼说道。尽管有电线，"科技世界是一片空白的黑板，你可以不用考虑现实生活中各种复杂的关系，随时擦掉重写。一场虚构的梦境，却被机器人领域的研究人员丰富的想象力截获了。"在日本这再确切不过了，很多展出的机器人都越来越像人类。"自动'新闻播报员'机器人一天晚上在电视上读了这样一条新闻，事实上没人关注。"他说道，"有一名科学家结合自己儿子的特点，制作了一个机器人原型，孩子评价道，'爸爸，我还不够吗？'对他来说，这个评论再犀利不过了。"

说得再极端一些，一个失去大自然的生命就是一个被剥夺了人性的生命。美国自然学家和作家亨利·贝斯顿这样说过，当草地上的风"不再是人类精神的一部分，不再是有血有肉的一部分，人类就是宇宙中的不法分子了"。互联网有它不可否认的好处，但是对电子产品的沉迷，没有能力去约束自己，就好比在船上凿了一个洞——慢慢淹没了人们集中注意力、清晰思考、高效率、有创造性的能力。沉迷于消极的电子信息中的解药就是更多地接收来自大自然的讯息。

科技越发达，我们就越需要大自然。

自然智能

2010 年，我到加拉帕戈斯群岛游览，花了一下午的时间参观了圣克鲁兹岛上的托马斯·德·贝尔兰加学校。斯凯尔斯加基金会成立于 1991 年，这是个非政府组织，为群岛上的居民提供了可供选择的教育。它赞助这所学校，解决了当地越来越多的儿童的教育问题，因为有越来越多的家长由于从事生态旅游的工作而搬到这里。在群岛上生活，你得时刻小心自己迈出的每一步，以免一脚踩到美洲鬣蜥、火蜥蜴、海狮或者蓝脚鲣鸟。但是，即使生活在这样特殊的环境里，孩子们对自己赖以生存的生活区了解得也不多。

然而这所学校情况就不一样了。因为没有必须使用电脑的课程，教室就设在了没有墙壁的简陋帐篷里。这种"森林学校"在欧洲格外流行，包括一些传统学校也开始每周带学生到野外待上几个小时，还有些学校根本就没有教学楼。有几项科学研究结果是支持这种教育方式的。

贝尔兰加校长雷纳·奥利斯来自厄瓜多尔，她曾是一名活力四射的环境顾问。在拉丁美洲和加勒比地区，她参与建立了 20 多个环境基金会。如今快 40 岁的她在 2007 年搬到了加拉帕戈斯，开办了这所学校。我问她大自然世界是怎样影响其思维的，她有变得更聪明吗？

"我更喜欢用灵敏一词来形容。我变得更加敏锐，洞察力更强了。"她说，"来到这之前，我的生活是……休眠的状态。"

她对休眠一词下了个有趣的定义：不是真睡着了，而是注意力不集中。"你在写邮件，看电视，打电话。脑子里想着这么多的事情，身体几乎都要垮掉了，但自己根本意识不到。当时我每天吸两盒烟。过度紧张，承受着巨大的压力。我感觉一点也不好。而在这里，我痊愈了，也戒烟了。"而且在这儿，她的思维也清晰了。"有事情需要解决时，你就去解决。办法自然而然地就有了。我能够把真正的问题从麻烦中分离出来。过去，你一旦遇到问题，所有事情都变得极其复杂。现在，要是有问题，好的，没关系，事情是这样的，我们如何去解决呢？"

这已经足够清晰了：在真正融入大自然的时候，我们会同时利用所有的感官，这才是最佳的学习状态。

那天吃午饭时，我认识了塞尔索·蒙塔尔冯。他 40 岁出头，是一名自然学家和探险队队长，在林布列德国家地理探险队工作。塞尔索在加拉帕戈斯群岛度过了部分童年时光。他毕业于厄瓜多尔海洋学院，在纽约学习了计算机科学，但最后他决定回到自己喜爱的群岛。在我和奥利斯谈到自然智能时，或者像奥利斯说的灵敏和洞察力时，塞尔索也聊了起来。他为自然智能下的定义是"懂得大自然的征兆"。

"我觉得动物大都有这种智能。我在鱼类身上看到过，也在鸟类身上看到过，"他说道，"我们都是生来就具有这一特点的。它肯定也能再次被激发出来。这没那么困难。这种智能帮助我们了解生物学，而且都是很深奥的知识。每次走到甲板上，或者走出房间，我就能感受到微风的方向；我能感受到动物们所感受到的。它们能感受到太阳升起又落下。气候潮湿时，植物就会偏向一个方向，干燥时，又会转向另一个方向。像连线一样，其实很简单。当你离开互联网，所有一切都在把你和世界联系在一起。是的，一切。"

大自然帮我们认识到这些联系；也能帮助我们完善认识。

沃尔夫·伯杰是斯克里普斯海洋研究所地球科学研究部的一位知名教授，也是我的朋友，他喜欢用徒步的方式来放空头脑，以便能重新集中注意力。通常他都是沿着拉霍亚的海滩，一直向托里针叶松国家公园走去，穿过那些被时间冻结在砂岩壁上的粗糙的雕塑，穿过加州海边、响尾蛇晒太阳的鼠尾草草丛，还有北美最稀有的松树林，那是一片原始的沿海森林的遗迹。他面朝大海，目光追随着鼠海豚，它们弯曲的脊背迎着海浪一上一下地起伏着，还有那些低飞掠过水面的海鸥也一样。

有一天，我们俩走在一片内陆高原上，他讲诉了自己那颗科学的头脑是如何处理自然讯息的。"土壤和植物有太多不同的色调，比如各种棕色和绿色，如果注意观察这些，就可以知道在近距离接触，比如各种石头和植物时，我们应该期待什么，"他说道。"等我老了的时候，听力变差的时候，我仍然能够享受松树和杉树在微风中的哗哗声，还有鸟儿的叫声。我试过通过鸟儿发出声响的频率来判断它们的大小——也许这不是很浪漫的办法。在大自然中，我的思维能力得到的提高甚至要比感官能力的提高程度要多。"

我们的社会似乎在各个领域中寻找提高智商的办法，但却忽略了大自然这一领域。加里·斯蒂克斯在《科学美国人》期刊上报道称，为了提高大脑的能力，人们滥用药品的现象在不断地激增。许多人已经在使用"天然的"替代物来增强或者镇定大脑——用银杏来加速大脑供血的速度，用贯叶连翘来治疗抑郁等。人们使用刺激神经类药物来提高想象力和创造力的历史已经有几千年了。20世纪60年代婴儿潮的幸存者们能证明这一点，尽管每个人遭遇的情况都有些差异。如今我们在向下一步跃进。"20世纪90年代被乔治·H.W.布什称为是头脑风暴的十年，而接下来的十年可以标注为'更强大脑的十年'。"斯蒂克斯写道。大学生和企业主管们如今为了正常的脑力劳动，都在吃兴奋剂类的药物，尽管这些药物从未被允许用作该目的。这些药被称作神经增强剂、益智药或者健脑药，通常含有盐酸哌醋甲酯（利他林）、安非他命安德拉，莫达非尼（不夜神）。"在个别学校里，有约四分之一的学生都在使用这类药品。"斯迪克斯说道。当然，有些人需要这种药物进行治疗，但是对这些药物的依赖性问题还需要进行大量的实验研究，因为长期服用它们的副作用仍然未知。除了这些药物之外，新闻媒体的想象力也被创造人工神经系统的潜力所捕获——这种系统是生物神经系统的再生和扩展——目的是提高人类智力。然而很容易获得和低成本的提升智商的办法一直都在那里。

一个人待在户外时间的长短与他是否才思敏锐和富有创造性之间有怎样的关系是科学研究中很新的领域。但是，已经有研究结果表明对于部分人群而言，增加户外活动会提升其智力水平。产生这种效果至少有两方面在起作用：首先，我们的感觉器官和感知能力通过与大自然的直接接触被提高了（大自然中有很多实用知识同样可以用到日常生活中）；其次，更加自然中的环境会激发我们的能力，让我们更容易集中注意力，清晰思考和更有创造力，即使又回到稠密的城市社区中，这种能力依然有效。这项研究对教育、商业，以及年轻人和老年人的日常生活都有积极的意义。

该领域的基础研究早在 20 世纪 70 年代就开始了，当时是环境心理学家雷切尔·卡普兰和斯蒂芬·卡普兰夫妇进行研究的。他们两人为美国林业部门进行的九年研究和后来的相关研究均表明与大自然直接和间接的接触有助于缓解大脑的疲乏，以及重新恢复注意力。除了证实与大自然接触有助于心理健康的理论之外，他们发现大自然还有够恢复大脑处理信息的能力。他们跟踪研究了一些参加户外拓展训练的野外活动参与者，这些人被带到野外生活了两个星期。在这段旅行过程中以及这之后，参与者们表示自己体验到了一种很平和的感觉，思维更加清晰了；他们说和参加对身体有挑战的比赛相比，例如众所周知的攀岩，就简简单单地待在大自然中更有益于恢复身心健康。

经过了一段时间，卡兰普夫妇创立了自己的理论，即注意力疲劳理论。斯蒂芬·卡普兰和雷蒙德·德扬在一份报告中写道："在持续的需求下，我们执行受抑制的程序的能力会感到疲劳……这种情况下大脑的运转效率会下降，而且很难去思考复杂及抽象的问题。这种疲劳会引发很多症状：例如易怒和冲动，会导致我们做出让自己后悔的选择；没有耐心，会让我们不由自主地做出不好的决定；注意力分散，身边的环境能直接地影响我们的行为选择。"针对这种由注意力过度集中所引发的疲劳，卡普兰夫妇假定最好的解药就是自然而然地去关注，他们称之为"着迷"，这种情况只有在特定环境下才可能发生。首先，这种环境必须是远离日常的生活惯例，制造出一种着迷的感觉、开阔的感觉（给人足够的空间去探索），而且还要与人们的期望相融合。此外，他们还发现自然界是让人脑克服劳累，得到恢复的极其有效的地方。

卡普兰夫妇的研究说明了大自然能够帮助人平复心境，又能帮助人集中注意力，而且还能营造出一种超脱的、放松的氛围，让大脑自己去发现其他情况下发现不到的模式。是的，有些人可能会说漫步在纽约街道上也会产生类似的感觉，或者通过高级的冥想，或者吃药。然而，自然世界有它独特的替代物。"我们的研究关注了很多方面，比如周边的自然环境，不管是直接还是间接的接触都会让人们感到健康和快乐。"雷切尔·卡普兰说道，"修剪室内植物，欣赏窗外的树木，做园艺工作，街道边的树木，公共汽车站旁边花架上的花朵……自然世界有太多的方式来让人们受益。"

后续的研究证实了卡普兰夫妇的发现。加州大学欧文分校的研究员马利斯·曼格与特里·哈蒂格对三组徒步旅行爱好者进行了对比。一组去野外徒步旅行，回来后发现他们的校对能力有所提高了。其他两组，一组在城市里度假，另一组没有任何旅行，他们在校对能力上却没有任何进步。密歇根大学的研究人员在《心理科学》期刊上发表了研究结果，称被测人员在与自然互动一个小时以后，记忆能力和注意力集中时间都提升了

20%。密歇根大学的心理学家马克密·伯曼，也是该项目的主要研究人员，他说道："人们没必要非得散步才能得到这样的好处。我们发现无论是在80华氏度（约合26摄氏度）的夏天，还是在25华氏度（约合零下4摄氏度）的一月，测试效果是一样的。唯一的差异就是被测人员更喜欢在春天和夏天散步，而不是死气沉沉的冬天。"

伊利诺伊大学人类环境研究实验室的研究人员发现患有注意力缺乏症的儿童在与大自然接触后，症状能够得到明显的改善。既然成年人也会患注意力缺乏症，那么我们就可以推断这项研究同样适用于成年人。

很多针对接触自然环境如何有助于学习的研究都是选择年轻人来进行实验的。但是这种自然智能的教育方式似乎对所有参与者都有效果，包括老师们。加拿大的一项研究表明绿化学校的操场不仅能够提高学生在学业上的成绩，还能降低学生接触有害物的概率，同时提升教师们的职业热情，减少教室的违纪行为。

那些绿化效果好的学校操场甚至能降低旷课率。校园园艺能够帮助学生们提高自己的学习能力；学生参加园艺活动能够改善他们对学习的看法，提高团队合作能力，增加学习机会。从中学教室窗口看到的自然景观对学生的学术成绩和行为会有积极的影响。一项针对密歇根州101所中学的研究发现，有些学校的窗户更大，而且从教室、餐厅、户外就餐区能看到更多的自然景观，在这样的学校里，学生的考试成绩和毕业率相对都较高，而且学生们打算继续上大学的比例也更高（而且学生的犯罪行为也较少）。现实的实地考察旅行要比虚拟的实地考察旅行的学习环境更好。这不是说虚拟的实地考察旅行（比如，通过网络摄像头）没有用，而是真实的实地考察能让学生有机会把所有的感知器官、自发的以及刺激出的学习能力派上用场——研究人员称这是一种高级的学习环境，会远远超越那种依赖具体课程的学习。那些所谓的爱惹麻烦的学生，也就是那些没怎么接触过大自然的学生，在经过一周的户外教育活动以后，他们在考试成绩上有了显著的提高，高达 27% 的进步率，主要归功于他们对自然科学的掌握。他们在合作和解决冲突方面也有提高，收获了自尊心，在户外的行为也变得更加积极，他们处理问题的能力、学习的动机和课堂表现也有所改善。通常，这些研究都对社会经济地位、种族和人种结构、年龄构成和参与数量等这些变量进行了控制。

我们需要更多的关于成年人学习情况的研究，但是不管学生年龄大小，这些关于年轻人的研究和理论都是彼此相关联的。

你还在担心在室外玩耍会沾一身泥巴？下面的实验会让你改变这种想法。纽约州特洛伊市圣贤学院的多萝西·马修斯和苏珊·詹克斯进行了一项研究，发现有一种细菌能使老鼠更快地逃离迷宫，速度提升了一倍。这种细菌叫母牛分枝杆菌，它是生长在自然界土壤中的一种细菌，通常人们在大自然环境中能够食入或者吸入这种细菌。做完细菌实验三周以后，该细菌对这些老鼠的影响就明显下降了。但是，马修斯说，该研究表明母牛分枝杆菌可能会对哺乳动物的学习能力有作用。她推测在户外的学习环境下，该细菌的存在可能会"提高新任务的学习能力"。智能的药片，遇到智能的小虫（有了这种细菌的帮助，人们就可以不再依靠益智药来提高智商了）。

即使对该种细菌的实验结果是真的，我们也不希望看到任何人开始在教室里或会议室里分发智能的虫子。不过，无论实验对象是成人还是儿童，越来越多的实验都将学习能力和与大自然接触时间联系在了一起，这启发了所有年龄段的学习者和所有的教育方法，也为学校操场和教学楼建设提供了一定启迪。这种想法可以推广到学院和大学里，以及教育机构和企业如何开展扩展的或继续教育的项目。我们可以想象一下这种依托大自然的教育趋势，将对抗目前正盛行的依托高科技的虚拟教育方式。该研究也说明人们可以自己靠接近大自然来获得这种自然智能和创造性的优势。

　　大多数人仍然需要朋友的帮助来锐化自己在大自然中的头脑。乔恩·扬长期从事野外追踪教练工作，目前通过加州波利纳斯的再生设计理念学院，正在旧金山湾区和一些成年人以及儿童在一起。"你几乎永远不可能发现只有一个人与大自然建立起联系了，而整个团体却没有与大自然建立联系，"他说。"有些文化活动能够让整个团体加入进来，最终也就形成了'与自然建立起联系的实践'。"他每年最多会和两百多位成年人一起，教他们如何做他人的导师，指导他们与自然建立联系。扬把《草原狼对与自然建立联系的指南》一书中的方法应用到了课程里。这本书是他与埃伦·哈斯、埃文·麦高恩三人合著的。书中的习题和规则提到了身体雷达、第六感追踪力、绘图、思维的视觉想象力、听鸟类语言、注意力再植等概念。他们学校教授导航能力，判断一天时辰，鸟类迁徙时间，季节变化带来的改变，通过雨型判断蘑菇会在山坡的什么地方长出来。"所有这些都深深植根于我们的——我可以把它叫作软件吗？我讨厌这种类比。它是操作系统，我们的硬件要随之运转，如果你能……我们与大自然联系在一起时，所有这些功能就会自动开启。我们在外面玩耍，追踪，漫步徘徊。几个月以后，我发现他们的眼睛里开始变得有光，有神，然后就听他们说，'啊，这太棒了。自从9岁起，我就再也没有过这种感觉了。'他们这种重新被唤醒的状态就好像是发生了什么神经学的反应。有些成年人会觉得有种愧疚感，因为他们认为要想学习就必须承受痛苦。而我们从前习惯的教育系统只是关于信息的转移。"如果只用那种方法，人们学到的信息就只是短期记忆，就是为了考试，"考完试，他们也就忘记了——这些信息是不会存储在我们的长期记忆库中的。"扬把学习环境的光谱的另一个端点称为"全面的联系"。他是这样解释的："有一个 11 岁的小女孩，她与一匹马有很深的感情，能说出许多马的信息，而且她也不知道这些信息从何而来。她给你讲这些信息的方式就像讲故事一样有趣而且吸引人。我经常和人们说，如果我们能有效地和大自然建立起联系，那么自然而然地就会获得了信息。"

提到"智能"一词时，扬停顿了一会儿。"我认为与大自然的联系在情感上、智力上，还有精神上都是更有营养的。那是一种深奥的东西，让我们知道作为一个人我们是谁，以及我们的潜力如何。"因此，扬觉得我们说的这种智能之类的东西是一种先天的意识。"智能在这种更广泛的意识下是一个更大的感知体的子集。它是那个大容器，远远大于智能一类词汇。它就好比是后台系统。"

自然创造力——因为人类不只是因恐惧而活

创造的天赋不是知识的积累，而是看透宇宙模式的能力，发现那些隐藏起来的，存在于事物表象和实质间的关系。

正如来自加拉帕戈斯学校的塞尔索·蒙塔尔冯所说的，这就是把点与点连接起来。拉尔夫·沃尔多·爱默生在亨利·戴维·素罗的葬礼上这样描述这个朋友的才能："他是个游泳高手、赛跑健将、优秀的滑冰手、好船夫，在一天的旅途里，他可能比大多数乡下人走得都快……他走过的路程和写过的书一样长。如果把他关在家里，他就什么也写不出来了。"走过的这些路不仅激发了他的创造力，还对他每天的日常生活有很多启发：索罗的户外经历使他成为备受欢迎的土地测量师；他不仅能够精确地画出土地界线的轮廓图，还能详细地讲述该地方的生态环境。他是一名业余的溪流或者河川观察者，在水文学专业人员前来测量之前就知道当地水域的秘密。

全国公共广播电台的评论员约翰·霍肯贝利曾报道过，有个研究发现人的神经敏锐度在野外散步后会有大幅的提升。报道时，他提到了阿尔伯特·爱因斯坦和数学家及哲学家库尔特·哥德尔，"地球上出现过的最杰出的两位伟人，他们都有每天在普林斯顿大学的树林里散步的习惯"。尽管不是所有人都能成为爱因斯坦，但是我们都体会过那种豁然开朗的瞬间，大脑处于积极、放松的状态。

和那些对学习能力的研究一样，多数研究大自然经历和创造力之间关系的实验也都涉及年轻人。例如，2006 年丹麦的一项研究发现户外幼儿园比室内学校更能激发儿童的创造力。研究人员发现 58% 的与大自然紧密接触的儿童通常能发明新游戏；而在室内幼儿园的儿童中的比例只有 16%。一种解释是教育学的"松散部件理论"，对成年人和儿童同样适用，该理论认为环境中松散自由的部件或事物越多，该游戏就越有创意。电脑游戏也有许多零散的部分，但是是以程序代码的形式呈现的，游戏者能与之互动的部分被程序员的思维所限制。在树上、森林里、田地里、山野里、峡谷里、空地上，零散的东西是没有限制的。那么，当我们置身在大自然那些松散却又相互联系的部分时，更能激发我们的感官能力，捕捉到那隐藏在所有体验、所有事物之下的本质。

1977 年，著名学者、已故的伊迪丝·科布，提倡大自然是教育的根本，坚信所有天才都有一个共同的特点：早年有接触大自然的充分经历。科罗拉多大学的环境学心理学家路易斯·乔拉提出了一个更广泛的观点。"大自然不仅仅对未来的天才们十分重要。"她说。她的研究是探索让人"心醉神迷的地方"。她用"心醉神迷"一词很讲究，没有用当代人对高兴或者欣喜若狂的定义，而是选择了该词汇古老的希腊词源——ekstasis（忘我）——意思是"超脱"或者"超出自我"。这种销魂的时刻源自"深埋在体内的有放射性的珠宝，才在我们有生之年不断释放能量。"乔拉说。这种时刻通常在我们的成长阶段能感受到。但是，因为大脑的可塑性和个体的敏感性，这种时刻在整个生命过程中都能感受到。

所以同样也能产生出新的神经元，也就是处理和传输信息的大脑细胞。我们据此可以合理地推测，身处在大自然的环境里，通过恢复和激发大脑，可能会产生新的神经细胞——"自然神经元"，正如我妻子所言。

时间意识可能也是一个因素。位于澳大利亚墨尔本的迪肯大学，健康与社会发展学院提出的一份"健康公园，健康民众"的报告中说："城市生活受机械时间控制（准时、截止日期等），然而我们的身体和大脑到了受生物时间的控制。"提到生物和机械时间的冲突——时差是我们最先想到的例子——它能产生易怒、烦躁不安、沮丧、失眠、紧张以及头疼的症状。还有，"与大自然接触的经历从神经学角度来讲可以加强大脑右半球的活动，调节整个大脑所有功能的和谐，"该研究报告中写道。"这也许就是人们选择到公园散步，来'放空头脑'的原因了……而且，研究人员发现当人在大自然的环境中沉思时，大脑就能从'超负荷的'运转（或活动）中解放出来，而且神经系统的活动也相应地会减少。"

　　不管这个过程如何进行，那些需要创意的人通常都是选择到户外去清清脑和寻找想法。"如果情况允许，我通常都是在外面工作。捕获瞬间的想法很重要。" 2009 年布克奖得主的小说家希拉里·曼特尔说道。美国画家理查德·哈林顿继续沿用着艺术家们的传统，仍然到户外寻找灵感。他写道："我需要从自己的环境中脱离出来，如果不能远离日常的环境，我就会感到特别紧张、沮丧，而且不高兴。"

　　雕刻家戴维·艾森豪威尔已经五十多岁了，住在华盛顿州的一个小镇。2009 年的一天，我和他相识在纽约上州的"肖托夸节"上，那时他的作品正在那里展出。少年时期，他和父亲生活在宾夕法尼亚州北部的一个农业社区，他们住在拖车式活动房屋里。他的大部分时间都是在野外，还有一些玻璃缸，里面放着青蛙、鱼类、龙虾和昆虫。他有个显微镜，让他深深痴迷于另一个世界。如今，他的金属铸物作品表达的就是那些熟悉的自然形态，他的灵感通常都是来自那些人们忽略的微小生物或物体。地衣或者甲虫在他手里呈现出惊人的形状。他在肖托夸节展出的作品是个巨型的屎壳郎头盔的雕像，看起来更像是三角恐龙而且很美。他在展厅附近的一面石头墙上坐着，对我讲起了大自然和灵感之间的联系。

　　"我的事业看起来在进步的原因是我所做的这些雕像不是靠情感构思的，而是非常接近自然的，都是原生态的样子。它们之所以受欢迎是因为人们渴望与大自然建立联系。这些作品再次激发了人们童年的强烈爱好，"他说道。"我搜索过这些意象，发现在宏观和微观里这些意象是重复的。在我们的猿类大脑中某些地方潜意识地都有这些信息。我们只是不知道如何调度……蜗牛壳上的旋涡状花纹和银河系的旋涡其实是一样的东西。"

但是他说选择这些意象的主要原因是："待在大自然的环境中能让我的头脑平静下来，而正是在这种平静中，真正的艺术才会诞生。"

2009 年夏天，我和几个同事受邀到演员瓦尔·基尔默在新墨西哥州的佩克斯河岸的大农场，采访他出资建立的一家艺术博物馆或者创意中心的计划。这次走访让我触动最深的不是演员的想法，而是挂在壁炉架上的一张黑白照片。这是一张雷雨云砧笼罩水面的照片。在下面，基尔默用潦草的字迹为他儿子写道："好点子是可以得到大家认同的东西。爱你的父亲。"在照片的一个角落里，他备注道："但是如果你一旦没想法了，就到外面去。"

混合思维

在我们把话题转移到身体和情感健康之前，还需要考虑一件事情。还是在大自然和智力的问题上，让我们推翻把大自然和科技二者分开的错误想法。

我的孩子们在成长过程中，他们在户外花了大量时间，同样也在视频游戏上花了很多时间——甚至超出了我能忍受的范围。不时地，贾森和马修还会试图说服我，表示他们这一代人正在做出革命性的跃进。因为花了太多的时间发短信、玩视频游戏等，他们已被塑造得完全不同。我回应道，在我们这代人的成长过程中，毒品的说法也是如此，但实际结果并不太理想。尽管沉迷于电子产品并不意味着肯定会有像吸食毒品的那种现象，但不排除这种可能，所以对于大自然平衡的需求才显得格外重要。如今不一样的是，已经不再是科技参与的问题，而是它带来的改变的速度问题——应用新媒体和新电子产品的速度问题。

加州大学洛杉矶分校的神经科学家加里·斯莫尔表示，科技变革的速度之快已经让不同年龄段的人之间有了"大脑代沟"。"也许从早期人类发现如何使用工具开始，迄今为止，人类的大脑是第一次经历速度如此之快、如此戏剧性的影响。"斯莫尔在《信息化的大脑：技术革新下现代思维的生存之道》一书中写道。

如果斯莫尔的观点是正确的，那么我给儿子的回答——那种变革不会来得那么快——这种针对他们玩电子游戏的反应就显得有点夸张了。

斯莫尔和他的同事使用核磁共振成像的办法对前额叶皮层的背外侧区域活动进行了研究，前额叶皮层具有整合复杂信息和短期记忆的功能，决定一个人做出决策的能力。参加测试的人员分为两组：经验丰富的或者"实干"能力比较强的计算机用户和没有经验的或者"天真的"计算机用户。进行网站搜索时，老练的计算机用户们的背外侧区域却非常活跃，而没有经验的用户，他们的背外侧区域很安静。加拿大《麦克林》期刊上写道："第五天时，经验丰富的用户的大脑看起来没什么变化。但是在没有经验的用户组中，神奇的事情发生了：随着他们不断搜索，大脑电路系统焕发了生机，如同电闪雷鸣般，和他们那些接受过高科技训练的对手们一样。"在这么短的时间里，这些没有经验的用户"已经为大脑重装了配置"。年过三十还未接触过网络的人，大脑虽然已经完全长成，但经过训练仍然能够通晓这个虚拟的世界。但是，青少年的大脑可塑性是非常强的，他们更加容易被高科技经历所塑造。

一种观点认为在成长阶段接触过多的高科技会有碍于大脑前额叶的正常发育，"最终这些人的大脑会停留在十几岁的发育状态。"《麦克林》杂志上写道。"我们是在培育一代大脑前额叶不会发育完全的人吗？他们没有能力学习、记忆和感知，以及控制冲动的情绪吗？"斯莫尔写道。"或者他们能够发展出更新更先进的技能来应对不同寻常的事物吗？"

乐观的研究人员表示这种同时完成多项任务和发信息的现象创造了最聪明的一代人，他们不受地理、天气和距离等因素的限制——这些让人讨厌的物质世界带来的不便因素。但是，埃默里大学的英语教授马克·鲍尔莱因在《最愚蠢的一代人》一书中把这代和上一代人的学生进行了对比，发现"他们不再知晓历史、公民义务、经济、科学、文学和时事"，尽管当今这些信息都触手可及。

第三种可能：我们也许在开发一种混合型大脑。最后同时进行多项任务处理的能力将让我们同时适应数字化世界和物质世界，运用电脑来最大化我们处理智能数据和自然环境的能力，从而激发我们所有的感官能力，并提高学习和感知的速度，这样我们就可以将祖先们的"原始的"能力和当今年轻人的驾驭科技的能力相结合。

改革可能会（也可能不会）出自我们的双手，但是作为个体的我们能够在接受和庆祝科技能力的同时寻求大自然赐予的礼物，从而完全发挥我们的智能和精神潜力。

或许21世纪做的最好准备就是综合自然世界和虚拟世界。训练年轻人驾驶游轮的指导员说："学员可以分为两类，擅长视频游戏的学员，极其擅长掌舵；在野外长大的学员很擅长判断轮船的位置。我们通常会招聘这两种人。"他说理想的驾驶员是那些能够平衡好高科技和大自然知识的人："我们需要的是拥有这两方面能力来了解世界的人。"换句话来说，一种混合思维。

要想把世界上这两种看似不相干的生存方式合并或者联系起来，可能就需要一些自我约束条例。也许那时，15 岁的孩子就开始给我们做示范了。

斯潘塞·肖赫本在领英商务网站的个人页面上这样描述自己，"青少年科技网络实验室的市场经理、Twitloc 网站总架构师、Cassy Bay Area 硅谷非盈利机构网络开发者、《帕里高中校园之声》网络管理员、Netspencer 网站创始人（自主经营）。"十足的科技名片。他曾就读于帕罗奥多高中，校名简称"帕里"。肖赫本为自己在计算机世界所掌握的知识引以为傲，他眼里的生活的特点是"连通性的生活"。"无论我在何地，做何事，我关心的所有事和人都在我的手指尖。"但他也提到了在"隐居别墅"两周夏令营的经历给他带来的影响。"隐居别墅"是个非盈利的教育机构，在旧金山南部圣克鲁斯山脚下有个有机农场，种植当地的作物。他写道自己最初对去"隐居别墅"并不感兴趣。"我当时心想没有互联网的生活该多么艰难。"去了营地后，他在那里，"用我们挖的土豆做法式炸薯条，甚至还在森林里放山羊。结果还可以。实际上，真的很棒。我简直不敢相信自己做到了。"他还学到了那里有"千万种不需要任何电的树木、植物和动物"。

回到家以后，他径直走到房间里，拿起笔记本电脑，浏览了十二天以来的所有邮件和脸书通知。"但是我真的不在乎这些了。我心底想的就是要到户外，在真实的世界里玩个痛快。"也许最好的生活方式，他意识到，"就是在两者之间。"他可以对科技继续保持热情——"没必要丢弃它"——但是互联网并代表整个世界。

"一个人很难意识到自己的生活是多么孤立……直到你切身体验了另

一种生活方式。"

斯潘塞为自己的人生做了新的规划。至少现在，他打算平衡自己在科技世界和大自然世界的经历。为了追求那种混合的经历，他引用了卡尔·萨根的话："在某个地方，不可思议的事物在等着你去发现。"

第二部分

维生素 N

利用大自然的力量来保证身体、精神和家庭关系的健康

我们需要大自然的滋补剂

——亨利·戴维·梭罗

第三章 花 园

记忆是种子。童年时，家里美好的时光大多数是与大自然联系在一起的——垂钓之旅，发现的蛇，捉到的青蛙，星光闪闪的夜晚的水面。

我家住在市郊的边缘地带，密苏里州的瑞镇。后院的尽头是一片玉米地，然后就是广袤无边的森林和农场。每年夏天我都会带着我的柯利牧羊犬穿过这片农田，用胳膊肘拨开晃来晃去的植物茎秆和树枝，去挖地下城堡，还会爬上一棵比杰西·詹姆斯活得还久的老橡树。待玉米成熟收获以后，我和父亲会在这些矮玉米秆里寻找搭在地上的鸟窝和双领鸻下的有斑点的蛋。我们还会以敬仰的目光观察这些鸟妈妈和鸟爸爸们是如何想尽办法，用悲惨的叫声和伪装的受伤的翅膀，把我们从它们筑的巢穴引开的。

我想起了父亲打理花园时晒得黝黑的脖子和一条条沾满灰尘的皱纹

线。我跑在他的前面，把石头、骨头和玩具从他的路线里拿开。我和父亲、母亲，还有弟弟一起栽了草莓秧苗，种了油桃果倭瓜和我们自己的甜玉米。有一年，父亲听说瑞士甜菜产量丰富，于是按照他一贯的做法，我们也种植了这种蔬菜。那年夏天，打包瑞士甜菜，我们就花了足足几个星期。厨房还有部分地下室里装满了甜菜。妈妈把它们用罐子储藏起来。我拎着装满甜菜的棕色购物袋，送给邻居们。后来妈妈总爱讲那个夏天整个社区吃了瑞士甜菜的故事。

我们的院子不受任何社区机构的控制，但却被蝗虫、高温和其他自然灾害所打败。我回想起了那个傍晚，我和父亲、母亲、弟弟一起和天气赛跑，为了砌一面挡土墙，来保护我们的草地和菜园。我们将石灰石板堆成一排以防止雨水的侵蚀。我们感到风力逐渐加强，空气也变了，大家一起在墙角处站着；我们擦去额头的汗珠，盯着头顶豆绿色的天空，感到一种不祥的宁静，忽然狂风骤起，冰雹一码一码地逼近，像入侵的军队一样。我们就快速地向地下室的门口冲去。

这样的时刻成了我们家的传统，在菜园里、水面上和森林里的时间让我们全家人都联系在了一起。

后来，身为化学工程师的父亲赚了更多的钱，在屋外花的时间就越来越少了。菜园渐渐荒废了，取而代之的是肯塔基的蓝草皮。邻居家都立起了铁网栅栏。我家的柯利牧羊犬也不再到处乱跑，我们也是。不再有瑞士甜菜和为了种倭瓜、南瓜准备的不平整的土地，菜园种满了整齐的灌木。不再种蔬菜，我们拔掉了蒲公英，把不规整的地方整理得工工整整。夏天的太阳闷热得让人透不过气来。妈妈越来越少讲瑞士甜菜的故事，后来甚至再也不提了。菜园化为了一片模糊的记忆。后来我们搬到了一间更大的房子。

我在外上大学期间，化学工程的市场不景气。父亲总是盼着退休，搬到欧扎克斯去住。他相信在那里他可以一整天都钓鱼，再种个更大的菜园。因此他和妈妈还有弟弟就搬到了密苏里南部的山区——桌石湖。但到那里以后，父亲大部分时间都在厨房里或者发呆。他很少钓到鱼，也没有种蔬菜。后来他和妈妈又搬回了市郊。

几年以后，我坐在他去世时坐的写字椅上，打开抽屉。在那里，我发现了一份手写的文件，名字是"记账本"。这是他活着时的一份痛苦的账本，整个家庭都缩写成数字，但是夹在这些段落里面，有一句话标记着他生命中美好的时光——他称之为"一段短暂的伊甸园"。

我看着这句话好一会儿。我知道他说的是哪段时间。

如今我比父亲去世时的年龄都大。我的生活和写作风格都是在那段玉米地的时间里塑造的。有时我想，父亲的经历——他生命中大自然的消失和他逐渐病倒——与我们的文化生活平行，正如孩子们到处乱跑的自由消失了，家庭越来越集中，自然变成了一个抽象的概念。我知道这个方程式并不完整。两者哪个先发生，是疾病还是脱离大自然？说实话，我真的不知道这个问题的答案。但我经常在想，如果精神健康疗法能够拓展到氯丙嗪和安眠酮药物之外，拓展到大自然疗法的范畴里，父亲的生命会怎样？

童年时，我一定已经感知到了大自然能够治愈人的力量。看着父亲从大自然中退了出来，我希望他能够辞掉工程师的工作，当一名护林员。不知为什么，我觉得如果他当初这样做的话，他的身体肯定没问题，我们也就没问题了。我现在意识到，大自然自身可能不会治愈他的疾病，但我相信一定会对他有帮助的。

　　也许正是童年的经历让我成年以后仍然有很强烈的信念相信大自然有助人恢复健康的能力，人们和大自然应该重聚在一起，因为只有重聚，生活才会更好。

第四章　**生命的源泉**

心灵、身体和自然的联系

　　人们多花时间在大自然的环境里有助于身体、情绪和家庭的健康。心灵和身体的联系自然是大家熟悉的概念，但是研究结果和常识组成了新的集合：心灵、身体和自然的联系。

　　两千多年以前，中国的道教学者就知道建造花园和温室，帮助提高人们的健康水平。1699 年，《英国园艺工人》一书中建议读者将"闲暇时间花在花园里，要么挖掘、要么摆放、或者除草；除此之外，没有更好的办法让人们保持健康。"一个世纪前，约翰·缪尔发现："成千上万身心疲劳、精神受创和过度社会化的人们开始发现回归山林就如同回家一样；自然环境必不可少；还有山里的公园和自然保护区不仅是树木和潺潺流水的源泉，也是生命的源泉。"

如今，这种长期以来固有的自然对人类健康有直接和积极作用的信念正在将理论变为现实，并把现实化为行动。有些发现非常有说服力，所以一些主流的健康养生机构已经开始为一系列常见病和疑难杂症推出自然疗法。我们中有很多人都正在用大自然的滋补剂，尽管没有确切的名字。实际上，我们已经在为自己开药，用一种很便宜而且超级方便的药物替代品。我们把它叫作维生素 N 吧——就是大自然（Nature）英文单词的首字母 N。

新的研究结果支持了自然疗法有助于减轻疼痛和负面压力的观点。而且自然这一药方对患有心脏疾病、痴呆症和其他健康问题的人们疗效非常好，甚至会超过户外运动所预期的效果。即使在我们和自然世界还有一定距离的情况下，它的重塑力量也能够帮助我们。位于宾夕法尼亚近郊的一家医院，手术康复住院处共有 200 多个床位，有些屋子窗外有一排落叶树，另外一些屋子的窗外是棕色砖墙。研究人员发现住在窗外有树木的屋子里的病人住院时间要比那些窗外是砖墙的病人短一些（平均住院时间是一整天），他们对抑制疼痛药物的需求更少，在护士的留言条里负面评论也更少。另一个研究是做了支气管镜检查（将纤维支气管镜下到肺部里的一些检查）的病人，如果在墙上挂有山间小溪流过草地的壁画，并且不停地播放自然声响（如溪水流动和鸟儿叽叽叫的声音），病人就很少要求注射麻醉剂。那些与大自然接触的病人控制疼痛的能力明显要好。

周边的自然环境能成为肥胖的解药。2008 年一项刊登在《美国预防医学期刊》上的研究发现人们居住环境周边绿化越好，儿童肥胖指数越低。"我们研究了 3800 多名居住在城市里的儿童，发现居住环境的绿化空间对儿童的体重和健康有长期的积极影响。"资深作家、医学博士吉尔伯特·C. 刘说道。尽管该研究不能证明两者有直接的因果关系，它也控制了很多变量，包括居住环境的人口密度。该研究为那些相信对城里的孩子来说，改变建筑环境和改变家庭行为一样重要的人们提供了支持。

然而，晒太阳时间过长的确能导致黑色素瘤，但是在户外待的时间太少也同样会损害健康。据一项研究报道，美国四分之三的青少年和成年人缺乏维生素 D，这种可以自然地从阳光、一些食物和补充物中获得的营养。非洲裔美国人面临这种危险的概率更高，一名研究人员在《科学美国人》期刊上发表文章表示，因为"他们的皮肤中含有更多的黑色素，所以身体吸收和使用太阳的紫外线来合成维生素 D 更困难"。一些科学家质疑已经面临风险的人数比例（可能接近八分之三的人口），但是他们一致认为血液中维生素 D 的含量在下降，这种缺乏带来许多健康问题，包括非洲裔美国青少年中出现的癌症、动脉硬化，年轻人中出现的 Ⅱ 型糖尿病，冬天情绪低，体力下降，和儿童的肺功能下降导致的哮喘。研究已经证明维生素 D 有助于人们降低患传染病、自身免疫力性疾病、骨折和牙周疾病的几率。

越来越多的研究都在关注自然时间对精神健康的影响，而不是对身体健康的影响；这两方面（还有头脑灵敏度）是相互关联的。科学并没有全部包括在内，目前可用的证据也没有始终如一。多数证据表明二者相互之间有联系，但并不是因果关系。然而，对这项科学的诚恳解读可以得出谨慎的结论。

有些研究将已知信息制成图表，包括澳大利亚墨尔本迪肯大学的研究人员写的一篇文献综述。根据迪肯大学这篇文献综述，下面列出的这些自然对健康的改善情况是有个人经验、理论和临床研究支持的。

接触自然环境，例如公园，可以提高人类应对压力的能力和从压力中恢复的能力，以及从疾病和伤痛中恢复的能力。

现有的依赖大自然治疗的办法（包括野外、园艺和动物辅助的治疗法）能够成功治愈那些没有情感或者身体病例史的病人。

人们亲近自然的时候，尤其是在城区内，能够更加积极地看待生活而且对生活的满意度较高。

户外免疫力

2007 年，我和自然主义者罗比·阿斯托夫开车穿过佛罗里达的西棕榈海岸，准备参加一场宣传保护大沼泽地国家公园的活动。他告诉我："童年时，我总是情不自禁地从车窗向外望去，看看外面的事物。坐飞机时，我仍然这样，必须坐在靠窗户的座位上。回头想想，我注定是个自然主义者，感官都被训练得对细节、花纹、图像、声音和感觉特别敏感。"五年级时，学校组织到大沼泽地的旅行把他引向了这个职业。大学毕业后，他在数百公里死亡大沼泽地进行调查。身为一名教师，他带过数千名学生来到大沼泽地，学习这片伟大的湿地以及它面临的威胁。阿斯托夫早些年的生活很坎坷。1978 年出生在迈阿密的他立刻接受了三次挽救生命的输血。不幸的是，输血让他感染上了艾滋病病毒 HIV 和丙型肝炎，而且直到他16 岁时才发现。当时他在打鼓时受了伤，葡萄球菌感染，但是迟迟不好，后来血检发现了这些病毒。他记得自己被叫到医生的办公室，父母已经泪流满面。"医生让我坐下，然后告诉我这个消息。我的第一反应是：'现在我们怎么办？'"

接下来那些年，他发现自己对湿地越来越感兴趣。"很难解释，但是认识到这些周期、图案和世界的内在联系对我有一种治愈的作用，"他说。"有时，半夜醒来，我就穿上靴子，拿件外套和收集器皿。我没有质疑自己的那种行为。夜晚出去走走让我很兴奋，因为我也不知道自己会发现什么。直到听到花斑猫头鹰的叫声，或是在白天研究过无数次的树上发现了一些新东西的时候，我才意识到出来的原因。我出去是因为信任自己的直觉，有耐心等待事情顺其自然地发生。然而，也是运气。但是要想控制一种疾病同样也需要信任和直觉。我在大自然中待的时间不够多时，身体会向我暗示。我就会照做。"

阿斯托夫正在埃默里大学学习国际公共健康，他发现 HIV 病毒从生物学角度来讲非常有趣。"它能够快速地再生和变异，总是给药物提出新的要求。从很奇怪的角度说，HIV 是高雅和美丽的。我知道这个怪物的能力，因此我就用各种方式控制它。我从不在外面待到太晚才回家，饮食健康，从不抽烟。"少年时期要避免这些行为对他来说很不容易，但是对病毒的敬畏战胜了来自同伴们的压力。"自然总在进行改变和适应，因此我为何不也这样做呢？我总是在倾听。听到身体发出'休息'的信号时，我就休息。看到大型无脊椎动物在小溪中就意味着水质干净，也会提醒我要注意自己的健康指标。被罕见植物绊倒时，它就会提醒我自己和正常人是不一样的。对待病毒，每个人的态度都不会一样。"

为人师表的他告诉学生们湿地是"大自然的肝脏"，并和整个生态系统联系在一起。"湿地净化水质、控制污染物。"他解释说雨林和其他自然环境是很多药物的来源，在那个世界里逗留会降低压力。"它刺激并释放出的内啡肽让我们感觉特别舒服，而且激发灵感。灵感是另一个给人健康的东西。我带着自己会得到医治的心理到树林里。收获的好处有物质上的、心理的和精神的。有时在我感到光、能量和敬畏的时候，那是一种自然的高潮。"他边开车边透过卡车的玻璃望向不断掠过的风景。"由于我吃药有段时间了，敏感的血检已经找不到那种病毒了；我的检查结果是'无法检测到'。"

有研究来支持阿斯托夫的经历吗？可能有。日本一项 260 人参与的、分布在 24 个地方的研究发现，那些盯着窗外树林发呆 20 分钟的被测者平均的唾液皮质醇浓度，即一种压力荷尔蒙，要比那些在城市建筑周围的被测者低 13.4%。"人类……在大自然中生活了 500 万年。我们不得不去适应自然环境……处在大自然的环境中时，我们的身体就回到了它应该属于的地方，"唾液皮质醇研究者宫崎良文解释道。宫崎是千叶大学环境健康和科学研究中心的主任，也是日本"森林医学"研究的主要学者，在日本这种养生概念是广为接受的，有时也被称作"森林浴"。在另外一项研究中，东京日本医科大学的森林医学资深副教授李卿发现，绿色运动——在自然环境中的身体活动——能够加快自然杀伤细胞的活性。"自然杀伤细胞活动增加以后，人体的免疫功能就会提高，从而增强人体对压力的抑制作用，"李说道。他认为导致自然杀伤细胞运动加快的部分原因是吸入了空气中含有的一种抗菌剂芬多精，它是森林土壤中必不可少的成分，从植物中挥发出来。这类研究还需要更进一步的调查。例如，在自然杀伤细胞的研究中，有一些因素研究人员没有予以控制，因此很难判断导致这种变化的原因到底是因为不工作、运动、接触大自然，还是这几种可能的共同作用。

不管怎样，对阿斯托夫来说，野外为他营造了一个可以得到治疗的环境——而且可能加强了他的免疫系统并提供了某种保护的特质，那种他本人以及我们所有人都还不完全明白的特质。

大自然过去的记忆

瑞典乌普萨拉大学应用心理学现任教授特里·哈蒂格提出了一条警示性的忠告。他有时觉得"人们在讨论大自然和健康时，头脑中出现的'大自然'的概念，是'巴氏消毒过的'大自然——没有锋利的牙齿、爪子或是螯刺，对人类没有任何要求。"他还指出到目前为止数量最多的自然和健康的研究考虑的都是传染病和自然灾难等话题。"我们要时刻记住人类花了几千年的时间来保护自身免受自然力量的危害，这点很重要。"他说道。

这是个重要的观点。但这里还有另外一种观点。从后院到荒野，自然的形式多种多样。在野外发生的那些危险带来的负面影响（例如来自大型食肉动物）应该可以和他们带来的积极的心灵收益（例如，谦逊）相平衡。的确，多数自然和人类健康的研究都关注病理学和自然灾害，但是研究员选择这些研究内容的原因和研究资金的来源有一定关系。关注大自然对人体健康的益处的研究人员实际上解决了一个知识不平衡的问题。

与哈蒂格的担忧相类似，科学在界定人们该如何审视大自然时的确有过一段艰难时期。几年前，我和研究大脑结构在童年时期发育状况的神经系统科学家和专家委员会一起工作。在被问到自然世界本身是如何影响大脑的发育时，他们总是不给你答案。"你怎么定义自然？"他们会装模作样地问道。然而，这些科学家会在实验室里模拟"自然条件"，控制一些因素。一位朋友喜欢说自然是由分子组成的任何东西，"包括一个家伙在拖车式活动房屋停放场里喝啤酒或是一个初次参加上层社会社交活动的少女在曼哈顿喝高杯酒。"严格意义上讲，他说得没错。多数情况下，我们把大自然的定义留给了哲学家和诗人。加里·斯奈德，当代最优秀的诗人之一，写道，这个词有两层意义，来自拉丁文词根自然（Natura）和新生（Nasci），这两个词汇都有新生的蕴意。

我对自然的定义是：人类在自然中的任何地方都能感受到自身和其他物种间的亲密联系。如果这么描述，那么自然环境可以是野外，也可以是城市里；不必是原始的，这种自然环境至少受到少量的野外和天气的影响，以及开发者、科学家、喝啤酒的人和舞会少女的影响。看到时，我们就会意识到这就是自然。

几个世纪的人类经验表明滋补药不仅仅是安慰剂。那么提到健康，自然药方是如何起作用的呢？

答案可能隐藏在我们的线粒体中。该假设出自哈佛大学的 E.O. 威尔逊，崇尚自然的天性是我们"与生俱来的感情和……其他有生命的生物体的从属关系"。他的思想的解读者把这个概念衍生到自然风景之中。受到威尔逊理念影响的几十年的研究表明人类这一生物体是需要与自然直接接触的，尽管我们也不是很清楚原因。

著名的鸟类学家、行为生态学家、华盛顿大学生物学学院荣誉教授戈登·H. 奥瑞安斯认为大自然环境对人类的吸引力存在于人体 DNA 层面，以很多基因的形式萦绕在我们的身体内。他指出，从第一次出现农业到今天的早饭，仅仅大约过去了一万年。"生物世界，就像埃比尼泽·斯克罗杰的精神世界，充满了各种记忆，"他说道。"有栖息地、肉食动物、寄生虫、竞争对手、共生生物的记忆和同物种的过去，还有流星、火山喷发、飓风的记忆和干旱的过去。"这些记忆会存留在我们的基因库里，但是有时它们会和我们交谈，悄声地说。过去是个序言。

这种基于行为生态学和社会生物学的观点也有批评者，他们怀疑这种想法会唤起基因决定论。最近几年，人类天性热爱自然理论的支持者和怀疑者似乎已经达成了一致：长期的遗传学可能已经注定了大脑发育的路线，但是结果同样会受到最近的环境的影响——例如成长的环境。奥瑞安斯认为所有的适应和改变都是因为过去环境的影响。"他们告诉我们过去的事情，而不是现在或未来的……正如埃比尼泽·斯克罗杰所发现的，记忆，无论它们看起来会带来多少不变，都会产生积极的影响。"他接着说："长时间以来，人类就清楚地、直觉地明白与大自然互动能带来的恢复性的力量。"看看古埃及的花园，美索不达米亚的空中花园，中世纪中国城市里商人们建的花园，弗雷德里克·劳·奥姆斯特德设计的那些美国公园，都体现了这一点，甚至现在我们买房时还要考虑地理环境，而且看到特定的风景还会有特殊的视觉感受。奥瑞安斯和西雅图的环境心理学家朱迪斯·希尔韦根多年来在全球各地调查人们对不同意象的喜好。研究人员发现无论来自什么文化环境的人都会被有自然景观的图像所吸引，尤其是热带草原，有一簇簇的树林和顶棚似的树荫、远处的风光、花朵、水流和高低不平的地势。

另外一名探索人类天性热爱自然理论的研究人员，得克萨斯州农工大学的风景建筑和城市规划教授罗杰·S. 乌尔里克在 1983 年提出了精神生理学的压力恢复理论。他认为人们对压力产生反应的地方位于边缘系统，也是产生生存反射的地方。引用乌尔里克的观点，牛津大学荣誉教授、英国政府下属的环境保护组织"自然英格兰"的首席健康顾问、内科医师威廉·伯德说道："战斗或逃跑是人们对压力的正常反应，由儿茶酚胺（包括肾上腺素）的分泌引起，结果是肌肉紧张、血压升高、脉搏加快、血液从皮肤分散到肌肉并且出汗。所有这些反应都会帮助身体对抗危险。然而，如果不能很快从这种压力反应恢复到正常，就会对身体造成伤害，而且会产生疲劳，再次遇到同样危险情况时反应会受到限制。"人类的进化筛选出了那些能够利用大自然的重塑能力从自然威胁的压力中恢复出来的远古祖先们。

　　我所听到过的对这种过程的最好解释之一来自已经去世的伊莱恩·布鲁克斯，加利福尼亚州的一名教育工作者、在斯克里普斯海洋研究所工作了多年的生物学家。在《林间最后的小孩》一书中，我提到了布鲁克斯经常爬到拉霍亚最后一片自然空地的最高山丘上。她告诉我，尤其是在感到有压力时，她会想象自己就是远古时期的祖先，栖息在高高的树上，从食肉动物的危险中恢复过来。在这种时候，她会放眼望去，掠过那些屋顶——想象自己在一片广阔的热带草原上——一直望向海边。"祖先们爬到那棵树上，放眼望去一定有什么东西——可以很快治愈我们的东西。在这些高高的树枝上休息能够快速地降低因为成为潜在的猎物而迅速分泌的肾上腺激素，"一天我们走到那片土地上时，她对我说道。"现在我们仍然遵循见到大型动物，要么战斗要么逃跑的原则。从基因层面上讲，本质上我们和最原始的人类是同一生物。我们的祖先跑不过狮子，但是我们有智慧。知道如何捕杀，是的，我们也知道如何逃跑和爬到高处——如何利用环境来应用我们的智慧。"接下来她开始描述现代人的生活：如今我们自己一直处在警惕的状态下，感到被追赶，像她说的，被永不停止的两千磅（约合九百千克）重的汽车和四千磅（约合一千八百千克）重的越野车蜂拥追赶。即使在办公室和家里，攻击也在继续：骇人的图像透过电视线路进入卧室。也许，在细胞层面上，我们继承了应对这些问题的解决办法：像布鲁克斯那样，坐在山丘上。

这里应该补充一句，很多情况下大自然能够抵消有毒的压力，而且也不会让身体处于任何危险中。简而言之，与大自然元素安静地接触就能够轻易地让我们平静下来，并且不再感到那么孤单。

第五章 心灵重新回归自然

自然法则应用到改善精神健康上

金门猛禽观象台的主任艾伦·菲什向人们教授猛禽迁徙和野生动物监测知识。90% 的工作都和成年人，数百名志愿者一起，计算鹰的数量，为鹰绑扎并跟踪它们。

"很多志愿者都能坚持五年或者更久。从事与猛禽有关的工作可以对他们的城市生活有治愈性作用，"他说道。"在这里，我听说过一些自我治愈的故事，他们都患有那些让治疗师很头疼的病症，例如：狂躁忧郁症、虐待和药物依赖。这些人下定决心和大自然重新建立联系的勇气让人感动。"我听过无数次这种说法："我原本以为成年以后，就不得不放弃大自然了。"

这种想法大错特错了。为了寻找到希望、生命的意义以及慰藉，远离感情上的痛苦，人类采取了冥想、药物、红酒和其他办法。这些办法曾经盛行一时，有些效果比其他的时间长些，有些很有效，还有些正中要害。但是，大自然重塑的力量就在那里，而且一直都在。"我们通过观察生命而得到生命。"这些话出自澳大利亚维多利亚州迪肯大学健康和社会发展学院的副教授马蒂·汤森博士。"如果看着有生命的东西，我们就不会感到自己生活在真空中。"花时间待在大自然环境中不是万能药；它不可以完全代替其他形式的专业疗法或者自我疗法，但是在保证和改善心理健康方面是很有用的办法。

来自得克萨斯州首府奥斯汀的南希·赫伦结婚 31 年了，有两个儿子，目前都已长大成人。她是一家收容所的志愿者主管，目前在得克萨斯州公园和野生动物组织工作。她描述说自己是门门得 A 的优等生。孩子出生时，她辞去了工作，在家休息了一段时间。后来重返职场，她很渴望重新建立自己的威信和事业。"但是像任何工作的母亲一样，我也想在孩子、丈夫、朋友、家人和邻居之间做到最好。我工作到疯狂的地步，不晓得如何停下来。我开始失眠、过度担忧——我们都知道那种循环。"

就是那时候，她开始再次去野营。这种治疗方法很有效。"你只要为基本的生活需求做准备。你知道的，野生动物都是自己处理那些最基本的需要。这提醒了我，其实生活对我们的要求少之又少。吃饭、睡觉、生育——的确没有太多实际的需求。所以，我在做什么啊？真是见鬼了。所有那些细节问题让我担心、害我血压升高、让我喘不过气来，实际上它们真的和生活没什么关系。待在野外让我完全地看透了这一切。简简单单地活。我们死了或者离开的那一天，这些问题多数没什么意义。都是我们自己编造的。大自然提示我生活是如此简单和容易。在我拨开这些小事以后，我重新回到了户外，提醒自己什么才是最重要的。"完美，标准的定义其实并不重要。

一位有过一段痛苦的离婚经历的父亲告诉我："有时，我会出去到大自然里稍微锻炼下，放松肌肉，尤其是坐在电脑前面或者在会议室里太久的时候。但是，更多时候，是那种重新平复心灵的需要吸引我到大自然中去的。事实上，每次我都不会失望，我会对——自己、生活、工作和家人的感觉舒服很多。这让我变得更加富有创造力、更慷慨。"

当然，锻炼身体本身会有助于避免精神疲劳。但是他意识到大自然还为他提供了一些额外的价值。他转向大自然的目的是治疗"生活造成的情感创伤"。在搬到圣迭戈不久后，他接到了前妻的电话，"电话中她告诉我说，她可能不会跟着我搬到加利福尼亚了，还有她不确定自己是否还爱我了"。挂掉电话后的几分钟，他就开车来到了最近的公园，托里派因斯州立公园，也是他从未逛过的公园。"穿过海岸边的矮灌木丛，正值春天，百花开放，"他回忆道，"我来到一些让人印象深刻的、被风暴侵蚀过的悬崖边，眺望太平洋。我承认那一刻我有要跳下悬崖的冲动，但是那种还想再回到这种地方的欲望让我的脚步停在了这片土地上。"大自然总是不断前进着，生活总会找到出路的。

那些工作和大自然联系在一起的人们，不出意料地都倾向于感激大自然的滋补药，而且也更喜欢利用这点，尤其是在遇到危机的时候。"大自然是根本的抗抑郁的良方，"北卡罗来纳州一个小镇的健身项目主任戴安娜·托马斯说道，她在户外活动项目中看到了大自然对人的影响。一些精神健康组织已经开始在某种程度上赞同这一点。自然环境的确为精神健康提供了一些额外的东西，即一种良药，我们获得的好处超越了锻炼身体本身。

自然为精神健康提供补药

同基本的健康问题类似，大自然对精神健康的疗法主要有三种基本形式：自我或者专业人士开的处方；环境退化对人类心灵和精神的影响；在我们生活、工作、娱乐的地方重新恢复大自然。

"越来越多的经验性证据证明，接触大自然有益头脑健康，"这出自埃塞克斯大学环境和社会中心的研究人员在 2009 年发表的《绿色锻炼和绿色关怀》报告。"我们的研究表明应该优先开发绿色锻炼作为治疗性干预（绿色关怀）。"在一项有 1850 多名参与者加入的绿色锻炼研究中，研究人员报道了三项有益参与者健康的结果：提高心理幸福感（通过改善心情、提升自尊心，同时减少气愤、困惑、压抑和紧张的情感）；对身体健康有益（通过降低血压和燃烧卡路里）；建立社交网络（我们将在后面的篇章中讨论）。

研究人员观察了两组散步的人的表现，一组在乡间公园，周围都是森林、草地和湖泊；另外一组在室内购物中心，两组人走路的时间相同。"相同时间里，在绿色的户外环境中散步的人，自尊心和积极情绪比在室内散步的人要提高得更多，尤其是气愤、压抑和紧张的情绪大大改善。绿色户外散步以后，92% 的参与者感到不那么抑郁；86% 的人紧张感有所缓解；80% 的人不那么疲倦；79% 的人困惑感有所缓解；56% 的人更加有活力。"同时，"在室内购物中心散步的人中，22% 的人觉得更加抑郁，33% 的人觉得抑郁程度没有改变。"

　　类似地，瑞典的研究人员发现那些在自然的、绿色的、有树木、叶子和山水风景的环境中慢跑的人和那些在城市环境中，消耗掉同样卡路里的慢跑者相比，他们感觉能得到更多的恢复，焦虑、气愤和抑郁的感觉更少些。换句话说，好心情可以归功于锻炼本身，但也有维生素 N 的功劳。缺乏它可能导致我们对抑郁的抵抗力能力降低。

　　如果要想让精神健康有很大改观，我们需要多少大自然因素呢？一项研究表明大自然带来的好处是可以立即感受到的。埃塞克斯大学的朱尔斯·普雷蒂和乔·巴顿在《环境科学和技术》期刊上发表了最新的研究结果，提出了维生素 N 的一个适当的最小剂量值。"在科技文献中，我们第一次能够展示大自然对人类精神健康的积极影响的剂量反应关系，"普雷蒂说道。五分钟的剂量过后，我们发现心情得到改善，自尊心有所提高。蓝天绿水环境下的锻炼效果更好。研究发现在自然景观地带，尤其是附近有水的情况下，人们改善的程度越大。但是这并不是说我们一天就只需要五分钟的时间。根据英国十项研究，涉及 1252 名不同年龄、性别和精神健康状况的被测人员，研究分析发现任何年龄和社会背景的人都会受益，但是年轻人和有精神疾病的人健康变化程度最明显。"通过绿色锻炼接触大自然的办法被认为是一种简单可行的治疗办法，而且没有明显的副作用。"该报告阐述道。

　　甚至接触泥土也会改善心情和免疫系统。那项称母牛分枝杆菌对老鼠跑出迷宫有积极作用的研究，也表示老鼠的焦虑感也会相应降低。另一项来自布里斯托大学，发表在《神经系统科学》杂志上的研究发现接触母牛分枝杆菌的老鼠——这种"友好的"细菌通常存在于土壤中——分泌更多的血清素。缺乏血清素和人类抑郁的情绪有直接关系，而且增加这种大脑化学物质有抗抑郁的作用。尽管血清素的影响受到部分科学家的质疑，母牛分枝杆菌作用的研究"让我们了解身体是如何与大脑交流的，还有健康的免疫系统对保持精神健康是至关重要的"，领头研究员克里斯·劳里说道。"这也让我们思考是不是应该多花点时间玩泥巴。"

我们的动物伙伴也能帮忙。动物对人类精神健康影响的主要研究已经在家养宠物中进行。结果振奋人心。科学家发现，在人和动物相互交流的过程中，与社交有关的神经化学物和荷尔蒙的分泌会增加。一项针对中年精神分裂症的研究发现，动物的出现能够在治疗阶段和每天生活中为患者提供帮助。普渡大学护理学院的一项研究发现，老年痴呆症患者面前要是放着颜色鲜亮的鱼在里面游动的玻璃缸，他们的行为和饮食习惯会改善。该认识已经被很好地利用起来了。治疗学者长期以来用观赏动物的办法治疗老年人的孤独，近来还用此办法减少精神病患者的焦虑。正规的利用动物进行精神健康治疗甚至有自己的首字母缩写词：动物辅助疗法（AAT）。

2008 年，第一个随机的有变量控制的农场动物的治疗好处的研究结果对外公布。这项研究由挪威的奥斯陆大学研究员组织，他们发现农场动物可能会帮助治疗一些精神混乱病症，例如精神分裂、情感性精神失常、焦虑和人格障碍病。但是野生动物呢？ 2005 年的一项研究表示至少与一类野生动物——海豚——的直接互动可以缓解轻微到中度的抑郁症。《英国医学杂志》报道，和海豚一起游泳："两周以后，可以有效减轻抑郁的症状。"研究人员表示轻度到中度的抑郁症患者可以减少服用抗抑郁药物和传统精神疗法。海豚辅助疗法也有批评的声音——包括那些质疑该研究的人和那些觉得的这是对海豚的剥削而予以反对的人。但是该研究，如果要是能一直坚持下去，就会和研究精神健康与其他物种关系的研究联系起来。

因此，尽管如今多数研究都是针对在大自然环境中的锻炼，但越来越多的证据表明简单地在自然的或者重新自然化的环境中生活和工作——无论是在我们的家中、医院、社区，还是城市里——都会对我们的精神健康有深刻的影响。在后面的章节中我会回到这个主题，这个消息让人充满希望。然而，我需要解决与精神健康有关的另一个问题：人类破坏和否认自然世界所带来的负面的，甚至毁灭性的影响。

生态的无意识性

"生态的无意识性"的想法正盘旋在科学、哲学和神学的十字路口的上空——即大自然的一切都是以我们不完全理解的方式联系在一起。拉尔夫·沃尔多·爱默生在 1841 年发表的文章《论超灵》中写道："在我们栖息的伟大自然界中，土壤躺在大气温柔的臂弯中；统一性，超越灵魂，就是每个人都包含在内又与所有其他人组成的一个整体；共同的心脏。"生态无意识理论，以超越论、佛教和浪漫主义为前提，是科学的延伸，甚至还冒犯了一些宗教人士。然而，多数人都意识到了一种关系的脱离，我们中千千万万人仍然感觉一种深刻的缺失感，来自对环境的破坏，如英国石油公司墨西哥湾石油泄漏事件，这个灾难延伸到其他州而且对其他物种也造成了损害。

美国精神病学协会在它的《精神疾病诊断与统计手册》中列出了三百多种精神疾病。"心理治疗师非常彻底地分析了每种不正常的家庭和社会关系，但是却没有'不正常的环境关系'这一概念。"社会批评家和作家西奥多·罗斯扎克说道。正如他所说，《精神疾病诊断与统计手册》"将'分离焦虑紊乱'定义为'与家庭和家里每个重要的人分离而产生的过度焦虑。'但是在这个焦虑的年代，没有什么比和大自然的脱轨更让人焦虑，更普遍存在的。"是时候，他说道，"我们该有个以环境为基础的对'精神健康'的定义了。"

在《林间最后的小孩》一书中，我提出了自然缺失症这种假设，描述了人类与大自然疏远所付出的代价。有些研究人员还提出了一些别的名字。澳大利亚教授格伦·阿尔博斯特先生，也是位于帕斯的莫道克大学的可持续性和科技政策研究所主任，发明了 solastalgia 一词来形容这种精神健康状况。他把拉丁语的 solacium（舒服，抚慰的意思）和希腊语词根 algia（痛苦的意思）结合起来组成这个新词，他给出的定义是"在一个人居住的或者喜爱的环境遭到侵犯时所感到的痛苦"。阿尔博斯特曾在新南威尔士州的上游猎人区工作，当时那些社区的居民正面临露天开采的困扰，后来他还在澳大利亚东部和一些经历了长达六年之久的毁灭性的旱灾的农民一起工作。这些经历激发他建立自己的理论并发明这个新词。在去澳大利亚西部的一次旅行中，我遇到了阿尔博斯特，他个子高高的，看起来很善良，走路跟跟跄跄的。后来，他把 93 岁的温迪·鲍曼说过的话讲给我，她反对人们在土地上露天开采，随着开采日子的逼近，她感到很气愤、很 solastalgia。他说道，她当时紧紧握着自己的拳头说道："我瘦了很多。半夜时我总是醒来，胃隐隐作痛。"

有些例子中，是人类破坏了环境。而其他情况下，长期的干旱只是自然现象——如果不怪罪全球变暖。这种可能现在是很多澳大利亚人的想法。阿尔博斯特问道：人们的精神健康会被一系列变化伤害到吗，包括气候的细微变化？

不管如何命名，我们遭受的这种损失都是至关重要的。居住环境中如果没有树木或者其他自然特点，人们会经历社会关系、心理和身体的崩溃，这和我们观察到的发生在那些栖息地被剥夺的动物身上的现象极为相似。"动物中，我们看到的现象是越来越愤怒和具有攻击性，受干扰的繁殖和成长环境，以及混乱的社会等级。"伊利诺伊大学弗朗西斯·库奥教授说道。她和同事研究过生活中自然环境的缺失对人类健康和安乐的负面影响。在这些负面影响中，她们发现人们之间的礼节越来越少，人们更容易愤怒和具有攻击性，财产犯罪数量增加，人越来越懒散，涂鸦和随处丢垃圾的现象变多，人们在户外对孩子的看护也变少了。"我们把这些中的一部分称为'玷污巢穴'，这是不健康的，"她说道。"没有哪种进化良好的生物体会这样做……在我们的研究中，那些和大自然接触较少的人注意力不集中、认知能力差，主要生活问题处理不当，很难控制冲动情绪。"

如果阿尔博斯特说得对，如果气候变化程度像有些科学家预测的那样，如果人类继续簇拥着来到自然环境很差的城市，那么 solastalgia 将导致精神疾病的盘旋式上升。

和自然缺失症一样，solastalgia 仍然是一个假设，一种理论上的东西，而非正式的诊断结果。但是许多个人的经验表明，我们看到热爱的自然景观被露天开采的矿井和购物中心所替代时，我们的心灵，甚至身体会感到非常痛苦，上述的假设就可以识别这些痛苦。这个事实并不意味着城市生活本身，本质上对人类健康有害。但是我们中很多人的生活方式，甚至在乡村地区，都不利于人们的健康和幸福。

"依托大自然的心理治疗"

在加州圣巴巴拉市，精神治疗医师琳达·巴泽尔—萨尔茨曼要求成年病人每天写日记。她反映说部分病人除去走到车里，再从车里出来的时间，每天在户外，不管有没有大自然的环境中，总共时间只有 15~30 分钟。她告诉他们要多出去走走，在她的照顾下，他们的确照办。但是首先，他们必须认识到在户外，尽管有趣，也得当成正经事对待。巴泽尔—萨尔茨曼国际生态疗法组织的创办者，基于大自然疗法，提出了有可能是最简洁的描述。她表示生态疗法是"心理疗法的革新，因为涉及了大自然"。不管叫什么名字，由大自然引导的治疗方法正进入心理学的研究主流，鉴于城市压力和自然栖息地缺失的双重作用制造了新的心理问题，其他形式的疗法似乎不能解决这个问题。

和利用大自然法治疗身体疾病的办法一样，大自然世界解决精神健康问题的办法几个世纪前就开始了。美国精神健康先驱本杰明·拉什博士，独立宣言上签过名字的他相信"挖泥巴能够治疗精神疾病"。自从19 世纪 70 年代开始，宾夕法尼亚州的教友派信徒的朋友医院就开始治疗精神疾病，他们为病人提供温室和数英亩的自然风景区。第二次世界大战期间，精神病学先驱卡尔·门宁格为退役军人管理医院体系发起了一次园艺疗法运动。

今天，英格兰和威尔士领先的精神健康慈善机构明德组织，把生态疗法称为"未来精神健康的重要的部分"，该机构首席执行官保罗·法默说道："这是很可信的，是临床上有效的治疗方法，而且需要由全科医生开药方，尤其是在很多人的治疗方法，除了吃抗抑郁药物，受到极大限制时。"明德并不是说生态疗法可以代替药物，但是建议人们应该拓宽治疗途径和办法。如果生态疗法成为主流实践中的一部分，"它将帮助全国数百万受精神疾病困扰的人。"他接着说。在一份重要的报告中，明德建议这将是精神健康服务新的议程："在大量崭新的、不断增多的证据面前，明德呼吁生态疗法应该成为精神健康问题临床的，一线的治疗办法。"

这种办法并没有得到普遍认可。美国心理学学会前主席和耶鲁大学心理学和儿童精神病学教授艾伦·卡津丁说过："现代心理学是那些可以被科学地研究和查证的东西……在我所关注的这个地方真的有精神的缺失。"

然而，在实践中运用自然疗法的专业人士都表示结果很好。

马尼·伯克曼，医学博士，是经过认证的精神病学和全身治疗药物医师，如今在科罗拉多州退役军人事务部门担任门诊部成人神经病医生，为所有年龄段的退役军人提供治疗。她说自己"惊讶大自然在推进治疗方面的神奇力量"。她讲了一位患者的故事，阿尔（匿名）参加过越战，他是个很容易生气和发怒的人——不满政府，不满生活，对自己也不满意。甚至日常生活的小事，阿尔都要很吃力地应对。伯克曼说在一次的治疗中，阿尔咆哮着抱怨一切，发泄着怒气，他坐在那里，身体前倾，紧握双拳，大吼大叫。"为了转移他的注意力，我问他，'你自己用什么办法解决？什么能够让你放松下来？'他顿了顿，然后告诉我他是多么喜欢骑着摩托车，独自一人来到山林里，去野营。"阿尔告诉伯克曼他坐在星空下，身边没有人，在山间的一间木屋里。他多么希望余生都是在这样的环境中度过。"让我感到惊讶的是，分享到山林骑行经历的几秒钟后，我眼前的他整个身体状态都变了，但他自己没有意识到，"伯克曼说道。"他紧握双拳，身子愤怒地向前倾，大声讲话并挥舞手臂的动作变成了身子向后靠在座椅上，两腿伸展开，双臂交叉放在脑后，脸上也露出了笑容——一副祥和、放松的姿态。我从未见过哪种抗焦虑药物起效这么快。几秒钟，仅仅是联想一下大自然，这种深刻的变化就在他的神经系统中形成了。

伯克曼在其他病人身上也看到过这样的效果，尤其是那些早年和大自然建立过亲切关系的人。她还发现这些人和那些没有和大自然建立过关系的人相比，通常是年轻一些的病人，有明显的差别："在我问那些年轻的士兵（通常是伊拉克和阿富汗战争退役回来的士兵），他们如何解决自己的问题时，很多人都回答说，'我不知道。'或者喝酒，看电视，或者偶尔在健身房锻炼。然而，即使是在那些靠健身房锻炼的人，在讲述自己的感受时，我也从未见过那种明显的身体得到治愈的变化，那些变化只有在那些分享自己和大自然紧密联系的人们中可以看到。"

尤瑟夫·伯吉斯（在他加入伊斯兰教以后，他希望大家叫他"尤瑟夫兄弟"）在 17 岁时第一次经历了战争。直到 20 年后，他才被诊断为创伤后压力紊乱症。"20 年的孤立、分离、药物滥用、监禁和几乎是精通各种逃避手段让我感觉非常孤独和疏远，即使我站在一群人中间，尤其是在家中，"他说道。"最后是心理医生的特殊药方和大约有 12 个步骤的疗法才帮我逐渐康复，融入日常生活中。"如今，尤瑟夫兄弟在全国都有知名度，因为他为城市中的年轻人建立了到阿第伦达克山脉进行自我改善的项目。在这个项目中，他得到了恢复，找到了安宁。他还创立了其他几个项目，包括塞拉俱乐部的军人家庭户外活动，为重返故乡的退伍军人和他们的家人提供疗养的户外体验。

华盛顿大学的心理学副教授、生态心理学主要研究员小彼得·H.卡恩和私人心理学家、俄勒冈州波特兰市路易斯克拉克学院生态疗法的讲师帕特里夏·汉森·哈斯巴斯正一起合作，研究如何更好地定义精神健康和自然世界的关系。卡恩主要研究人类和"比人类更广阔的世界"的关系；哈斯巴斯正在探索大自然的象征意义，她称之为"绘制出内在的风景"。她认为生态疗法的出现是精神健康治疗的自然进程中的一部分：心理疗法始于西格蒙德·弗洛伊德的内心作用——重点是个体早期的经历——然后扩展到人与人之间，再到整个家庭中。"20 世纪 70 年代，我们在家庭系统研究中取得了巨大的飞跃，然后在 80 年代末、90 年代初，我们转向社会系统，"我俩在纽约州肖托夸一家咖啡馆喝咖啡时，哈斯巴斯和我说道。就是在那里我遇到了雕刻家戴维·艾森豪威尔。"生态心理学或者生态疗法正带领我们走向下一个进程：我们生活的环境，大自然世界。"她补充道。

她解释了自己如何运用大自然的象征意义开启患者的心扉，也用作直接的治疗方法。在遇到新患者时，她会问及其家庭、工作和生活中的问题。她也会问他们和大自然的关系如何，会在户外待多久。"有些人会告诉我，'好多年都没有再到户外了。'"她问他们童年时是否在大自然中有什么特别的去处。"这就是打破僵局的武器。这时他们传达给我的有用信息比他们讲述自己家庭时要多得多。"她也会带着自己的患者到户外。

"有一次我和患者坐在公园里，有人骑着自行车经过。车把上站着一只澳洲鹦鹉，我俩都注意到这个细节了。它翅膀耷拉着，很显然这只鸟的翅膀被修剪过，这也是它为什么不会飞的原因，它慢慢地向那个女士靠近。她立刻哭了起来，讲述她是怎么带着一双被修剪过的翅膀生活的。"在另一个案例中，一位女士通过"从我们坐的地方观察河流"竟能够开口讲述她生活中的迂回曲折。

哈斯巴斯讲了一个 17 岁患者的故事。"这个小男孩一直在自虐。他的父母正在离婚，所以没有真正地、直接地解决他的问题。他也看过两名治疗师。去过一次，然后就再也不去了。但是在他开始告诉我钓鱼的事时，我俩之间建立起了联系。我说，'我要给你留个家庭作业。我想让你这周去钓三次鱼。'下周他回来了，说，'有时候我就是走到池塘边，坐在那里。'他开始给我讲乌龟——还有它们是如何缩进壳里的。在我们第三次治疗过程中，他很信任地告诉我'我曾经想过要自杀。'"哈斯巴斯给他开了一些短期药物，并要求他到户外去。"我请来了他的父亲，他们目前在一起住，帮助他们重新联系起那个纽带。这周他们正一起在阿拉斯加钓鱼呢。"

后来，哈斯巴斯和我走到外面，雨开始降落在肖托夸镇广场上，还有周边维多利亚风格的房子上。谈话戛然而止了。

我告诉她我是如何看着父亲从大自然环境中退了出来，大自然在他早期生活中是快乐的来源，也是把我父母、弟弟和我联系在一起的纽带。这是在给他看病的精神医院和精神病科医生把这种疾病看作整个家庭系统问题之前很久。因此他的情况，可能是狂躁性抑郁症还有酒精的作用的共同结果，但是治疗办法把他从家庭中孤立出去，从社会，还有大自然世界中分离开来。

我在想大自然疗法是否会帮到我父亲。不管怎样，它会帮到我们全家人。

哈斯巴斯同意我的想法。"我们经常面临这种难题，家人对饱受精神疾病困扰的病人失去希望，"她说。"回忆一些快乐的时光，熟悉的地方，带着家人一起参与到某个活动中，你的父亲有可能会和一种更深层的熟悉的地点联系起来，得到治愈，也就是根植在我们体内的与大自然本能的联系。我们探讨的那种内在的网络可能会帮助我们再次触及到那种深刻的体验，"她说。"自然疗法可能不会使你父亲转危为安，但是可以帮助他缓解痛苦，抚慰家人，让你们对他有更美好的回忆，也许会让他在你们身边停留的时间稍微长些。"

第六章　绿色锻炼，深入自然，令人愉悦

真正的健康是发自内心的惊喜

约翰·缪尔把野外经历和健康还有顶峰体验联系了起来："我见过的最美的，最让人兴奋的暴雨是在塞拉山脉，1874年12月，当时我正好在尤巴河支流的河谷里探险。"他爬上一棵100英尺（约合30多米）高的道格拉斯云杉树顶部来感受这疯狂的暴雨。这棵树"如毛刷般的树冠"和旁边的树木一起"在自然的狂喜中摇摆着、旋转着"。

为了研究各种植物，他爬过很多树，所以很容易就爬到了树顶。然后就是"让人兴奋的晃动"。缪尔紧贴着树枝，树冠时而弯曲，时而旋转，"就像站在芦苇上的食米鸟。"他躲在那里数个时辰，时常闭上双眼"去享受树林里的音乐，或者陶醉在风吹来的迷人的芳香中"。暴雨渐渐停止

了，他爬了下来，开始在树林里漫步。"狂风渐渐平稳，转向东部，我发现森林里数不尽的生物们都安静下来，一片宁静，好像虔诚的听众。落日的余晖把它们都染成了琥珀色，倾听着太阳的话语，'我再次把宁静赐给你们。'"

在缪尔的世界里，大自然极端的活力和生气是可以感染他人的。

健康不仅仅意味着不生病或没有疼痛，它是一种身体上、情感上、心理上、智力上，和精神上的舒适感——简而言之，是快乐的活着的感觉。为什么健康？曾经帮助完善和宣传 E.O. 威尔逊人类天性热爱自然假说的耶鲁大学教授斯蒂芬·凯勒特表示，谈到健康，这个词最广义的解释帮助我们把探讨的话题从病理学转向潜能。

这样说的话，户外健身房就讲得通了。远足、钓鱼、骑马、宿营和其他户外活动所需要的运动可以强健身体，就像园艺过程中托举、伸手去拿、弯腰等动作。这样，我们就强化了疲软的肌肉，同时增强了关节的柔韧性，还有身体的耐力、平衡和协调能力。正如前几章提到的，在大自然中锻炼不仅增强身体的舒适度，还会增强我们的感官能力，提高智力和改善心理健康。

"我清晰地记得自己追求健康的办法发生改变的时刻。"蒂娜·温德姆写道。她是阿尔卑斯山脉的滑雪者，实力很强的山地自行车选手，《户外健康》一书的作者。这本书建议人们走出健身房，到户外去。她多年来一直在健身房。"随着时间的流逝，我开始对室内乏味的锻炼感到心灰意冷，"她写道。"我的肌肉适应了健身房那些标准器材的重复性动作，我进入了高原期，渐渐没有什么起色。有一天，在进行另一项无聊的室内锻炼时，我向窗外望去，雄伟的内华达山脉让我震惊，我顿时感到一种窒息的感觉，也很失意……树叶落满地面，风清爽凉快。像个被困在教室里的孩子一样，我渴望着窗外的自由。从那天起，我开始反抗。"她来到户外，很快地开始了障碍滑雪，在更有挑战性，凹凸不平的树林里，树干和巨石是我进行强化训练的器材。

像温德姆一样，得克萨斯州的私人教练凯利·卡拉布里斯，也是《女性，坚定，健身》一书的合著者，写过室外的地势是如何战胜室内器材的。"健身器材是为了方便人们锻炼，但户外地面迫使你适应任何条件，"她说。"事实上，山的每个部分都有差异，因此你小腿得到的锻炼也不一样。"

我们并不需要私人教练带领我们到户外。但是对有些人而言，这可能有帮助。因而集体训练的办法应运而生。在英国，由英国环境保护志愿者信托组织创办的绿色俱乐部鼓励人们走出消耗能量的室内健身房，和大自然接触，用他们的力气改善当地山水。俱乐部的基本理念是人们能够联合起来组织自己的自然健身房，在当地公园、花园、野外小径聚在一起，徒步，做园艺、开垦荒野等工作。当然，人们也可以自己做这些事。最重要的是：只要我们肯寻找，大自然就会提供各种各样的健身房。

除了有助于身体和心理健康，绿色锻炼还有额外的精神价值。神学家拉比·亚伯拉罕·约书亚·海斯希尔写道："我们的目标应该是在发自内心的惊喜中活着，以一种任何事情都不是理所当然的态度来看待这个世界。所有事都是非凡的，所有事都是了不起的，要想变得崇高就得不断地感到惊讶。"

深入自然的绿色锻炼方式

上边那段话每次都让我想起和布鲁克·辛斯基的谈话，他住在加州奥克兰市，在北面公司工作，这家公司专营户外装备和服装。辛斯基列举了在户外锻炼的不同办法，数量之多让人称赞：蹬车（山地和平地）、滑板滑雪、攀岩、跑步、翼装飞行（为了那个，她穿上一身特殊的服装，让身体充当机翼翼面，提供升力）。翼装有时也叫鸟人装，松鼠装或者蝙蝠侠装，对于辛斯基和其他翼装飞行爱好者来说，翼装飞行和传统的跳伞相比，更让人毛骨悚然，包括降落速度的减慢，更长的自由落体时间，可操作性更强。我问三十多岁的辛斯基，她是否会因为太投入跳跃、滑行、降落的感觉，而忽视了大自然世界。恰恰相反，她回答说。"小时候鸟类总是让我着迷，现在我知道了飞翔的感觉——我成为了一只鸟。我以一只鸟的视角去看待这个世界。正是在这种时刻我才感到自己真实存在和完全的意识。"她说。在她讲述自己经历的过程中，我更加理解为什么极限户外运动有如此大的吸引力，和传统的户外运动相比，例如钓鱼和狩猎，越来越多的年轻人都更喜欢极限户外运动。这是一种完全投入到大自然中的运动，而且还有附加的危险的吸引。有些人喜欢在户外运动时耳朵里插着iPod耳机；他们全然不顾大自然世界的存在——或者，至少他们把自己在那里的感觉模糊化了。但是，显然辛斯基追求的是一种不同的体验。

几年前，我遇到了马戈特·佩奇。她住在一栋有 160 年历史的农场木板房里，房子坐落于山坡路段，可以俯瞰整个村庄和山谷。她的房子白绿色相间，周围环绕着枫树，看起来像是被山丘环抱着。佩奇是个以飞钓文化成名的女人。她承认，自己和其他女性飞钓者，也有个别男性飞钓者正在——微妙地、别具一格地——扩展他们和大自然的关系。他们追求"一种全然不同的垂钓方式"，她说道："他们来到水里，并不急着钓鱼。先观察、听、向后退，然后试着把自己融入到这个环境中。那就是你的垂钓方式，也是你和大自然建立联系的方式。"我把这种钓鱼方式称为"飞钓。"

佩奇还介绍了一个与众不同的钓鱼组织：抛线恢复。这是一个非盈利的、教乳腺癌患者飞钓的机构。尽管没有得过癌症，佩奇却是顾问董事会的成员。把钓鱼用作治疗办法的理念可以追溯到很久以前，但是钓鱼疗法团队的建立是比较新潮的。多数参加抛线恢复的女性都未体验过飞钓，她说道。"回到化疗室，回到那些痛苦的时刻时，她们头脑中会再现一个有归属感的地方，那样会给她们带来片刻的宁静。"抛线恢复顾问董事会的医生相信飞钓既能带来生理上的好处，也有利于心理健康。"抛线的动作能够放松僵硬的肌肉，恢复断开的神经。有些女性在做完乳房切除手术后肩膀会变得僵硬。这种物理上的抛线的动作帮助他们放松。我们训练了很多教练，可以帮助患者适应各种抛线动作，无论患者处在什么情形下。"佩奇解释道。除了身体上的治疗，还有别的作用。一些女性在佩奇的引导下，也开始更深入的沉浸到大自然中，从而寻求更有深度的治疗。

佩奇的深度钓鱼理念和布鲁克·辛斯基的翼装飞行很相似。可以说辛斯基的翼装飞行是"深度飞行"。作为北面的拓展雇员，辛斯基发现越来越多的年轻人——户外运动行业喜欢称他们为"千禧一代"——倾向于把自然世界看成追求刺激的舞台：大自然是个主题公园。"很多年轻人意识到这些户外活动不仅仅带来肾上腺素的激增，"她和我说道。"还发现在大自然中的锻炼带来了身体、心理甚至精神层面的益处，而且对身边的事物越来越关注。"

从某种程度上讲，冲浪爱好者主导了20世纪60年代末和70年代初的潮流。他们的电影里流露出了这种更深层的意识，辛斯基说，如今，那些喜欢不同的极限户外运动的年轻电影人，现在制作的电影表达了同样的审美价值和对大自然赐予的礼物的敬畏。

因此"深入自然的绿色锻炼方式"可能成为极限运动后的潮流，或者给这些运动增添几分趣味。现在人们可以想象深度滑雪、深度滑板滑雪、深度攀岩。娱乐体育节目电视网ESPN的钓鱼达人康韦·鲍曼用"边缘运动"这个词来形容钓鱼。我和他讨论过这种新流派运动的特点和准则。其中包括：所有感官沉浸到大自然中，而非观众的身份；用不寻常的方式、在意想不到的场所进行户外运动；每次进行的不只一项户外活动（钓鱼和观鸟＝观钓，或者钓鱼和野生动植物摄影＝摄钓）；娱乐和环保结合（为鲸鱼分类，计数山林里的狮子）；避免使用最昂贵的器材，选择手工制作的或者循环利用的器材，倡导极简主义；钓鱼和狩猎时，只有在为了食用时才杀生，要么就不杀生（如今一些飞钓者在用没有鱼钩的诱饵，仅仅就是为了体验敲打水面的刺激）。还有最重要的是，拔掉iPod耳机，开启你的所有感官，去进行全面地体验。

遵循基因的召唤，享受徒步的乐趣

我们生来就能走路，还有奔跑和徒步的能力。我们得继续前进。也许我们必须徒步远行，因为我们要遵循隐形的基因组版图。

徒步旅行者们体验到的喜悦——尤其是越野跑步者——有时被称为徒步者的快感，这被定义为跑步者的快感，以及身处户外的感官添加剂。斯科特·邓拉普从事越野跑——在自然的环境中跑步——是在2001年，

"为了远离单调的工作，再次欣赏户外的景色。"在博客上，邓拉普描述他的快感通常出现在跑了八九公里以后，那是一种"神秘的感觉，你好像可以永远就这样跑着，没有限制——无论心理还是身体上。"他表示他的快感，"可能是被一些微妙的东西触发，例如气温骤变，或者在景色壮观的时刻，例如穿越一片危险的山脊，海拔 13000 英尺（约合 3900 米），暴风雨的乌云笼罩着地平线。"还有位来自马里兰州罗克维尔市的徒步者塞奇·英厄姆，他在《国家地理》杂志的网上"冒险问题"特写专栏中写道："每次徒步三到四个小时我就能得到所谓的'徒步者的快感'，我会忽然傻笑起来。究竟怎么回事呢？"有研究解释说长距离的跑步后，人们体内一种类似鸦片作用的活性肽的分泌会增加，结果就是跑步者会感到愉悦和幸福。在加利福尼亚，我侄子卡尔·洛夫是学院里公认的最好的长跑运动员之一。多年来，从高中开始，卡尔就在尤里卡郊区，他们家附近的森林里练习跑步。他确信地形细微的和明显的变化带来的影响（偶尔会看见熊的出没）极大地提高了他的速度、耐力和愉悦感。也许他进入自己的基因史中，战斗或逃跑反应与跑步者在大自然中达到的快感相结合。

　　也许社会对毒品的渴望和人们对心理、身体和自然统一的向往是有联系的。以娱乐目的吸食毒品和以宗教信仰原因吸食毒品几乎在每个社会群体中都存在，甚至包括那些和大自然距离更近的部落居民。但是，吸食毒品的目的和背景通常都不是为了实现超脱，而是逃避。在西方社会，毒品和酒精的使用更可能是为了麻痹疼痛，阻挡噪声和嘈杂——每天进入我们生活中的过量的、没有意义的信息。相比之下，深入自然的绿色锻炼获得的快感能够开启我们的感官；这种快感是超脱的，是自然的极乐。澳大利亚著名自然哲学家格伦·阿尔布雷克特为这种即时的喜悦感，这种与地球和它的生命力相统一的感觉命名为"美好的地球（eutierria）"(eu= 美好的，tierria= 地球)。

20 岁出头时，我在一家医药援助会、医疗慈善机构工作，在危地马拉待了几个星期。我休息的时间比工作时间多很多，所以我经常徒步。沿着美洲中部最深的阿蒂特兰湖，我会在岸边徒步数公里。那一年，危地马拉的一场地震夺去了两万六千多人的生命，地震威力巨大，湖底开裂，地下裂出一条排水沟，一个月内水位下降了两米。大自然和人类一样，可以陪伴我们一生，或者在毫秒中把我们毁灭。后来，在安提瓜附近，中央高原上的一个小镇，我沿着阿瓜火山，或者说"水火山"徒步，卡克奇克尔玛雅人称为"Hunapu"（毛利语）。首先是热带的炽热，然后我沿着火山陡峭的路径爬进了浓密的森林里。在云雾弥漫的森林里，雾气萦绕着我，气温骤降，冻得我直发抖。没有想到这一万两千英尺（约合 3650 米）高的海拔气候如此极端，我不得不掉头，沿着火山返回。

那是我第一次体验徒步的快感。我捡起了一根树枝当拐杖，然后从这光滑的小径上快速下山，偶尔跳过被严重侵蚀的裂开的沟壑，我的步子迈得很大，也变得很轻。世界的、自然的以及人为的灾难都消失得无影无踪。我感觉自己好像在腾云驾雾，那一刻我希望——也觉得自己能够——永远这样走下去，飞跃全世界。

几年后，我再一次体验到了这种喜悦感，也是最后一次。那是在爬完圣迭戈县的石墙峰以后，那里从远处看很像从阿蒂特兰湖上方冒出的山峰。当我们沿着石墙峰山坡往下走的时候，当时还有我未来的妻子凯西，她走在我前面——我们的步伐快得惊人——我瞬间清晰地感到了一阵强烈的欢快感，好像我和凯西可以一直走下去，这次徒步永远不需要停止一样。

第七章　大自然处方
从自然中补充能量：永无止境

有些人认为衰老是件坏事。这样想的人们不妨看看这里的好消息：花更多时间在大自然中可以更从容地迎接衰老，甚至有益身心健康，可以把它看作大自然帮助下的衰老。我问过一些年龄很大的人，大自然曾经如何或者现在如何为他们的衰老提供帮助的，他们的回答显得意味深长。有人说："只要置身在大自然中时，我就感觉不到自己已经老了。我和大自然的关系能够，或者看似有助于帮助我和年轻时的自己联系起来；它能够激发出我年轻时的兴奋感和热情，好像那些钓鱼、抓虫子和找鸟窝的日子就是前几天的事。我知道自己的身体在变老，但只要是和大自然联系起来，我就不觉得自己老了。"

还有些人说花时间在大自然中可以帮助他们正视流逝的时间。"大自然（数亿年）的时间坐标可以帮助你应对死亡这件事。"一位科学家说道。还有一位女士写道："我现在不像从前那样有能力爬树，也不再喜欢跑到我家后面的农田里，在成堆的玉米秆里建城堡，或是在雪地里的城堡中玩耍，直到衣服冻硬，皮肤都冻得发疼了。每当回忆起这些事，我就仿佛再次身临其境地感受到了当时的感受，带着深情和些许忧伤。不同的是，现在我能有意识地回忆起这些经历和地方，并指出它们在塑造我的过程中的价值。我看待事情的角度不同了，变得更有目标了。"

当然，随着逐渐地变衰老，我们在大自然中的经历也会发生变化。"随着年龄的增长，在自然界中，我越来越喜欢做一些安静而简单的活动，"来自北卡罗来纳州的一位女士写道。"甚至在海里游泳的方式，过去我喜欢戴着呼吸器潜水，用鱼枪叉鱼。现在我很容易满足，就是简简单单地游泳、观光，要么蝶泳要么仰泳。不需要任何器械的辅助和保护，就是简单地观察、感觉和体验大自然的多姿多彩。我也更喜欢回味这些经历，真心感激它们在那里无偿地供我们享用，感激自己还有感知和接触到它们的能力。"

类似的还有一位搬去新英格兰农村住的艺术家，他说："在河里抓鳟鱼对我来说已经没那么重要了。仅仅在那里看着鱼儿露出水面，大蓝鹭低低地飞过头顶，一只不耐烦的海狸甩着尾巴扫向渔民，都会让我感到兴奋和满足，甚至有划独木舟的人经过，我都会停止钓鱼观看一会。"一位城市绿植工人的回答很简单，却非常乐观，"我能感受到大自然的友好和帮助，它会使我变得长寿。"

不幸的是，我们不可能永远都有精力去积极地融入到大自然中。在身体不能直接参与到外面的世界中的时候，与大自然的间接接触就似乎更加重要了。我们需要更多地研究老年疾病，但是现有的研究证实那些窗外有花园景色的退休老人更容易满足，幸福感也更强烈。还有研究表明老年人走到户外，来到花园里对身体健康更有益。1994 年，一项研究把一所敬老院里的 80 位老人分成两组。一组接受园艺治疗，另外一组则没有。在六个月的时间里，这两组老人接受了三次测试，研究发现在中间点出现了预期的情感和精神的提高，而一旦治疗停止，提高的部分就又回落了。

园艺动手活动的另一个好处是可以提高人们捏紧和握紧东西的力度，以及手臂的灵活度。堪萨斯州立大学的研究员坎迪斯·休梅克，马克·豪博，辛埃·帕克在 2009 年发表在《园艺科学》期刊上的一份报告中提到了这些。2000 年，有研究人员发现如果老年痴呆症患者每天不同时间段都能到户外花园里感受变化的光线，他们的小组交流能力会得到提高，焦虑不安的情绪会有所缓解，目光游离的情况会相应减少。他们的大脑思维明显变得更加有序而不是杂乱无章。2006 年起，澳大利亚针对 2805 名 60 岁以上的老人进行了一项长达 16 年的跟踪研究，这些老人最开始都没有认知障碍，该研究发现每天从事园艺活动能把老人患痴呆症的概率降低 36%。

在初始阶段，人们变衰老主要是根据线粒体的健康状况。"它们原本是海洋里的微小细菌。但是大约 10 亿年前，它们为了能量和其他细菌结合，这就创造了我们所看到的身边的生命。"内科医生威廉姆·伯德解释道，他是英国倡导人类与大自然联系起来的领袖人物之一。

今天，几乎所有的植物和动物都在用线粒体来从空气和营养物中汲取能量。我们体内的每个细胞都含有两百到三百个线粒体。它们是我们的细胞能量工厂，也参与到其他生命环节中，包括细胞分裂、成长和死亡。线粒体的死亡主要由自由基控制——自由基就是线粒体产生能量的过程中在外壳里释放出来的，带有不成对电子的原子或者分子。根据自由基衰老原理，有机体随着细胞中自由基的聚集而衰老，并产生一系列连锁反应，可以导致癌症和退化性疾病，包括心血管疾病、关节炎、糖尿病和肺部疾病。

"所有这些疾病都与衰老有关，而衰老是线粒体功能紊乱导致的，"伯德说道。毒素和肥胖会制造更多的自由基，紧张不安和久坐不动也会导致如此。从化学药品层面讲，抗氧化剂可以有效控制自由基。负面压力为自由基制造更多有利条件。"经历过这种负面压力的儿童，比如受过虐待，日后会衰老得更早。这种压力导致他们患有慢性疾病的风险升高，比如糖尿病，还会缩短他们的寿命。"他补充道。

现在有一些小企业用生产食物和饮料添加剂来增加抗氧化剂，尽管有研究建议如果浓度过高，这些补充物可能会导致中毒，而且它们的长期副作用还不太清楚。那么什么有效呢？"人们运动得越多，细胞释放的保护自身的抗氧化剂就越多，"他说道。"因此儿童在自然的绿色的开阔场地玩耍会降低他日后患有慢性疾病的几率。"这种平衡作用会持续一生。伯德和多数内科医生一样，也推荐锻炼身体。同样，考虑到绿色锻炼概念的逐渐兴起，他推荐户外的活动，那样可能会增加体内抗氧化剂的含量。如果伯德说得没错，我们个体和公众在延缓衰老方面就需要做些新的改变。因此，是时候带着我们的线粒体到森林里散个步了。

或者说，是时候让那些正在衰老的婴儿潮一代人带着孩子到外面散步了。我们这代人都会觉得童年的孩子们双手脏乎乎的，脚也湿了，躺在草地上，看着天上的云彩慢慢移动是正常的。从事绿色锻炼最好的形式莫过于把我们从大自然中收获的礼物传承给下一代人。

向着"自然健康医疗体系"努力

就像大自然中的经历对人类智力的影响已经给教育带来了一些启示——尤其是高等教育，后面我们会讨论到——它在塑造身心健康中的作用也为人们推荐了一种新的医疗方式。那么自然法则，这一秉持着和大自然世界重新建立联系，对人类的幸福至关重要的想法，是不是应该被应用到医疗健康体系中呢？

2009 年，美国鱼类和野生动物服务协会的珍妮特·埃迪站在一群致力于将人类和大自然重新联系起来的草根领袖们面前，拿起了一个超大号的药瓶。瓶子里面是一名内科医生的"药方"——适用于成年人和儿童。内容是："说明：每天使用，在户外，大自然中散步，观察鸟类，研究树木。可以独自一人进行神圣的户外活动，也可以带上朋友和家人。能量补充：无极限。保质期：永久。"故弄玄虚？是的。但是有效果——直接表明了医学界的态度，还有我们对于锻炼和健康的态度能够被重新塑造，让维生素 N 融入到其中。

专业健康人士对自然药方的兴趣在不断提高。医院里辅助治疗的花园已经很受欢迎了。提供这些具有恢复功能的自然空间已经专业化了，景观建筑师已经开始为病人打造具有治疗效果的花园，包括癌症患者、等待身体康复的患者、患有老年痴呆症的病人，还有那些精神抑郁和身心疲乏的病人。

加利福尼亚州旧金山诺尔谷区的全科医生达芙妮·米勒把自然药方看作是处于萌芽阶段的融合医学的一部分。在这一专业领域中，医师会给患者提供传统的服务，还会建议病人去尝试其他治疗手段，包括中草药、生物反馈、顺势疗法、针灸和意念训练法。"大自然是我们工具箱中的一件工具，"米勒说道。除了做医生外，米勒还是加利福尼亚大学旧金山分校家庭和社区医学学院的临床医学副教授。她还表示公园管理员实际上可以成为医疗保健的护理者。她说这种想法来源于在约塞米蒂国家公园举办的一场会议，当天她听了一名管理员讲述大自然如何给健康和幸福带来福音——很多到黄石公园的游客都见证了自己身心得到好转的变化。

米勒回忆道，那个人刚开始讲述，她就意识到"他是健康医师"。她想：在训练过程中何不"指派这些管理员当健康专业指导——辅助医疗人员——帮助人们利用大自然的纽带恢复健康呢？"

除了公园管理员，还有哪些人可以入围自然医疗辅助人员名单呢？农场主，牧场主，夏令营辅导员，大自然向导，公园向导，牧师，教师，营养学家，建筑师，城市规划师和建筑工人都可以。名单还可以更长。为什么不在自然健康方面创立专业资格证书，或者是继续教育证书？那样很多职业和业余的工作者都可以根据自己的情况进行这方面的实践，再接受一些基本训练。还有，医疗健康专业人士就可以获得这样一个证书。

在州立或者国家公共健康机构的监督下，学院和大学可以提供考取该证书的一系列相关的选修课程。国家野生动物联合会、国家休闲及公园协会和国家环境健康协会能不能列举出几种可能性？这些自然医疗辅助人员经过训练可以教授他人自然对健康的主要影响；户外健身的实际操作，包括具体的锻炼计划。比如去林间小径徒步；如何改造家里和花园来改善健康等。更深入的自然疗法还包括以冒险疗法来解决家庭成员间的矛盾，改善男人和女人的体型和气质，治疗饮食紊乱和延缓衰老。其他的可能性有：为儿童、老人以及身体上有残疾的人们提供特殊的自然康复疗法。多数这些项目可以和医疗健康服务商一起合作来实现，但是有一部分可以独立完成。

　　这种办法很有吸引力，因为这样人们就没必要等着主流医学的大船来做出转变，没准医生们和医疗健康专业人士可能比我们想象的更容易接受这种想法。一个理由就是石油枯竭——等到那不可避免的一刻来临，石油短缺就成永恒的事实了。如何加满汽车油箱只是需要面对的一部分挑战而已。华盛顿大学的公共健康学院院长霍华德·弗鲁姆金表示，现在大多数基础药物——如阿司匹林——都完全依赖于与原油有关的分子。尽管有很多合成物可以替代它们，但要得到食品药品监督管理局的许可却不容易。因为石油枯竭影响着供给、包装、运输，甚至是医疗界等方方面面，到时候癌症扫描、肾脏透析、产前护理和物理疗法的质量和效果会大幅下降。因为经济萧条和油价上涨，这种影响也许早就渐显端倪。弗鲁姆金在美国医学协会期刊上发表过该议题的文章，他说一位肿瘤学家评论道："部分患者正在放弃有助于手术的化学治疗，因为他们负担不起频繁光顾医疗中心接受治疗的费用。"同样，和澳大利亚的自然哲学家格伦·阿尔布雷克特一样，弗鲁姆金也担心一旦我们依赖石油的生活方式被打乱，它给人们会带来强烈的精神冲击。

　　即使没有石油枯竭的影响，人口老龄化也给医学健康中心带来了威胁和机遇。"随着美国人口的老龄化，相应的医疗人员的数量就将会变少，尤其是在基础护理方面，"米勒坚定地说道。"那就意味着我们对医疗人员的定义和获得医疗健康服务的地方将有所变化。"医生对其他治疗行业会变得越来越开放。"每当提到'治疗行业'时，多数人想到的是针灸和按摩。"她说。但是这个概念还可以继续扩展。米勒相信病人们已经准备好了接受大自然药方。她的一位病人和她说："我家地下室里就有一台楼梯机，说实话，它放在那里落灰区很多年了，这让我很有负罪感。一开始，我在家附近公园里的三公里小径上散步，到后来就对健身认真起来。现在无论下雨还是晴天，我都会坚持锻炼。我喜欢呼吸新鲜空气。最棒的是我认为这种锻炼的感觉很棒，而且我从不在意出汗。"

米勒听过很多类似的话，其他人的故事和那个病人的故事都有些差异，也正因此她开始"正式地为病人开'大自然药方'"，她在《华盛顿邮报》上写道："药方的说明比其他药物或者传统锻炼的说明（例如，'每周跑45 分钟'）要详细得多。该说明会指出当地绿化环境好的地点，具体的小径名称，甚至于如果可能的话，还会有具体的英里数。"我并不是说她是唯一开自然药方的健康医疗专业人士。2010 年，国家环境教育基金会和美国儿科医学会共同创办了一项儿科医师训练活动，主要针对指导医生开户外活动的药方。"我已经听说全国都有医生为病人开出自然药方来预防（或治疗）健康问题，包括从心脏病、多动症等。"米勒说道。这些人中有心脏病专家埃莉诺·肯尼迪。她现在和当地的投资商，还有国家公园管理局的河流和野外小径保护援助项目共同创造出了一个"医疗英里"，一条沿着阿肯色河在市内延伸部分铺建的可以散步和跑步的路径。那儿附近有崭新的、自然的娱乐空间，专门为儿童和父母打造，包括长满绿草、人们可以滚滑下来的山坡，为了练习爬行而建的隧道，还有湿地。肯尼迪告诉米勒："如果我父母觉得可以来到户外的话，他们很有可能会坚持下去的。"

2009 年，新墨西哥州的圣菲市为了降低当地糖尿病的高发病率倡议建立路径治疗项目，疾病控制和预防中心给予了部分资金援助。除了散步时间，医生还让病人们做路径向导。"所有保险公司关注的都是预防，但是没人想过我们可以免费享用公共土地资源。"整形外科医生、前国家公园管理局的健康顾问迈克尔·萨克说道。金门国家休闲区计划为医生们打造了一个处方工具箱。"可能会和大型的健康机构例如凯萨医疗机构合作，"米勒说道，她相信，"国家公园系统是医疗健康系统的不可或缺的一部分，这种想法一点也不过分；除了先前已有的条件，国家公园管理局已经开始提供健康服务，所有人都可以享用，而且不收任何费用。"2010年，在俄勒冈州的波特兰也有一个类似的试点项目，由医生和公园专业人士结对，公园的人会记录下户外"处方"的实现情况；公园处方项目将成为纵向研究健康效果的一部分。

"森林疗养"和"疗养农场"，就是在农场主、健康医疗提供者和健康医疗消费者之间建立起合作关系，共同为人类和土地提供帮助，这种理念在个别国家已经开始生根发芽了。在挪威，普通医生就可以为病人开处方到疗养农场中待一段时间。在荷兰，600个健康农场都已经整合到健康服务体系中。2006年，由研究员和其他人士组建的森林疗养执行委员会开始为日本全国的森林进行规划，并把它们正式命名为森林疗养基地或者森林疗养路径。这些地点的规划有科学研究的支撑。截至2008年，一共正式命名了31个基地和4条路径，千叶大学的宫崎良文希望十年后，基地和路径加起来的数目能够达到100个。森林疗养基地——主要就是一片森林和可供行走的路径——由当地政府管理，并由日本森林部门和健康、劳动和福利部门独立监管。来到疗养基地和路径的人可以在森林药物专家的引领下徒步；他们也可以登记参加其他健康课程，例如饮食管理和水疗法，还可以接受医疗检查。一些日本公司将自己的雇员送到这些森林疗养基地——目的很可能是为了提高他们的生产力。森林疗养带来的游客也拉动了当地经济。在英国，逐渐兴起的"绿色疗养"运动鼓励人们进行绿色锻炼疗养、园艺疗养、动物辅助疗养、生态疗养和农场疗养。英国全国信托协会在 2008 年发表了"自然资金"的报告，呼吁地方为绿色健身活动和"健康处方"筹集资金。他们说道："绿色健身，这项有效地治疗精神和身体疾病的临床办法如果能得到大力推广，就会为基础医疗信托节省巨大的开销。据推测，成年人健身活动每增加 10%，每年会为英国节省五亿的开销，挽救六千人的性命。"该信托机构引用了政府报告，称预计截至 2050 年英国人口中 60% 的人可能会成为肥胖症患者。

你看到这里在逐渐形成一个体系了吗？在英格兰和苏格兰，他们正在建立一个附属于英国国家卫生服务体系的国家健康体系。自然英格兰机构的威廉姆·伯德解释道："这项服务主要致力于在医疗中心和医院周围打造出绿色的开阔空间，包括建造公园、社区花园、菜园和在街边种树。"这些计划就是为了创建一个国家健康服务森林体系，"到时候人们会种植 130 万棵树，卫生服务体系每个员工一棵树，这样就能为岛上的城市热效应降温，提供阴凉，缓解压力，增加活力。"

这种想法的累积效应最终会导致美国全国，乃至全球的自然健康疗养的革新。达芙妮·米勒和其他医疗健康专业人士已经在着手加速该变革的进程。"如果你下次去看医生，他在递给你化验单的同时递给你一张路径图和旅行指南，你可不要惊讶啊，"她说。"实际上，如果他没给你，你应该向他要一张。"

改革医疗保健体系不仅需要制度上的改变，还要求有严格的科研和哲学的进化，超越人们通常脑海里的预防医疗护理。这种朝着自然健康的改变可以有组织地实现——在个体中实现，在社会和家庭关系网络中实现，还有在我们为年幼的和年长的人创造的生活环境中实现。

第三部分

近处是新的远方

了解你在哪，才能知道你是谁

　　我不知道自己是否会热爱这个星球，但我知道能够热
爱我们能看到的、接触过的、闻过的和经历过的地方。

——戴维·奥尔，《脑海里的地球》

第八章　寻找你的心仪之地
持久的幸福感

　　每个人心中至少有一个心仪的地方，一片土地或者水域呼唤着他们——就像新墨西哥州的那个农场，在那白杨树随风摇摆的地方，我遇到了梦幻似的它。我们中有些人正在寻找这样一个地方，然后准备把它称为家；还有些人已经回了家。

　　从他绘画的主题来看，安德里诺·马诺夏已经倾向于一种更田园式的生活，而且他和妻子已经决定要为他们的大自然缺失症行动起来了。他是一名艺术家，以画飞鱼出名、马诺夏出生在纽约市，大半生都住在那里，然后结了婚，搬到了韦斯切斯特县南部的市郊。他每天到曼哈顿上班，一坚持就是八年，后来在家里办公了 20 年。儿子去上大学后，他和妻子开始质疑他们为什么要住在那里。"在那里住我不是很高兴。生活花销惊人。空气中弥漫的气味也不好，吵闹，多数时间你都生活在恐慌中。最糟糕的是，开车去一个可以钓鱼的地点得一个小时，"他说道。"所以我对居住在那里的反感像疮疤一样开始溃烂。"他发现自己做简单的琐事都不高兴，包括去邮局或者银行。"我会因为到处都是人而不高兴。尤其是一些恶意的、好斗的人们。"

他和妻子开始在周末时花更多的时间开车到北部，寻找一些空旷的、有新鲜空气的，他称之为"更友善的环境"。他说道："奇怪的是，我们在这种不高兴的生活方式里又整整花了三年时间才决定卖掉房子，去寻找一种不同的生活。"

那就是命运开始干预的时候，马诺夏说道。一天，一次远足的过程中，他和妻子忽然来到了纽约市北部大约 170 英里（约合 270 千米）外的一个小社区。他们发现了一座小农场，有条小溪正好从中间穿过，河里面游着当地的布鲁克鳟鱼；有一间仓库工作室；有一座 1803 年的农舍和"两位人人都渴望遇到的最可爱，最善良的人"。他回忆道。"鲍勃和艾琳正打算搬到几公里外的地方，他们在那里生活了 45 年，抚养了三个出色的孩子。也就十分钟的时间，我们就决定买下这座农场。鲍勃和艾琳·多纳里不知道其实他们又收养了两个人到他们的家庭里。我忽然觉得自己找到了一生都在寻找的地方。"

马诺夏说那个小镇由艺术家、作家、音乐家、农民、退休老人、穷人和富人构成。所有的城镇都有丑闻、精神抑郁的人，黑暗就在角落里。但是令他吃惊的是他遇到的很多人都在期盼着冬天的大雪，因为到那时很多人"都有时间停下脚步，很认真地和你打招呼，还会和你有眼神的交流"。那时还会有这样一道风景："让人兴奋的起伏的群山可以与托斯卡那里的山脉媲美。河里有更多缺口可以钓鱼，可以抓到的鳟鱼比我期待得还要多。还有星星，比你曾经能想象到的还多得多。有些到这里游玩过的人会称赞夜里的星空真的很美。搬家卡车把我们留在多纳里农场的门阶上十分钟后，我就有种重生的感觉。"

几乎四年以后，马诺夏还在说在过去的每一天他都能再次体验到那种重生的感觉。他期待着闹钟五点的铃声，那样他就可以起床，跑到河里钓鱼，呼吸清晨的空气，感受一片寂静，倾听鸟儿的叫声。他说后悔自己没有早点搬过来。

像马诺夏一样，2009 年去世的盖尔·林赛也渴望寻找一个贴近大自然的家。原来是美国建筑师学院环境委员会主席的林赛曾经主持过绿化白宫和五角大楼的项目。她的丈夫迈克·考克斯从小在乡间农场长大，因此不需要花时间说服他。他们的目标是找到一片有老树的地方，距离她的建筑公司车程在 30 分钟内。

"寻找的六个月时间里，我比迈克记得更多有趣的事。他在评估不同地产中扮演主要角色，"她说。"整整六个月，我对每一个地方都不满意，有时原因很肯定，有时就是因为它们'给我的感觉差点什么'。我知道这样的理由让我的工程师丈夫很无语，但是我真的相信如果走在那片土地上，彼此都感觉很好的话，就是那里了。"后来，一条新的房屋信息上市了。为了找到它，我们沿着街道开着车，最后在一面树墙前下了车开始走。"最后走到了一个泉眼，周围都是大树，鸟儿啁啾着，其中有一棵巨大的白杨树，三个人张开手臂都抱不住它，"林赛回忆道。让他们高兴的是，那棵大树也在那片地产里。"而且那棵树曾经是印第安人露营的地方。"

他们买下了那块地。接下来的问题是在不破坏那块"神奇地方"的前提下如何盖他们的房子呢？后来在那棵树对面一块 12 英亩（约合 72 亩）的土地上盖起了他们的新家："小时候，无论什么时候我感到压力大了，抑郁不高兴了，或者长大后遇到让人难过的事情，包括我祖父母的去世，我都会找棵树坐下来，心灵就会得到抚慰。我能很快感到自己和大自然联系起来了。现在，成年以后的我，要么坐在我家望着所有那些树，要么和我丈夫一起去散步，看那棵巨大的树，那样我就会感到自己被联结起来了，一种回到家里的感觉。"

持久的幸福感

我们选择居住的地方深刻地影响着我们的快乐和健康。但是住在乡村的环境中也不能确保会快乐。事实上，这种优势很容易就被经济或者社会因素给抹杀了。无论人们生活在城市还是乡村，没有健康的社会和经济平台，大自然的益处都会被相对削弱。

一部分人口统计学家认为逐渐老龄化的婴儿潮一代人将会搬到人口更集中、行动更方便的城市社区中（因为他们更可能需要市中心的大自然），而另一部分城市观察者，例如亚利桑那大学老年学家桑德拉·罗森布鲁姆，他们认为婴儿潮一代人更喜欢"在一个地方变老"。这意味着他们依恋自己的家，如果他们决定要参与到大自然中，那也是绿化自己身边的社区环境、城市或者市郊的地方。城市学者、《下个一亿：2050 年的美国》一书的作者乔尔·科特金和人口统计学家马克·希尔预测逐渐隐退的婴儿潮一代人不会向市中心迁移，而是会更喜欢"附属设施良好的小城镇或者城市，例如科罗拉多州的道格拉斯县、艾奥瓦州、新英格兰伯克希尔区的部分县城，甚至阿拉斯加部分地区。"至少在经济衰退前，这些县城的增长速度会比其他乡村地区的快十倍。另外一个因素可能是越来越多的成年人会回到他们父母身边；廉价的、容易得到的大自然活动会是经济压力较大的家庭的上好选择。

2006 年，哈佛大学公共卫生学院发表的一项关于寿命长短的研究称科罗拉多州的七个县城在全国排名最靠前。为了让结果更准确，该研究考虑到了很多变量。然而，在这七个县城中，平均寿命达到了 81.3 岁。这些县城——克利尔克里克县、鹰县、吉尔平县、格兰特县、杰克逊县，帕克县和萨米特县——坐落于、毗邻或者紧挨着大陆分水岭的地方，都以优美的自然风光著称。《落基山新闻报》在报道该研究时引用了科罗拉多公共卫生和环境部首席医疗官内德·卡洛兹博士的话，他认为寿命长主要归功于科罗拉多州积极的生活方式，包括低吸烟率和全国最低的肥胖人口数。但丽塔·希利在《时代》周刊上发表的一篇文章，对于她居住的克利尔克里克县在全国长寿排名中位于榜首的原因，提出了另一种理论。"有一件事是肯定的，"希利写道，"金钱换不来长寿。"人口仅仅有 1454 的杰克逊县中等家庭收入是 31821 美元——远远低于全国 41994 美元的平均值。"很多的冰柜里冻着的是打猎捕获的鹿肉，很多皮卡车里的引擎都是改装的……但生活在那里的人，至少有一件事是不变的：即使年老的人都充满生活气息。"她写道。

除了滑雪、背包徒步旅行和健康的蒸蔬菜等习惯在起作用外，就是那个难以形容的东西——生气蓬勃。一个原因是大自然时不时的会制造出严酷环境。人们在这种海拔高度充满活力，"因为如果不这样，那就太危险了，"希利说道。"一旦疏忽了分水岭那边黑压压的乌云的逼近，你就会遭到坏天气的重击。"还有你在远处看到山脊在轻微的移动？那很可能是山石滑坡或者雪崩。"在这种海拔高度，你的感官时刻保持警惕，单是这一点就能帮助延长寿命。"

对于希利的分析，我有几个疑问。首先，她把的确会影响健康的恶劣天气所带来的艰苦条件描述得太浪漫主义了。其次，那些能够搬到杰克逊县的人们可能本身就是意志坚强的人。但是该研究的确表明在很多因素（包括低吸烟率）的正确组合下，风光秀丽的田园生活对人类的健康有益。富有生气的人可以帮助其他朝气蓬勃的人保持生气。也许属于你的特殊地方就在一个小镇、一条乡间小路上或是远离城市干扰的树林里。但我们用不着都住在大陆分水岭附近——或者住在有自然栖息地环绕的小镇里——来获得这些好处。

凯瑟琳·奥布赖恩讲述了她所谓的"持久的幸福感。"2005 年，在全国骑行和步行中心的帮助下，奥布赖恩启动了令人愉悦的地方的调查项目，通过电子信息在全球散布开。这项调查是为了把城市规划和积极心理学对快乐的看法结合起来。"快乐通常都不会是交通和规划部门开会时讨论的议题，然而它存在于我们做什么、怎么生活和制定各种政策的初衷里，"奥布赖恩写道。她报道了一些事例证明"真正快乐的人活得更长，从疾病中恢复更快，更愿意去关注保持健康的信息并付诸行动"。她问道："什么样的社区能让市民们长期保持幸福感？目前的城市规划能培养持久的幸福感吗？""幸福感新的研究表明真正的、持久的幸福感，让我们对生活感到满意的幸福感主要在非物质的追求中，"奥布赖恩说道。"它存在于内在的价值观里。可以在我们的人际关系、有意义的工作和目标感里找到。"而且持久的幸福感同样也存在于我们和生活环境的关系里。

奥布赖恩对西雅图、波哥大、蒙特利尔和墨尔本居民的调查发现自然环境——乡间小径、道路和公园——是最让人们愉悦的地方："在这种愉悦的环境里人们听到的最多的声音是：水声，风声，宁静，人们的交谈声，还有鸟声……提到的最普通的气味是：泥土，水，花和食物的味道。"尽管她的研究表明城市里有很多让人快乐的地方，但对于让自己愉悦的地点，奥布赖恩还是选择乡村。她坚信应该给孩子们一个充满大自然故事的童年。

"九年前，在写博士论文期间，我们就搬到了渥太华河谷，"她说。"我在印度农村做过研究，我们（丈夫和两个年幼的孩子）在那里生活了将近一年。那一年的生活让我们更加确信自己想要的是一种田园的生活，而且在这里买个废弃的农场比在城市里租间公寓还要便宜。尽管农场附带着 200 英亩（约合 1200 亩）的土地。"

从奥布赖恩和其他人那里我们明白搬到乡间可以重新改造生活。但是绿色的逃离也需要代价。

大厦和沃尔玛界线外的生活

三年前，我和妻子花了几天时间开车到新英格兰地区。我们在一家叫布里格斯马车的书店停了片刻，旁边是家 18 世纪的布兰登旅店。收银台后面的家伙用手指拍打着挂在墙上的地图，指着一条被称为大厦或沃尔玛消失的界线。"工业革命就到了这儿，"他郑重其事地说道。

他的手指停在了曼彻斯特附近的大片区域。"在佛蒙特州，曼彻斯特下面的所有这些都是马萨诸塞州的。"他说。他的语气并不是赞赏。那条线再往北，零售中心、润滑油商店、咖啡连锁店和大卖场就都消失了。

我们开车驶向北部。

新英格兰人对于住在美国农村地区的利弊是相当坦率的。在北部我们遇到了一个男人，他是在 70 年代早期的返土归田运动期间搬到这里的。他曾经独自一人在一间木屋里，用煤油灯度过一个冬天。为了打水他得走 0.25 英里（约合 0.4 千米）的路，在肩带上绑两个水桶。气温能下降到零下 40 摄氏度。"在四月份，自杀人数最多，因为你等着春天的到来，可是它就是迟迟不来，"他告诉我说。"然后你还会在四月遇到反常的暴风雪天气，大雪能有 8 英尺（约合 2.4 米）厚。"当然，这是个极端的观点。但是谁知道这里究竟能有怎样恶劣的暴风雪考验着这些来北部寻找平静和休息的人们，让人们变得谦卑呢？

另外一个 80 多岁的新英格兰人长得很像呆呆的吉米·斯图尔特。他站在门廊上，望着雾气茫茫的土地和石头围墙。17 世纪他的祖先们在这片土地上定居。"这片土地很棒，能够治愈人的身心，"他说。"这有很多好土地，也有很多坏土地。凯尔特人知道这一点。印第安人也懂得这一点。在决定定居下来的时候，你得额外注意。"有些为了寻找安静来新英格兰地区的人，最后却发现自己内心的声音被扩大了，这经常让他感到很好笑。他告诉我曾经有个来自城乡结合部的人，她晚上睡不着觉，因为苹果树上的苹果不断地掉落。"她总在那里等着下一个苹果落下。"

像新墨西哥州一样，新英格兰州也在呼唤我们。每天日出的另一边，我们都能看到一片山脊、河谷和农场；形状和颜色看似要颠覆我们头脑中最初的记忆；甚至建筑风格——殖民地式、维多利亚式和田园式——看起来也是大自然和人工一起建造的样子。晚秋的颜色可以蒙蔽我的眼睛，让所有不完美的地方都被掩盖起来：种族多样性的缺乏、农村的贫穷和压力都不会出现在社区主干道上。但是在旅行过程中，令我们印象最深的是当地人心里的自由。这就是我们渴望的东西。

尽管佛蒙特州大部分地区的经济增长都保持稳定——什么样的概念呢！该州并不是对在全国其他地方推进社会发展的力量免疫。例如，拉特兰市，曼彻斯特东北部的一座小城，就有一尘不染地使人振作的、红砖面的市中心十字路口，紧挨着一个在全国其他城镇里都会有的购物中心。这是一种不幸的并列。在接近一周没有见到任何零售中心和大卖场之后遇见它让人感到惊悚不安。1970 年，该州出台了具有开拓性质的法律来对抗州外开发商带来的压力，给予普通百姓权利来决定支持还是反对出售该州土地和进行商业开发。然而，该州也在努力争取留住年轻人；作为工作提供者，思乡之情的力量是有限的。这就是霍布森选择，美国很多社区都相信他们必须做的选择。

当然，我们能够找到更好的办法，利用绿色科技来抵抗人们熟悉的零售中心的暴风雪般的攻势。有些城镇和农村就是要保护和重建自然环境。有些人甚至在打造自己从来没有去过的地方的模样。

2009 年，哥伦比亚广播公司的《早间秀》节目中推出了特写"全美最好的治愈自然缺失症的 21 座城市"（主要是如何避免该病症）。《背包徒步者》期刊的主编乔纳森·多恩公布前三名城市：编辑们做出的选择是科罗拉多州的博尔德是第一名，然后是怀俄明州的杰克逊和科罗拉多州的杜兰哥。无疑，这些都是很让人愉悦的地方。多恩说博尔德是该期刊的第一选择，因为它不仅提供给人们方便接触到的大自然，还有数百英里的骑行和跑步的网状路径。暴风雪过后，该城市会先除去自行车道上的雪，然后再除去车道上的雪。

值得注意的是该名单上多数的最佳城市都是旅游景点——面积不大，风景秀丽且相对富有。把家搬到博尔德——或者新英格兰、新墨西哥——对那些经济上负担得起的人来说行得通（尽管，还是会有一些让人烦恼的问题，人们一旦到那以后就开始破坏自己所寻找的东西），但是我们剩下的这些人呢，那些不可能也不想整理行装、移居的人？我们如何找到——或者创造——自己真正向往的地方呢？一个答案是原地不动，然后去探索，沉浸到自己的生物区里，鼓励那些短期和长期塑造大自然的政策，再鼓励生活的地方人口密度再高些。无论最终在哪里，我们都可以为家和院子里带来更多的大自然（这点不要等待）。

这种观点和追随你的心声，寻找属于你的特殊地方的观点并不冲突。但是值得建议的是，你所寻找的它往往和你的距离比你想象的要近得多。

第九章 **你居住的地方的非凡体验**

克服地点盲区

"近处是新的远方。"这是《户外》杂志上一篇文章的幽默标题，该文章描述的是长距离、高碳生态旅游的一种代替方案：了解你所在的地区。但是，这是旅行的事。它是帮助我们看清自己生活的地方。

一次去哥斯达黎加的旅行中，凯西和我乘公交车来到了那片雨林。我们穿过崎岖不平的农田，边缘是起伏不平的"活栅栏"——不是由木头或者金属柱子围成的电线网，而是整齐的树木。我们从来没有见过这样的围栏。大自然提供了一点帮助，可能几个世纪以前农民们就开始种植活栅栏了。在英格兰，人们从罗马时代就开始用木篱笆充当区域边界线，但这里的农民们刻意种下这些树来支撑电线，有可能是鸟类在原本的木柱上栖息时把种子丢了下来，然后树就开始生长，成为新的围栏，不断与原来的栅栏融合在了一起。在哥斯达黎加、秘鲁、古巴、尼日利亚和喀麦隆的研究表明，这种古老的、崇尚自然的设计是非常有创意的。活着的栅栏多是由那些密集的、带刺的，有时还有毒性的灌木构成，用这种栅栏的农民通常都买不起铁丝网。活栅栏可以为土地提供覆盖层，防止水土流失，让土地更稳定，还可以提供燃料和食物；在喀麦隆，这些栅栏能结番石榴，柑橘类水果，假虎刺和其他水果，还是牛的饲料，还可充当种子库。

随着公交车在尘土飞扬的路上不断地颠簸，我深深地感慨这里的生命形式，人类和植物之间富有创意的关系。如同新英格兰的巨石阵和美国大草原边种植的防风林，这些围栏看起来就像是为土地而生。

那天，我和妻子来到了哥斯达黎加一个国家公园里的雨林。在该国太平洋沿岸，像加利福尼亚那样的沙漠和干燥的树林忽然都变成了雨林，从哥斯达黎加这边一直延伸到子南美洲。

我们的向导，马克斯·温达斯说他是在"丛林里"长大的。他告诉我们，没有亲眼见过雨林的人是不会了解它的。他觉得北美洲的人觉得雨林很危险这件事很可笑。雨林当然会有危险，但是温达斯有不同的想法。"当我去加利福尼亚，到国家公园旅行时，我发现那里有能够杀死你的熊，在加州南部还有会袭击你的美洲狮，但在这片丛林里的是树懒。"

黄昏很快就降临了，树林中好似有上千种的声音在回荡着，刺耳的叫声、窃窃私语、闲聊和长谈的声音。我们听见脚步或者蹄声在树叶和树枝间相互追逐，听见拍打翅膀的声音，还有蝉（温达斯告诉我们的）的叫声，这种叫声听起来一点也不像真正的蝉的叫声，我从来没有听过。逐渐奏响的音乐让我大吃一惊——其实在旋律、打击音和滑音上一点也不和谐。

想象我们自己的生活空间，那单调重复的庭院和三种和弦的城市公园，我们平坦的、安静的足球场。如果我们在人类的生活区域内也努力寻求生态多样性，有活栅栏和自然音乐，那会怎样？

沿着原路返回，走到了一排排活栅栏的路上，然后折返回家，回到直到现在我竟然都不太了解的环境里。

地点盲区

我妻子凯西是在圣迭戈长大的。1971 年大学刚毕业，我就从堪萨斯州搬到了这里。她很少花时间探索这一带的自然栖息地，而我把它看成是一座休闲城市，有着自己独特的韵味，但是我仍旧想念中西部那些绿山和平原。因此每当我想在这里寻找大自然时，都觉得所见的东西很难让我满足。这么多年来，我俩的生活都不安定。我们总和朋友们吵着说要搬家，找到一个真正属于我们的地方，比如说新墨西哥州或者新英格兰地区。甚至于连我们自己也烦了。有一天，凯西说，"我们的墓碑都要说，'我们要搬走了。'"我可能永远也无法和这个地方建立起像小时候和屋后的森林建立起的那种纽带联系了，可是谁知道呢，我们还没有搬家。

从另一方面来讲，我们的视角似乎也在改变。

哲学家路德维格·维特根斯坦提出了想象力和语言的"视角盲点"和"视角可见"的想法。想着那些奇怪的绘画，它们在不同人眼里的形象截然不同，这主要在于我们的眼睛是如何看，以及看哪里。同样，我们在看待地点和其中的自然环境时也需要做出同样的调整。

十年前，我对这片生态区域的忽视——圣迭戈县城和北部巴扎——

在边界线南部 153 英里（约合 246 千米）处发生改变，那是已经去世的安迪·梅林监护下的土地。安迪是著名的梅林农场的老一辈创始人中的一员，那时是 19 世纪末期，这些来自挪威和丹麦的移民们共同创建了这座农场。他长得很像《寂寞之鸽》电视剧中的演员罗伯特·杜瓦尔。为了研究书中的一章内容，我和大儿子贾森去过那里，当时贾森还是个十几岁的少年。安迪开车带我俩来到塞拉圣佩德罗马蒂尔，它是从加州南部一直延伸到下加利福尼亚的半岛山脉的一部分。我们在紫色的昏暗光线下穿过一片盘根错节的橡树，向着下加州最高峰恩坎塔达峰的白色花岗岩挺近，该山峰高 10157 英尺（约合 3000 米），山上长满矮松和颤杨。这里的景色十分壮观，让我目瞪口呆。我从未想过下加州竟然有如此郁郁葱葱的景色，我原本以为这里就是北美萧条低矮的山脉。

我和安迪说了这些以后，他向后推了推头上的牛仔帽，用鄙视的目光瞥了我一眼，然后回到木屋里把煮锅架在柴火上炖菜。

从那以后，我开始学习那里的知识。我在加州本土植物学会的《弗莱蒙特亚》期刊上了解到，这种"真正的山岛"是个被人遗忘的世界，是更新世的遗迹。该杂志上还提到，随着时间和地理上的孤立，那里的生命是"美妙的……原始的。"我现在明白了下加州里约圣多明戈那里的鳟鱼和北部圣迭戈县山里相关物种间的联系是多么紧密了，就像五万或者六万年前古老的虹鳟鱼物种，可能从当时的下加州部或者上加州的南部地区开始，一直扩散到鄂霍次克海和白令海中间的堪察加半岛，然后逐渐蔓延开来——通过那些鳟鱼崇拜者的双手——传遍世界。我还学到圣迭戈，尽管是全美人口密度最高的县城之一，拥有的生物多样性比全国其他县城都要多，仅次于北部的河滨县。

　　下加州南部的土地上是一片高耸的山脉，这里有蓬尾浣熊、美洲狮、鲸鱼、海龟、大白鲨、水龙卷和风暴大火。附近的帝国县和河滨县，有一片被陆地包围的海域——沙顿海，海里到处都是石首鱼。向东行驶一会儿，就会到达安沙波列哥沙漠，这片土地让人联想起微型大峡谷，有长满棕榈树的沙漠绿洲——峡谷裂缝很深，如果仲夏在那里过夜，第二天早上可能会被霜冻冻醒。我一直也不知道在这个世界里哪个角落是属于我的，直到后来成为一名记者，更深入地探索成为我的工作。直到那时，我对该地区的理解还是有盲区的。

　　也许我是害怕和这里建立起联系。这样讲的话，并不只有我这么想。20 世纪 90 年代我在《圣迭戈联合论坛报》做专栏作家，我向读者们提出了这个问题：除了好朋友、好工作和天气，还有什么让你不舍得离开加州南部？回应的多数人是那些感觉和这里的纽带很脆弱的人们。有些人埋怨这里人满为患，高速公路的交通，还有政治——但是通常，他们会提到大自然的威胁。"这种觉得只是暂时居住在这里的想法整日萦绕心头，但至今我也没有离开。"一位读者写道。另外一位读者说与站在飘忽不定的沙子上相比，更喜欢这里，"一个人必须时刻准备着不断调整自己的位置，否则就会迷失。一个人若感觉这里没什么可怕的，那么你与任何地方的纽带关系都很容易被推翻。因此我们发明了这个策略，在依恋原理中叫做避免——假装我们和某些人和某些地方之间的联系不重要，因为让别人看到我们的情感和付出被抛弃实在太痛苦了。"我也有过那种担忧。但问题是：我们不可能保护自己不爱的东西，不可能爱自己不知道的东西，而且不可能了解自己没见过、没听过和感受过的东西。

　　值得庆幸的是，越来越多的团体和组织开始帮助人们看清自己所生活的地方，帮助人们建立与地区环境间的联系。探索地域感组织遵循了 2002 年卡伦·哈维尔和乔安娜·雷诺兹在旧金山湾地区开发出来的模式。在《探索地域感》一书中，哈维尔和雷诺兹写道："我们人类界定自己的主要方式就是通过关系——和家人、宗教、种族、社区、城镇、州、国家的关系。"他们认为现代人类和自然历史间缺失的联系体现了一种迷失的关系，而这种关系是人类灵魂最需要，却最容易被忽视的："多数人都用城市、建筑、企业甚至是球队来界定我们生活的地方，那么有多少人用自然生态系统来界定我们生活的地方呢？又有多少人可以懂得支撑我们活着，我们只是它的一部分的自然生态系统的美、神奇和真正的作用呢？

探索地域感组织出版了一本指南，还创办了领队训练工作室、相关课程和额外的区域活动项目。哈维尔说全球上百个地区都向我们预订这本指南，包括美国本土、加拿大、澳大利亚、新西兰、瑞士、德国和法国。在英格兰，开设了两门探索地域感组织的试点课程。

2009 年，在探索地域感组织的激励下，圣迭戈当地 25 名意志坚定的探险家，每月会花一个周六在我家的这片地区旅行和研究，历时七个月。这些探险家登上博尔坎山，坐落在圣地哥托河发源处。在库梅雅依考古遗址，他们学习了生活在河谷地区的前欧洲人的文化。他们沿着茂密树林里的蜿蜒崎岖的小径向上徒步一千英尺（约合 300 米），然后通向一片草原。圣迭戈州立大学地理学院名誉教授菲尔·普赖德陪着这些探险者，给他们讲解河谷里鸟类的生活。两位专业的大自然追踪者教这些人如何通过脚印和声音来判断野生动物的踪迹。几个月时间，这组人探索了该区域不同的地质和微气候，对这片土地有了透彻的了解。

克服植物盲区

四月一个多云的日子，我和妻子参加了一次徒步旅行，沿途在哈吉斯湖南部的平原上和河谷里，学习当地的一些花草知识。那距离我们住的地方大约几英里远。参加这次徒步的一个原因就是想克服自己对植物认识的盲区。在我的生活里，多数时间我都跳过植物直接转向动物，也就是说我所有的户外经历中都缺失至少一半的体验。

"植物盲区"一词由路易斯安那州立大学的詹姆斯·万德西和东南自然科学学院的伊丽莎白·E. 舒斯勒提出。在《植物科学专栏》（美国植物学会按季发表）文章中，他们对植物盲区一词最直接的定义是"无法看出或者识别出生长在自己周围环境中的植物的能力。"基于他们广泛的研究和调查，这些植物学家探索了导致植物盲区的几个复杂原因，包括我们"被误导的、以人类为中心的思想，把植物排在动物之下，导致它们不值得人们考虑的错误的结论"。原因之一可能是人类视觉信息处理系统与生俱来的局限。"我们的视觉意识好似一盏聚光灯，而不是泛光灯，"他们写道。"如果不是很让人惊奇的话，我们是不能实时关注到的。实验研究表明，人们对接收到的视觉数据的计算时间大约是五秒钟，这样就使当前的事物成为自己的幻觉。"所以，对于患有植物盲区的人来说，植物似乎生长于另一个空间里。

无论我们的限制是文化上、生理上，还是两者都有——鉴于某些文化中人们对植物的强烈关注和一些喜欢绿色植物的邻居，毫无疑问，人们能够克服这种植物盲区。舒斯勒和万德西是这样认为的。他们相信我们正在错过另一世界的精彩，但是实际我们有能力看清它。在克服植物盲区的运动中，他们鼓励植物爱好者扮演起"植物导师"的角色，帮助其他人"和生活区域里的植物建立联系"。

身为植物学者和中学教师的詹姆斯·迪拉恩是我们的组长。那天早上出发前，我们在公园一栋楼里集合，迪拉恩为我们准备了一堂简短的课程，介绍这片地区的植物——我们赖以生存的地方。他说这里的生物多样性让人惊叹，为何如此，因为这是一片拥有丛林、沿海鼠尾草和火的土地。西班牙探险家胡安·卡布里罗16世纪航行到这里时，称圣迭戈是火焰湾；19世纪80年代，一场大火从墨西哥边境一直蔓延到洛杉矶，一路烧光了所有东西；最近这种风暴性大火再次威胁到这片地区，我也因此了两次家。

迪拉恩随后给我们放了一段缩时拍摄的视频，那个边远的地区曾被肆虐的大火烧毁过；仔细观察你会发现丛林里的树冠甚至在接触到熊熊燃烧的火苗之前就燃烧起来。视频的速度慢慢加快，比实际时间快很多倍——就像电影《时光机》一样。太平洋迁徙路线上的鸟类都飞走了。大火沿着陆地向上推进，所到之处都被烧成灰炭，好似风暴扫过时那黑暗的阴影；接着不计其数的新植物开始出现，像军队里的随营人员，追赶着火焰的步伐。我曾经觉得植物界缺少动物间那种弱肉强食的残忍——然而，真是这样吗？随着视频速度的加快，这些植物为了空间和水源相互竞争；当地的物种要么击退外来入侵者，要么被它们征服。

看着这些视频，我第一次领会了植物学家是如何看世界的：一个故事，叙述着一大家族的生活和毁灭；以及复活——植物世界的文明与人类是平行的，但是多数人都意识不到这点。

我们爬上了湖边的山脉，沉浸在午后凉爽的薄雾中。迪拉恩一边说，一边准备手头的工作。这片土地，看似温和，缺乏戏剧性，实际上充满生气和活力。除了在大火季节，它时刻都戏剧性以花开一样慢的速度在变化；我们看不到风景的改变，除非仔细观察，并且清楚自己应该如何观察。

"今年的火罂粟花，只在大火过后出现的植物，尤为壮观，"迪拉恩说道。"几乎是一生中仅能遇到一次的事情！火罂粟的种子可以等待上百年，就为了一场大火。"什么可以唤醒它们呢？"不，只有一样东西。高温，烟雾里的化学物质，木炭引起的化学反应。"他指着沙漠金雀花，一种落叶灌木，西班牙人和墨西哥人称之为"惊讶的队友"，或者是痉挛草药。早期居民发现它可以治疗抽搐、被毒蛇咬伤、牙关紧闭症、梅毒和发炎等疾病。鼠尾草和灌木丛有超强的存活能力，他告诉我们。鼠尾草的叶子可以依据水分的多少长成不同的尺寸和大小，有一种带细毛的鼠尾草，它的叶子可以"分泌出一种防晒霜"。

在《绿色自然或人文自然：植物在我们生活中的意义》一书中，伊利诺伊大学的查尔斯·A.刘易斯建议我们不要把植物看成是物体，而是一个较大设计中相互联系的绳子，其中我们是细线。他写道，两种生命形式，植物和人类，"相互联系，比多数人想象的还要紧密地联系。"刘易斯提出的这个观点和作家迈克尔·波伦在《欲望植物学》一书中的观点相吻合，我们这些智人应该平衡一下妄自尊大的想法和人类是"依赖植物的物种"的事实。绿色植物的叶绿素分子"和哺乳动物血液中的基本成分血红蛋白有着有趣和奇怪的相似性，"刘易斯说道。两者都是由单一原子构成，还有一圈碳原子和氮原子。不同的地方是中心的原子：叶绿素里，这个原子是由镁元素构成；而血红蛋白里，该原子是铁元素。"这两种根本的生物成分相似性说明在原始混沌时期，地球上生命开始前，两者有着相同的出身，"刘易斯写道。"尽管人们对植物在维持哺乳动物生命系统中起到的作用理解的还算正确，但有一点没有研究到。无数形式的植物是如何进入到我们的心灵和精神生命中的？人类心智接近绿色大自然时的微妙意义是什么？

刘易斯和一部分学者认为人类随着自身的进化逐渐对环境失去了

意识，"我们每个人心里都潜藏着一个自我，在遇到体内和外界的信号时会不假思索地做出反应。"他接着说道："每个下意识做出的反应都透露出组成我们生命布料的细线，数千年的时间我们已经编织好了一个具有保护作用的衣领，来保证我们的生存。如今，在主要由智能化科技组成的世界里，那些古老的、直觉的细线经常被人们拉扯。我们必须学会解读它们，因为它们开启通往基本人性的大门。"

平静的灌木丛林下面，真菌和丛林里的根系联系起来通向更广阔的群体；通过这种网络，植物的根系和真菌交换水分和营养。这个系统就好比电池储存能量，一旦丛林群体中的部分成员或者真菌有需要，它就释放出能量。在地面上，地衣——由真菌和藻类构成的复杂生物体——和丛林紧密相连，但是个别有年龄歧视的地衣会拒绝在 50 岁以下的丛林里生长。

现在我们小组在一个小山谷里停住了脚步，这里有个细长的瀑布，约二十英尺（约合六米）高。四周的岩石墙壁刻画着同心圆和方形的图案，大约是 500 ～ 1500 年前库米亚印第安人留下的遗迹，是他们用野生的胡瓜籽、红褐色石头和臭虫涂上去的。我们组的一名成员注视着一棵植物，可能是野菠菜："我确信小时候我吃过这种植物。稍微有点不一样。"他拽了一片叶子放进嘴里，没有被毒死。

我们向高处走去，迪拉恩指着山脊上的岩石说，"就在那里有个僧人的洞穴。有人说想要建一条路通向那里，遗憾的是一直也没有实现。"

我们不断向山顶爬去，空气变得更加凉爽。我们遇到了这个朦胧的世界里其他的居住者。锦龙花、蟾蜍、太阳杯型罂粟花。还有芹叶太阳花，一种紧贴地面生长的植物，是欧洲人最先带到北美来的植物之一。"芹叶太阳花可以'移动'，直到找到适宜的裂缝为止。"迪拉恩说道。他向我们介绍了各种"火焰花"，包括黄金土滴、蝰蛇舌头形状的蕨类植物、巫师头发寄生地衣、"植物界的吸血鬼"。还有高耸的丝兰，这种植物每天能长高两英尺（约合 0.6 米），只借助于一种蛾类授粉，所以 15 年才开一次花。

有一段时间，迪拉恩和组员们都安静地走着。走到另一个山脊时，他说："你们的眼睛要是不知道看什么的话，就会什么都看不到。"忽然他停住了。"啊，火罂粟花！我们找到火罂粟花了！"

我们一起站在了一块有些发黑，被地衣吞噬的岩石上。湖面在雾气弥漫下变成灰色，就在我们下方。"我们正在观赏一年中一天的快照，"他说。"和平时不一样。这是别样世界的一天。"

这个世界忽然变得和雨林一样非同寻常了。

第十章　欢迎来到社区

人与自然社会资本

　　有些人直到亲眼见到，才会相信米逊山里有白鹿，它通常在薄暮时分，穿梭在山谷的丛林里。十年来，这只白鹿在圣迭戈的一片老城区出没，见过它的人都很喜欢它。人们给它起名叫露西。后来，一位动物管理员，使用错误的保护办法，朝它射了一枪麻醉枪，结果它就死了。200多位男女老少参加了在附近公园为露西举办的葬礼。在当今的艰难时期，这种情感看起来可能有些奇怪；甚至在有些人眼里这是很愚蠢的行为。原来有人证实，这只鹿并不是野生的，而是从城里最后几家农场中跑出来的。尽管那个消息公开了，附近社区的人们，包括我在内，还是持续好多年讨论它，仿佛它还活着一样。

对我来说，这个故事反映出很多居住在城市里的人们还是深深渴望着自己的社区能够超越单单由人类构成的社区，有其他生物和动物融入。一旦那种渴望感行动起来，我们就可以在很多方面提高生活品质，更有归属感。1995 年，哈佛社会学家罗伯特·帕特南在极具影响力的《独自打保龄球》一书中提到人们的生活被逐渐孤立起来，并指出曾经让我们聚在一起的纽带是如何松散开的。他指出现在教师家长协会、美国童子军，对了，还有保龄球俱乐部的会员越来越多。他运用一系列手段衡量"社会资本"，他用这个词描绘人们在社会团体中是如何关注彼此的。

帕特南的书出版后，有人质疑他的方法论。一些社会心理学家指出其他形式的社会团体成员也在增多，例如读书俱乐部和基于网络的社交团体。不管怎样，帕特南的话提供出了很有用的理念。现在是时候把社会资本的假说拓展为人与自然的社会资本了，因为那样我们将变得更坚强，更富有，这不仅归功于人与人交往的经历，还有我们的其他的邻居——动物和植物，越天然，越淳朴，就越好。

自然社区中的人类善良

一直到现在，研究人员也很少认为置身大自然环境中是避免社会孤独感的一个因素，或者说构成社会资本的一个重要构成要素。基于一些研究的结果，户外环境会提高参与者的合作和信任他人的能力，一家新的研究机构指出了更广的影响。

英国谢菲尔德大学的科学家发现公园的生物种类越多，对人类心理健康的帮助越大。"我们的研究表明保证生物多样性很重要……不仅有利于环境保护，还对提升城市居民的生活质量很重要。"谢菲尔德大学动物和植物科学学院的理查德·富勒说道。进行相关研究的还有纽约的罗彻斯特大学，研究人员报告称，置身自然环境中可以帮助人们和他人建立紧密的关系，重视社区，在金钱方面更慷慨。相反，在研究中，关注"人为元素"越多的人就越看重财富和名誉。通过看电脑屏幕的画像，或者在有植物和没有植物的实验室里工作，为参与者创设自然和人为两种不同环境。

"先前的研究表明自然对身体的好处除了快速缓解压力，还包括改善精神状态，增加活力，"研究人员理查德·M. 瑞安说道。"现在我们发现自然还能带来更多社会情感，让人更重视社区、与他人建立紧密的关系。在人们身处自然环境中时，他们更关心他人。"

罗彻斯特大学研究项目的研究员安德鲁·普齐布卢茨基提出一种解释：自然世界将人类和他们的真我联系起来。人类进化初期是打猎和摘果子的社会模式，主要依靠相互关系生存，普齐布卢茨基说道，因此我们"真正的自我"的进化是和人类天性热爱自然的理论分不开的。（"如今，我感觉可以做自我，"参与到研究中的一名被测人员在沉浸到大自然中时说道。）自然环境可以促使人反省，并提供一个心理上安全的避风港，远离人造的、有压力的社会。"大自然从某种方式上可以让人远离社会中的狡诈，正是那些狡诈让我们和他人疏远。"普齐布卢茨基说道。这些研究员表示研究发现对城市规划和建筑有很好的启发作用。该研究的领头研究员内特·温斯坦建议人们也应该利用起大自然看不见的好处，在室内摆放植物、自然物件和大自然世界的画像。

更多地接触大自然，即使在城区内，在某些环境下，也会减少暴力事件。一项基于芝加哥的公共住房发展项目的研究比较了不同女性住户的生活，其中一类女性住在户外没有绿色景观的公寓里，另一类公寓外面就是树木和青枝绿叶的景观。那些公寓外有树的女性对伴侣的挑衅和暴力行为明显要少。研究人员把暴力行为和注意力测试成绩差联系起来，注意力不集中可能是精神高度疲劳引起的。该研究表明室外没有绿色景观的女性更容易疲劳和发怒。同样，伊利诺伊大学的研究员发现城市社区中的公共场所如果树木多的话，暴力事件也会相对减少，因为树可能会吸引更多有责任感的成年人。

人与自然社会资本由植物推动，但是动物也有份，例如米逊山的白鹿。

我初次见到露西·霍莱姆比克时，她已经70多岁了。那时我18岁，在小镇上的一家报社工作。偶尔黄昏时，我会来到她在堪萨斯州阿肯色市温馨的家，和她畅谈到晚上。她是草原女子，一生经历了很多不幸；丈夫去世后，她也没有再婚，这样一过就是30年。我最后一次见她时，她已经90多岁了。

在生命接近终结的日子里，她总是对一些小东西好奇，并为之感动。"我儿子说我能从观察蝴蝶中得到所有人都想不到的东西，"她告诉我。只要能够维持她和别的物种间的联系，她就不会感到孤独。

"人们只要在户外聚在一起，在相互关怀的自然氛围下工作，甚至是隔代人之间，这与大自然本身具有的治愈能力一样重要。"加拿大不列颠哥伦比亚省维多利亚市皇家路大学，环境和可持续性学院教授里克·库尔说道。"也许，试图通过回归自然来'治愈世界'的过程中，我们治愈了自己。"

实际上，有实例表明在人们为了提高或者保护社区环境而聚集在一起时，社会资本就会提高。根据2008年澳大利亚迪肯大学研究员进行的一份科学文化综合研究，年轻家庭参与到这种活动中时，"那种参与会带来巨大的社会效益，包括扩宽社交网络。"为了土地一起行动的志愿者"体

验到，同时也贡献出更高层次的社会资本"，而且他们还注意到"社会和
自然资本间那种'具有代表性的'关系"。

　　西方对文明的定义过于狭窄。中国人对于文明的一个古老观点重在
"文"，它的根本思想意味着图像和模式，像一团树枝，或者是鸟类羽毛
和树皮形成的图像。（"文"也有文化或文学价值的意思，是人们讨论最
多的词汇，对公元 960 年到 1279 年中国宋朝的国家治理来讲非常重要。）
大自然通过这些模式解释自己。由"文"可以引申出：

　　文人——有礼貌、有学识的

　　人文学——诗词歌赋

　　文雅——有教养、高尚的

　　文明——文化、科学、技术上的发达

　　我们目前对文明的概念，源自市民和城市两个词的文明，指的就是人
造的环境；但在中国传统中，它指的是大自然。（拥有这么古老的哲学并
不意味着中国现代城市比其他国家更亲近自然。在那里，还有其他现代文
化中，通过大自然来使我们的城市生活更文明才刚刚开始。）将来我们会
看到，建立人与自然社会资本会带来各种好处。例如，各个年龄段的人们
都更有生产力；人们和邻居或者那些对城市野生动物与城市农业有兴趣的
人们建立新的或者更深入的联系；和其他物种建立联系，丰富我们的日常
生活。通过恢复物种多样性，而不是仅仅恢复自身，我们就能恢复社区——
和家庭。值得注意的是：大自然本身并不能使我们变得文明。在生活中加
入更多自然会提高我们的文明程度，这种情况只有在保证个人、社会和经
济公平的前提下才能实现。

我们并不是孤军奋战

住在城市里的一个优点就是人类文化的多样性；通过实施自然法则，我们的家园、社区、城市会拥有更多样的生物，更加富有情趣。物种多样性，像文化多样性，可以丰富我们的生活并赋予我们希望。

在城市里构建人与自然社会资本可以恢复人们的乐观精神，甚至是那些喜欢打消他人念头和积极性的保守人士，也会受到积极影响。苏珊娜·克鲁格是俄勒冈州北部沿海城市西赛德的一所小型公立中学七年级的生命科学教师。她讲述了 2002 年夏天的一次和其他物种联系起来的经历是如何给予她希望的。那时她在波特兰州立大学读研究生，同时也为一项生物研究做实地考察助手。该项目主要研究城市里残存的绿色自然区域内的生物多样性和小型哺乳动物种类情况，这是在波特兰都市里，城市发展界线内进行的。她和她的同事每天会两次检查 156 个活禽捕捉笼子，在抓到的动物耳朵上贴上标签，然后在把它们放生到大自然中。很多时候，她们抓到的是鹿鼠，偶尔有田鼠和鼩鼱。

"有一天，我们在谈论地球环境被破坏这个沉重的话题，生物学者和生物学生通常会讨论这类话题，"她回忆道。那个话题几乎持续了一整天。他们在波特兰西南部的马歇尔公园工作。收集工作进行到中午时，她拿起了一个笼子，感到里面有个生物。通过它的移动，她能辨别出这不是只老鼠。她用手戳开了上面的小盖子，一个小脑袋，像蛇的头部一样，忽然露了出来，双眼注视着她。她迅速地盖上盖子。那是一只短尾黄鼠狼。"我们忧郁悲观的话题戛然而止，我们开始庆祝在离波特兰市区不到两公里远的地方竟发现了这么一只小型肉食动物。后来，那年夏天我们还抓到北部的飞鼠。我告诉每个人——'嗨，你知道你在和飞鼠还有黄鼠狼生活在一起吗？就在后院里。'——他们都很惊讶。没人能想到还有这些动物。他们知道草原狼、鹿和浣熊，但是并不知道这些小型的夜间动物，这些既没有在天上也没有地下活动的小动物。

"于是我开始质疑要有'野外经历'就必须完全远离人类，到没

有人类影响过的环境中这一想法，"她说道。尽管她带领过很多年轻人到野外体验，而且也喜欢能够"远离城市，进入到森林里，有岩石的地方"，她觉得在波特兰城区当实地考察助理的经历也同样很有价值。

波特兰城市绿地协会执行主任迈克·霍克曾帮助恢复或者说创造那里的绿地，也出版了《城市里的大自然》一书，该书讲述了在波特兰市区内的野生动植物。"我刚开始在波特兰奥杜邦协会做市民自然学者时，该地区的设计师告诉我，在城市里没有大自然的空间，大自然'不在那里，'"他说道。波特兰公园和娱乐部门当时正在考虑通过法案建立橡树底野生动物保护区，后来这个项目获得了该地区的奖章，"在城市中心建立一片160英亩（约合970亩）的湿地，多年来，我在那里看到过一百多种鸟类，去年还在一棵树上看到五只白头鹰幼雏。"1980年，环保组织奚落霍克在"完全被放弃的"环境上浪费时间和资源。他认为传统的环保理念过于恪守亨利·戴维·梭罗的格言："在野外才是保护世界的办法。"环保几乎只专注于野外、农田、古老的森林和海洋环境。

如今，霍克展现了他在思维上的重大改变。他建议21世纪也应该关注荒地的保护。"在适合居住的城市里就是对野生世界的保护。"他说。创造人与自然社会资本是他工作的核心——也可以被应用到所有城区，通过带给城市更多生命来为城市注入活力。

作为他主张的扩展部分，霍克带领那些想了解他们当地城市野生环境

的波特兰人进行实地旅行。我见到他时，他刚陪同 20 个人参观完当地的野生动物保护区。"他们所有人都在滔滔不绝地讲诉刚才的经历，"他说道。"他们观看库柏鹰用嘴整理羽毛花了大约 15 分钟。直到我劝他们去看看生活在城市中心的，人们意想不到的动物们。"20 世纪 70 年代以来，波特兰奥杜邦协会的成员从 1000 人增加到了 11000 人，"多数人都是因为我们进入到他们的社区做环保工作时加入的。"

霍克见证了城市野生动植物对城市社会结构的直接影响。"人们觉得自己是这个新家庭中的一部分。这个新家庭中一部分成员是人类，另一部分是动物。人们在市区内规划出更精细的行走路线，他们开始和遇到的动物们建立起联系。他们认识了每天早上都能看到的翠鸟。"霍克接着说，"今早走路时，我感觉很好。我又见到了安娜蜂鸟，在过去三年几乎每天早上我都会看到它。我走出车门的一瞬间就看到它。谁要是拿着相机一定会抓拍到当时我脸上的大大的笑容——因为那有我的兄弟。"

鸟这种兄弟不是说可以一起喝啤酒的，霍克说道，从某种人类认识上，它们不能称为朋友，而是邻居，偶尔能看到，熟悉却又陌生，了解却又神秘。"和它们平行地生活着，动物陪伴人类，这种陪伴不同于人与人之间的陪伴，"英国评论家和作家约翰·伯杰写道。"不同之处在于这种陪伴是为人类这个物种提供的。"

热爱你所居住的土地

研究人员目前还不能确定在新建的土地上，大自然，包括动物和植物，能渗入到人的意识里多深——是否能像人们生长的土地那样在人类灵魂深处找到一片栖息地。但是可以确定的是，如果下定决心，人们和一个地方，还有居住在那里的生命的关系是可以变得越来越紧密的。改一下那首老歌：若不能和你爱的土地在一起，那就热爱和你在一起的土地。

加利福尼亚州的拉霍亚有一天少了一棵树，但可能只有伊莱恩·布鲁克斯注意到了。1962 年，她从密歇根州搬到西部，但是还没有适应加州。然而，身为海洋生物学者和社区大学教师的布鲁克斯还是利用闲暇时间研究和关心海边的那个加州小镇上最后的一片开阔的自然土地。那片曾经给予她精神慰藉的峡谷、草地和森林已经被遗忘在时间里，后来那里盖起了价值数百万的房屋，都挤在西穆尔兰德大道沿线 1.7 英亩（约合 10 亩）的土地上，吞噬了那片地方。三天时间，一辆推土机"铲除了在那里生长了 50 年或更久的一切"，那个星期布鲁克斯告诉我。因为某些原因，一棵樟树幸免于难，就像那些奇特的光点——一所学校，一座完好无损的烟囱——在龙卷风袭击过平原后仍然矗立在那里。

接下来的三年里，布鲁克斯经常会路过那棵矮小的樟树，停下脚步为它还有旁边的变化拍照。但是一个周日，在她沿着穆尔兰德斯去杂货店时，她感觉有点不对劲。"那棵树消失了，并不是真的消失了，而是被劈成一堆，丢在路边，和泥土、混凝土石板等混成一堆。"

愤世嫉俗者可能会说一棵樟树没那么重要；对经济和高科技的未来都没什么作用，而且是可以替换的，就像我们一样。

人们能够深深地依恋上树木，就像布鲁克斯的樟树，既不是本地特有的，也没什么特别。有些树真的很棒：例如从这里往南，春天峡谷里的一棵巨大的无花果树，那是靠一个社区所有人的力量，才让它免遭伐木工人的砍伐；还有在北部，埃斯康迪多市的一棵蓝桉树，有十层楼那么高，该社区花了 15 年时间来保护它——那个运动最终成功了，甚至尽管十二月的某个早上，一个无家可归的人从树枝上掉下来摔死了；还有在东部，1910 年一些孩子种在道路两旁的红桉树，它们像慢动作战争中的士兵一样，因为受到叫木虱的害虫的侵袭都倒下了。那个镇的人们希望再种植一排强壮些的小树，但是那需要好久才能实现。

布鲁克斯相信在我们身边的植物"会形成一种感情的嫁接，时间长短可能不同"。那种嫁接很容易折断。"过去要砍一棵树可能需要一个人拿着铲子、斧头和割锯，还要一匹马帮忙，大约用一天时间才能砍倒一棵大树，所以人们有足够的时间思考这样做是否正确。"她说道。然而，站在拉霍亚那棵被砍倒的樟树前，布鲁克斯说她感到全身一阵颤抖。"让我惊讶的是樟树的味道仍未散去，那浓郁的味道久久弥留在空气中，在已经裸露的根部和枯萎的叶子上方，从推土机铲过的根部组织中散发出来。尽管几天前樟树的残骸已经被运走了，你路过时仍然会闻到一股它的味道。"在樟树被运走前，她捡起了几片樟树的碎枝，带回了家。

第十一章　有目的的地方

了解你在哪，才能知道你是谁。

——温德尔·贝里

曾经有段时间，和一个地方建立起精神、心理和身体上的纽带关系，是一件自然而然的事情；如今，我们必须有目的地去培养对周围事物的洞察力，有目的地去强调我们在生活中的地位，这不仅依靠我们自身，还依赖于政府和企业。

有一天，我和内华达州立公园的管理员开车穿过拉斯维加斯。穿过赌场地区、商业街，然后是可以互换的粉刷房屋、购物中心——同我们居住的城市风光一样，顿时，我们的情绪在这种如此美国味的环境下高涨起来。我抬起头，看到一圈白色、蓝色和金色的光环笼罩着城市。西北面是查尔斯顿山峰，当地民众称它为查尔斯顿山（看样子他们很少想起这座山峰）。山峰将近一万两千英尺（约合3600米）高，底部长着短叶丝兰，顶部长着狐尾松。还有春山山脉，所有这些山脊和山峰包围着这座城市，还有火焰谷，一片广阔而美丽的红砂岩结构的地质，看起来好像搁浅的鲸鱼和人类的手掌。

几周前，我和两位摄影朋友霍华德·罗森、艾伯托·劳去过那里。我们为这鲜为人知的风景惊叹，其实这里距离市区也就一个多小时的车程。我们三人站在岩石上拍摄上面的图案。斜阳把我们的影子映在红色的墙上，我们本能地抬高了手臂。我们的身体、手臂和双腿被拉长了，看起来好像在石墙上光滑的曲线和波浪线上舞蹈，和岩石上人类刻的画像相称，那些图案里的人的躯干、手臂和双腿也很长。也许早期生活在火焰谷里的人们也是站在这里，看着他们的影子，然后留下了遗迹。

"所有那些美和商业区是那么近。拉斯维加斯是否宣传过它的那种美，作为这个城市的象征？"穿过城区时我问公园管理员。

"宣传过一些，不多。"她耸耸肩膀。"远不够。"

"那样不是对这个地区好吗？"

她转头困惑地看看我。"似乎会不错，对吧？"

其实这是个让人痛心的主意。她解释道：规模较大的赌场决定了拉斯维加斯的现实，而那些赌场老板们最不想看到的就是游客离开赌场到外面去。他们希望游客参加赌博。"那些在行业边缘的小赌场可能想那么做，但大赌场可不是。"在我看来，由于经济不景气，全国的印度赌场已经转移了部分赌博业务，对游客多样性的刺激措施应该是很有吸引力的。

　　我抬起头，再次看了看笼罩着整个城市的白、蓝、金三色的光环。

　　"你们应该叫它金子光环。"我说。

　　在我问她拉斯维加斯是否宣传过那个光环时，我并不光指作为旅游景点（尽管丰富这个地区的经济不会带来坏处）；我更多的想的是身份认同感和目标感的多样性。

　　随着生活变得越来越科技化，媒体控制化，抽象，我们对个人和社区真实的认同感的渴望可能会增加。因为现代的存在变得越来越可以互换，可能有两种结果。我们给予真实性的价值可能变弱，或者我们对它的渴望会变得非常痛心和强烈，结果我们对任何纯真的和真实的东西都无法抗拒。如果是后者的话，自然世界在我们眼里和各种感觉中的价值会越来越高。我们将会把自然历史看得和人类历史一样重要，包括对个人和区域的认同感，尤其是在那些人类历史已经被打乱或者遗忘的地区。

　　就像个体可以为了自己的幸福，发展对一个地方的自然感觉，一片区域的领袖们——包括城市、乡镇或者超越人造界线的生物区——通过辨别出他们区域独特的自然特质，会更加有目的性。

　　地球鼓乐基金对生物区的定义是："一个完整的生命区……拥有有序的和相互联系的植物和生物群体，还有自然系统的这么一个独特的区域，通常还有河流。加州大学圣克鲁斯分校生态学名誉教授，国际环境主义的创始人雷·达什曼和创建地球鼓乐组织的行动主义者彼得·伯格据说在 20世纪 70 年代把生物区这一概念公之于众。（根据诗人加里·斯奈德的作品，他本人十年前就探索过这个主题。）地球鼓乐基金为出版物、演讲者和工作室提供赞助，帮助组建新的生物区小组，并鼓励当地机构和个人想办法在生物区的自然范围内生活。达什曼和伯格把他们的办法称作重新寻找栖息地——或者"活在当地……简单来说就是在某个地区生活得充满活力"。充满活力，那对我来说是最有动力的短语。据达什曼和伯格说，我们可以重新居住在我们的生物区内，通过探索，绘制地图，命名和宣传他们特殊的自然特质，然后把它们融入到该生物区的特性中，为该区域谱写一段新的故事。或者是个老故事，只是重新认识了一遍。

我们先前已经罗列出这种社区的例子了。欧内斯特·卡伦巴赫执笔的著名的"生态乌托邦"，西北部地区因为他们（并不总是一致的）对环境价值的承诺而出名。鲑鱼曾经塑造了西雅图的每日文化，直到现在都是当地的图腾。20世纪90年代，我出席了一场会议，会议涉及加拿大、美国还有几个印第安人部落——加拿大人称他们为原住民——关于鲑鱼捕杀权利和太平洋鲑鱼灭绝的危险。"很快，我们讨论的将是最后一条鱼！"比利·弗兰克说道，他曾经迫使美国政府向他们和西北部部落间签订的捕鱼协定致敬。弗兰克还有其他人，这场辩论不仅是经济资源问题，还是个人、部落和地区的身份认同的问题。后来俄勒冈州华盛顿县的伊丽莎白·弗斯表示同意。她讲述了鲑鱼健康和身份的象征意义。"它们的存在告诉人们我们是否健康。从个人角度讲，鲑鱼如此意义重大是因为它们有种家的感觉。鲑鱼知道如何回家。它们知道自己从哪里来。"

纽约上州的阿迪朗达克州立公园在全美是人们有目的地改造生态环境的成功典范——人们重新拾回了缺失一个世纪的自然环境。没有哪个土地规划模式在实施过程中是完美的，任何规划都不可能适用于所有的地方。但阿迪朗达克州立公园为人们提供了重新恢复环境上受到破坏的生物区的一种方法，那就是把它们和人类联系起来。

霍华德·菲什是刚成立的塔珀湖野生动植物中心的宣传部主任，这个自然历史博物馆就是为了当地人而建。他解释了阿迪朗达克州立公园可以在全球范围内充当其他地区典范的原因。

"在纽约州外，甚至是纽约州大部分地区，人们并不真正了解这个公园是多么伟大。"他一边说，一边开车带我向北部的野生动植物中心驶去。在这，公园一词有着特殊的意思。不像大多数向北延伸，为迁徙提供路径的山脉，这些巨大的圆顶形的岩石和森林——太空中都可以看到——对于像美洲印第安人和早期欧洲移民来说，为人类的交通设置了屏障，直到伐木工人们到来。"几个世纪树龄的白松倒下了，变成木材；其他树木要么变成了纸浆，要么在钢铁熔炉里烧成灰烬，流进阿迪朗达克河里，"菲什说道。从一个世纪前的照片可以看出，广袤的土地上满是被破坏的痕迹，光秃秃的，都被伐木工人破坏了，整片土地上只剩下树木被砍倒后的树墩和泥土。了不起的是，如今这片区域比 19 世纪末期还要具有野性。"也许在地球上再没有哪里能做到这样，恢复这片广袤的土地上的生态，"菲什说道。"山脉再次被原始森林覆盖。驼鹿在这啼鸣；海狸的尾巴拍打着水面，甚至美洲狮也会咆哮几声。"

开车经过这片地区，你能看到一望无际的湖泊、溪流、湿地和山脉，茂密的森林中聚居着熊和人类。这是如何实现的呢？"

第一，1894 年，一群科学家、市民、体育运动员和保守主义者成功说服纽约州投票人修改该州的宪法，指定五十万英亩（约合三百万亩）的土地为"永久性原始生态区"。后来，通过土地信托和其他办法，原本的五十万英亩土地变成了三百万英亩（约一千八百万亩）。如今这片土地是美国这些相连的州上最大的生态保护区，甚至比黄石公园、大烟山国家公园、约塞米蒂国家公园、国家冰川公园和大峡谷国家公园加在一起的面积还大。

第二，该地区为了人类而设计，有先见之明的想法，追求人类和自然和谐关系的恢复，重新恢复原生态的人类生活环境。整个公园范围有约六百万英亩（约合三千六百万亩），其中近一半都归私人所有。从一开始，保护区就像由一系列的岛屿构成，而非保护区公园。它们存在于公园的范围内，就像套索通常随机地把一些小部分圈起来形成一个整体。在这个圈子里有森林保护区和私人产权，包括乡镇、村庄，有时仅仅是十字路口有个商店，还有农场、林地、商业和娱乐营帐以及居民区。阿迪朗达克公园机构给村庄的界线"远远超出额定的区域"，就是为了鼓励扩张。大自然保护协会现阶段也参与到了一项重大交易中，一旦成功，就又会有十万多英亩（六十多万亩）的土地加入到阿迪朗达克公园这片保护区。"他们现在正在保护的地区包括弗林斯白湖，1858 年爱默生和其他人在那里探讨自然环境对人类精神的价值，"菲什说道。"这里在美国是人类和野生动植物能相对和谐地生活在一起的几个地方之一。如果纽约州 20% 的地区都可以保持原始生态，那么像阿迪朗达克公园这样的保护区——为了人类和其他动物——就可以遍布全世界。"尽管规模上称不上很大。

菲什和我穿过这片原始的土地时偶尔能碰到几家住户，我好奇美国地图是否曾经把这些称为其他地区模范的地方特别标记出来：生态曾经被破坏的地区能够以新的方式恢复，从本质上来讲，恢复成人类和大自然的保留地。他回答道，没有。但是应该有这样一张地图，而且不仅仅是美国需要。"这里发生的一切是像佛蒙特州那么大的地方重新拾回自然生态。民众让这一切变为了现实。"而且在这个过程中，人类自身也得到了恢复。有一天当他们离开后，他们也会像西北部的鲑鱼一样经常回家来。

人与自然报告卡

创造有目的的地方在很大程度上需要复杂的工具箱，包括：以个人的努力或者项目的推动来鼓励人们寻找自己的地方感；地区规划；重新恢复生态；对一个地区自然历史的完整的经济价值的衡量办法；新闻媒体和政策决策者，他们能够有意识地衡量一个生态区的价值，不单依靠当地特色和娱乐价值，而是依靠一些更内在的东西。

接下来我们讨论其中的一个工具，通过一系列因素，包括自然环境对人类健康的影响，来全面地衡量生物区经济价值的必要性。把自然世界转化为经济价值是个有争议的事情；很多人抗拒把大自然降格为美元和美分。他们说这样做商品化和贬低了自然世界给予人类的精神价值，还有自然内在的和无法衡量的价值。的确，如果我们进行经济衡量时不考虑道德主张的话，就有危险去走和过去十年教育改革相同的简化论的路线：只有那些能算的才算数。（阿尔伯特·爱因斯坦在普林斯顿办公室门牌上那句话恰到好处，"不是所有应该算数的能被算上，也不是所有能算上的都算数。"）

生物区的价值是由人类和其他生活在该区域内的生物的健康决定的，如果社区不能在这个观点上站住脚，那么社区就为那些希望利用自身对经济价值的定义来剥夺走大自然的公司或者政府铺开了红地毯。这些利益集团，通过压榨经济学和最终的破坏，清楚如何定义他们对价值的解释。我们这些更加关注大自然内在价值和它对人类的健康和快乐的作用的人，需要有一套更有说服力的衡量标准。理想的情况是，每个生物区里的每个城区都应该让儿童和成年人认识到大自然体验的经济重要性。如今，很多城市和州制作了儿童报告卡，把不同时段儿童的状态做对比。同样，城市、县城、州和经济开发机构也应该制作经济健康报告卡——而且，目的是比较不同时间的进步或者退步情况。决策者们都倾向于信赖这样的报告。

一张人与自然报告卡应该包括且超越传统的衡量办法，即考虑户外消遣（钓鱼、划船、徒步等）的利益和收入，和担心自然界毒素带来的负面影响；还应该考虑大自然对公众身心健康、教育和工作方面的积极的经济影响。还有自然界对儿童和成年人肥胖和抑郁的影响，例如，可以转化成直接的或者间接的医疗费用和生产力下降。公园、空旷场地和邻里自然环境对房产价值的积极影响也应该纳入其中，年复一年，很多地方的研究都表明在大自然区域附近的房子转售的价值更高。户外课堂和户外教育的经济好处也可以评估在内。

这种正在进行的全面地区研究——把人类的健康、经济福利与生物区的健康联系在一起的办法——会帮助那些真正关心环境问题的决策者们为环境保护提供有说服力的论据。

2009 年，新经济学基金会首次提出了幸福地球指数（HPI）。英国威尔士南部的卡菲利自治市得分最高，率先实现了地区生命力的目标。根据幸福地球指数，到 2008 年，该市"成为英国第一个按照自己对可持续发展的理解，真正实现幸福安康的地方政府"。"生活得更好，消耗得更少"是该市的座右铭。卡菲利已经成为英国生态足迹最低的城市之一，但是还有进步空间。"新策略的主要目标是，使该市的社区成员们更长寿，生活得更健康、更充实。这种可持续性的办法打破了财富和自然消耗的联系，以及自然消耗和生活充实的联系，"幸福指数报告中写道。卡菲利在解释可持续性定义时应用了幸福地球指数的等式作为主要的原理，目标是实现该策略的三个主要目标。他们把实现目标的日期定在 2030 年，那时世界上将有 80 亿人口。其他的举措方面，卡菲利已经开始发展社区花园，"让人们有机会做一些温和的锻炼，认识社区里的邻居，饮食更健康，并降低他们对进口事物的依赖。"

幸福地球指数为可持续发展的解释提供了一个有趣的公式，超越了传统的对可持续性、经济和人类健康的定义——而是把它们组合成一种方法。

还可以考虑一下哥斯达黎加，2009 年，根据幸福地球指数 2.0 版，它在 143 个国家中排名第一。还有，世界国民幸福数据库给哥斯达黎加的评分为 8.5 分（10 分满分）；紧随其后的丹麦分数为 8.3 分。哥斯达黎加几十年来一直没有建立国家军队为评分增色不少；那些钱被用到了社会服务、教育和保护自然栖息地方面。政府还通过 1997 年颁布的碳消耗税来增加收入。在 2010 年耶鲁大学和哥伦比亚大学公布的环境表现指数中，哥斯达黎加排名第三，仅次于冰岛和瑞士。（美国在该排名中位于第 61 位，紧随巴拉圭之后。）2010 年，在一篇名为"最快乐的人们"的文章中，纽约时报专栏记者尼古拉斯·克里斯托夫写道："哥斯达黎加在保护大自然方面做的格外出色。"这不是说哥斯达黎加已经完全克服了地球上其他国家所面临的问题，例如，吸毒以及其他犯罪问题仍然存在。（"沐浴在阳光下和绿叶繁茂的环境中肯定比在北部冻得浑身颤抖，忍受'自然缺失症'更容易让人愉悦。"他说道。）

人们遵循活在当地原则的动机之一是为了追求个体的幸福感。另一个动机是人类对高效能源的需求与日俱增。包括食物的当地生产和销售，利用太阳能、风力发电站，海浪涡轮机和其他办法建立地区性电力资源。建筑师塞尔吉奥·帕勒罗尼，俄勒冈州波特兰州立大学可持续性实践和过程中心的成员和教授，就此预测道："住房会变得更加地区化。如今太多的住房都是依照全国适用的住房模型。渐渐地，可持续性会推动人们去学习地区问题和机遇，如建筑的效果如何，还有不断变化的经济状况。"换句话来说，我们要利用全球化思维，建造和改善地区生活。"

这把我们引到了转型城镇运动中来。在写这本书时，266 个地区团体（包括城镇、城市和地区）主要在英国（少数几个在美国、澳大利亚和新西兰）已经认定自己为转型的城镇、城市、乡村或者地区。"转型"一词在支持者的眼里意味着转向了后石油时代。英国教师和永续农业学家罗布·霍普金斯在 2006 年提出了这个想法。永续农业是模拟可持续的生态系统设计人类社区和食物系统。本质上，永续农业就是永久性的农业生产。转型概念认为，在石油枯竭的时代，我们不能等政府做出必要的改变，但个人也无法完全依靠自身建立新型的社会。不过，一个地区可以相对快速地行动起来，制订十五年或者二十年的转型计划，推动当地种植食物，恢复交通（建立更多的人行道和自行车道，鼓励更多车辆使用可替代燃料），使用当地的建筑材料，以及其他的办法。

这些考虑成为转型城镇的社区被称为"粉碎机"——因为他们正在粉碎过去。英格兰西南角的托特尼斯镇是最先进的转型城镇之一。在我拜访托特尼斯镇和周边乡村时，让我印象深刻的是：中世纪模式的小城市和乡村，周边环绕着保持了几个世纪的农耕和森林的土地。这些美丽的地方提供了好的榜样。

霍普金斯很有信心来说服人们相信他的乐观想法。那些转型城镇的创立者们相信他们是 21 世纪复兴主义的一部分。"是关于释放那种潜力，"霍普金斯说道。"而且你不是逼迫大家行动。而是让大家感觉到自己是某种历史性和迫切性事件的一部分……我通常把现在比拟为1939年。就像战时的动员。要想推动进程，我们需要的是大规模的响应。"

然而，1939年的那场动员是政府组织的。因此，霍普金斯所说的那种规模是需要政府参与的。不过，人们可以想象一下基于地区的运动的联合：以能源和食物为焦点的转型城镇，地方感的探索者，经验丰富的教育工作者，市民自然学者（后面会详细介绍），还有其他自然运动的组织者。这些运动领导者的共同特点是，他们不会等待当前权力机构做出改变。他们在实行巴克明斯特·富勒的建议："你永远不会因为和当前的现实抗争而实现改变。要想改变，那就要建立新的模式，让现有的模式过时。"

活在当地

如今，人们再问我来自哪里的时候，我不会像从前那样了。过去，我可能会说堪萨斯州或者密苏里州。但是现在，当别人问我的祖籍时，我可能会提到堪萨斯州，然后我会补充加利福尼亚州也是我的家。如果有机会，我会告诉他们我居住地区的丰富性和奇特性，这种奇特和美丽源自生物的多样性。我居住的地方，为动物迁徙创造生态走廊，保护濒危物种，生产更多本土食物，还有至少在考虑建立以自然为中心的社区，绿化老社区，所有这些努力使这个地区产生了一种原生态的目的感。

不久之前，圣迭戈自然历史博物馆的主席和首席执行官迈克·黑格邀请我和他一起来做一些关于博物馆未来的头脑风暴。我很渴望和他见面，分享我的想法。

如果博物馆和动物园、大学、媒体、商业等一起合作，重新考虑如何描述我们的地区，我们如何推销这里？如果我们为这里多样和迷人的生物区感到骄傲又会怎样？

没有那种地区认同感和骄傲的感觉，就没有保护奇迹的可能。甚至在我和黑格说话的过程中，一组人正忙于规划加州和下加州北部两百五十万英亩（约合一万平方公里）的土地，并起名为"环境保护憧憬"。这些项目的目标之一是建立广袤的、跨越两国的公园系统，把旷野、森林和绿地连接起来。几年前，在圣迭戈动物园一位长期研究人员的带领下，加州秃鹫恢复小组在下加州孤立的塞拉利昂圣佩德罗马蒂尔放飞了三只秃鹫。研究人员希望这些秃鹫某天能够向北飞到文图拉，飞到塞斯佩秃鹫庇护处或者是在大瑟尔附近的旷野，和它们在美国的亲戚们团聚。在这之前，塞拉利昂圣佩德罗马蒂尔最后一只秃鹫是在 20 世纪 30 年代发现的——是安迪·梅林的年轻牧场主发现的。很多年后我和贾森拜访过他。我可以想象到他的样子，帽檐转到脑后，斜视着逐渐暗下来的光线，看着有九英尺（约合 2.7 米）翼展的动物在这个迷失的世界飞翔。

或许我可以向黑格建议，我们应该为所生活的地方命名，根据它伟大的自然特质命名，比如海洋、山脉和微型气候，用某个浪漫而且神秘的词汇，为来自全世界的人们界定这个地区，一个把大自然放在首位的名字。也许是个古老的库米亚印第安词汇。或者是库亚巴扎？潘多拉？无论什么名字，这都将成为我们发现的世界，我们有目标的地方。

普通市民自然学者

每个生物区，最亟需解决的任务之一就是重新建立自然学者的团队，最近几年自然学者极度缺乏，因为年轻人在大自然里的时间少了，高等教育给予类似学科比如动物学的重视度也降低了。

　　"业余爱好者"一词不再那么受欢迎，人们可能会说，"哦，她可真是个业余选手。"人们开始对这个词含有轻蔑的态度。这个词原本的用法可能来自法语的"爱人、热爱什么的人，或者信徒"，而这些法语词汇源自拉丁语词根"热爱者"。托马斯·杰斐逊时期，社会还是以农耕为主，很少有人像科学家那样生活；多数人都是业余选手，包括杰斐逊。他是个业余自然学者，曾在白宫里指导梅里韦瑟·刘易斯，在把他送到西部记录动植物之前。如今正好是爱好者回归的时代，21 世纪版的爱好者——市民自然学者（那种概念已有的说法是"市民科学家"，但是我更喜欢"自然学者"这个词，因为它和大自然的关系更具体，而且听起来更有趣）。要成为自然学者需要人们采取实际行动，既保护又参与到大自然中。

　　市民自然学者对于圣迭戈这样生物多样性的地区更有价值。这里，在风暴性大火烧掉整个地区 20% 的土地表面，几乎毁灭了当地全部的鸟类之前，有四百名志愿者恰好帮助汇编了具有里程碑意义的圣迭戈县鸟类图谱集。志愿者们丰富了我们对当地近五百多种鸟类的知识，包括长期定居在这里的鸟类，还有那些中途休息或是偶尔闲逛到此的鸟类，从不知道属于哪里的鹦鹉到在蜘蛛网上筑巢的山雀。这些志愿者发现了鸟类分类中发生的变化，发现了先前不知道生活在这个地区的几种鸟类。图谱集的主编和作者菲利普·尤内特把这些市民自然学者称为该书的中坚分子，该书的脊柱。

　　这种办法带来的挑战和成功的几率是相等的。"我们的焦点不仅在于濒危的物种，而是生活在我们附近的所有鸟类。"尤内特说道。简而言之，他希望普通的鸟类继续普遍——在傍晚的光线里闪耀，活着。

　　如果说尤内特和志愿者们的成功意味着什么的话，那就是初期的市民自然学者运动已经开始发展壮大了。在我生活的区域，市民自然学者既有年长的，也有年轻的；有教师、记者还有水管工。他们用数周时间坐在安沙波列哥沙漠里的山头上，记录神出鬼没的大角羊行踪，并帮助记录美洲狮的情况；他们像亚当和夏娃，艰苦跋涉到偏远地区，为了寻找虹鳟鱼的基因起源，它们有可能生活在几乎不可到达的溪流中。一些学生和海洋生物学者一起为濒危的鲨鱼做标记并跟踪。在全世界，非洲、欧洲、亚洲和中东地区，其他的业余爱好者也在做类似的工作，有时候追求快乐中，一些人会丢掉生命或者重获新生。这些热情的、具有奉献精神的人们是杰弗逊的继承人。

考虑到专业自然学者和分类学者的短缺问题，英国广播公司创建了一期史无前例的节目叫《春望》，邀请目击者、倾听者来帮助绘制不列颠群岛的气候变化图景。关注那年春季到来时的六个关键征兆，英国广播公司收集了公众上传的数据，并制作了一期电视应季节目。参与者需要记录下他们的发现。同时，《春望》的合作伙伴，英国一家主要的林地保护慈善机构林地信托组织正在扩大它的网络覆盖，已经拥有了超过一万一千名注册的自然"记录者。"

美国的一些环境保护和大自然教育组织也在朝着相似的方向努力。例如，加利福尼亚州科学馆组织了海湾地区蚂蚁调查研究，招募市民自然学者整理和记录在海湾地区十一个县城的一百多种蚂蚁。在更大的范围内还有全国野生动植物基金会，其拥有四百万成员，正在加强对年轻人的训练，使他们成为基金会合格的市民自然学者。很多年来，康奈尔大学的饲养者观察项目已经获得了北美鸟类爱好者的关注，这些鸟类爱好者帮助科学家弄清楚冬季鸟类数量的变化和迁徙路径。在他们的帮助下，研究人员追踪了鸟类在美国和加拿大的数量和分布。志愿者付一小部分费用就可以领到一套参与者的工具箱，然后根据清晰的指示确保准确性。他们向康奈尔大学汇报鸟类的数量，以不同种类计算，然后大学负责分析数据。每年的调查会持续 21 周，从 11 月到来年的 4 月初。调查结果会公布在科学期刊上，还会在网上分享。

一些社区的市民自然学者正在"拯救植物"。在华盛顿金县，本地植物拯救计划组织数百名志愿者救援那些因城市发展而受到威胁的植物。詹姆斯·麦科门斯在《奥杜邦》期刊上写道，这些救援行动"吸引了 300 多人，他们真的跑到树林里监视那些难以找到的物种——延龄草、莎草和藓类植物。"这些植物被转移到生态重建项目中心、展览花园和庭院里的野生植物栖息地。活动也引发了矛盾情绪。有些人可能把植物拯救活动看成开发商缓和矛盾、破坏绿地和毁灭栖息地的新形式。更准确地说，这是应对发展的创新反应，向人们公开自然栖息地面临的威胁。在亚利桑那州图森市，图森仙人掌和多汁植物协会组织志愿者拯救仙人掌。"无论哪里的土地，一旦开发了，肯定就需要救助当地植物，"麦科门斯写道。"甚至小型的种群，就像一块独户住宅的土地，也能为当地植物群提供一个宝库。"

在西雅图林地公园动物园，该动物园的园长和首席执行官德博拉·詹森希望看到更多地区参与进来。通常，动物园提供教育项目，但是林地公园，因为非常关注地区发展，正在计划一项雄心勃勃的拓展项目。不仅仅是把动物们搬到当地学校，该动物园将成为本州环境教育项目活动网的中心。詹森讲了一个故事，解释了动物园能发挥的作用。几年前，一只矛隼从动物园逃了出去。"这只大鸟身上有个传感器，但是我们却找不到它。因此我们开了一场新闻发布会，"她说。全区的人，无论老少，都在寻找那只鸟，最后有人找到了它。"后来，我们收到了一个小男孩的来信，他也参与到搜寻过程中了。那次经历改变了他。他说自己从未意识到西雅图竟然有这么多的鸟，他自己生活的社区里竟然有这么多大自然的东西。"

所以让我们增加前线市民自然学者的数量，让他们来计数、列表、绘制地图、收集、保护、标记、跟踪、治愈，然后从整体上了解那些不计其数的动植物的种类，在野外，在庭院后面古怪的森林里，或者树林里，广阔的国家公园里，或者在城市中心某个社区小巷的尽头。

长在中南部的一棵树

本着人与自然社会资本的想法，我们必须创造或者改进所有社区，人类、野生动物、家畜，还有本地植物在这些社区亲密地生活。这种想法要实现，就要增加人类居住地和地球上生物的多样性。人类和大自然亲密关系问题是 21 世纪建筑学、城市规划和社会面临的挑战。

请允许我向大家介绍一位英雄，也是我的一位朋友。最近我们俩借一场会议的机会坐下来交谈了一番，这是一场关于如何把下一代人和户外联系起来的会议。

胡安·马丁内斯，26 岁，戴着平沿棒球帽，穿着宽松的卡其裤。胡安在中南部的洛杉矶长大，他在成长过程中充满怒气。"我是穷人里的穷人。人们常常取笑我，笑话我穿的衣服。我的防御机制就是痛扁他们一顿。"他回忆道。那时候似乎他就是那种一生短暂、碌碌无为的犯罪团伙的主要候选人。15 岁那年，中南部多尔西中学的一名教师给他下了最后通牒：因为考试不及格，他要么降级一年，要么参加学校的生态俱乐部。他很不情愿地选择了后者。"最开始几周时间我不和任何人说话，就专注地种墨西哥胡椒，"他说道。

"为什么是墨西哥胡椒？"我问道。

他讲诉了妈妈是如何砸碎了屋后的一片混凝土，然后用裸露出来的土壤建造了一个小花园。在那，她种了墨西哥胡椒和药用植物，包括治疗伤口和烧伤的芦荟。"每当我们生病时，她都是用这些植物给我们做茶喝，"胡安说道。"因此我想向妈妈展示我也能做，我也可以种一些植物，那样我就可以回报给她一些东西了。"

生态俱乐部和大提顿科学俱乐部组织的一次怀俄明州的大提顿国家公园旅行彻底改变了他的一生——最初带来的改变不全是好的。

"我见到了北美野牛，看到了我数都数不过来的星星。在那里，头顶上没有混凝土，没有枪声，没有直升机，"他回忆道。回到家以后，他觉得自己接触不到大自然。"那种感觉好像上瘾一样。"他参加了塞拉俱乐部建桥项目和其他户外项目，只要可以，他每个户外项目都参加，那样会把他带回大自然，逐渐成为户外领导者。"每次我旅行回来，我都会觉得自己居住的地方更令人压抑了。我把自己锁在屋里。我就是讨厌待在家里。"

他对中南部的厌恶情绪越来越强烈，他认为是"可怕的死胡同"限制了他作为领队的效率。幸运的是，他的户外导师注意到了他的抑郁情绪，也明白其中的原因。"他们让我坐下，和我谈话。后来他们带我到社区花园或者当地的空旷绿地，那些地方不是很远，坐公交车就能到。"他继续组织野外探险。

说着说着，胡安给我讲述了带领来自瓦茨的 20 名孩子到塞拉东部的背包旅行课程。他们中很多人都因为行为问题在接受药物治疗。"14 天旅行，第一天很艰难，充满了暴力、哭喊和争执，"他说，但是旅途过半时，这些年轻人开始适应这种大自然的节奏。"夜晚的篝火旁充满了笑声。他们想要的不过是被倾听，有人能听，能被认同。他们谈论着那天让他们痴迷的夜莺，或者家里的人们为什么会对毒品上瘾。"

在那团篝火面前，他发现自己开始想念数百英里外的家乡。他忽然意识到："我爱大自然的原因是因为我爱人类。"他说。胡安总结说，他停下来，去思考大自然为他个人带来了什么。"从来不是只有我！而是我对家人的爱，对我的文化、社区和不管任何情况都站在我这边的导师们的爱，"他说道。"当我不再只关心自己的微笑和心智，自己在大自然中的治疗结果后，我变得更加快乐充实。我发现让自己最快乐的事情竟然是帮助一个陌生的孩子，让他重新微笑（这个孩子被她妈妈用球拍打了，一个人被丢在路上），这样的快乐也来自帮助野营的孩子们第一次做饼干三明治，和自己第一次对着星星许愿的时候。"

那次背包旅行回来后，他树立了新目标：不再想着离开中南部，而是为它做出贡献。"我会做所有我能做到的，和整个社区分享大自然的乐趣，即使只是为夜莺搭窝，分享我们家小花园的收成，教其他人如何建有苗圃床的花园。"

从那以后，胡安的工作更忙了。他是塞拉俱乐部的全国青年志愿者协调员，儿童自然领导者网络和自然网络领队，那是拥有几百名年轻人的组织，他们中很多人都像胡安一样来自城市中心。他还建议美国内务部秘书肯·萨拉查把他们部门的最新计划投入到创建年轻人环境保护公司。胡安两次被邀请到白宫做客。

但是他总是会回到在中南部的家。

自然文化资本

胡安讲诉他妈妈种植墨西哥胡椒和药用植物时，提醒了我只关注挡在人类和大自然间的文化或者地理障碍是错误的想法。我们需要考虑已经存在的或者可以建立的与大自然联系在一起的文化联系。这就需要我们客观地思考，不仅要超越种族和人种的陈腔滥调，还需要考虑户外娱乐的意义是什么。例如，国家和州立公园的官员表示，带着尊敬和欣赏的态度，很多拉美裔美国家庭在户外聚餐，与家人团聚的社会活动现在越来越少了，他们越来越像我们一样了。那就是自然资本。

"波特兰曾经是白人的城市。越来越多的拉美裔和亚裔移民涌入，这座城市迅速发生变化。"波特兰的野生学者迈克·霍克说道。人们通常忽视这些人口在保护或者扩大城市的野生动植物物种方面的努力。他自己和这些少数社区建立联系的努力最开始没有成功，直到他向该社区一些说西班牙语的居民求助才取得进展。他们帮忙翻译了一本当地野生动植物指南。当地一家西班牙语的电台也帮了忙。在随后的集会中，有 450 名拉美裔居民参加了，而且很多人还参与到保护哥伦比亚沼泽地流域的运动中。此外，投票站民意调查显示，过去十年里，加州公园和空地建立联系的举措得到了拉美裔选民的大力支持，甚至比例远超非拉美裔的白人。"这是由你的方法决定的。"霍克说道。

非裔美国人把他们的传统带到了户外活动中。"传统观念认为非裔美国人身体和精神上都脱离了自然环境，"戴安娜·D.格拉夫在《扎根于地球：重新利用非裔美国人的遗产》一书中写道。"这种执迷不悟的想法在我们的文化中根深蒂固，很多人相信自己是对的。"历史很复杂却很丰富。森林和农场在奴隶制的阴影下存活。大自然是一个令人生畏的地方。

尽管那样，格拉夫说："非裔美国人在这片土地上主动寻找治愈、亲密关系、自然、逃跑、避难所和拯救……这些积极和消极的力量使得野外是他们的，不管是好的还是坏的。"那，也是自然资本。

在环境变化和自然缺失症多发的时代，这种经历凸显出一个真理：我们和大自然的关系不仅是保护土地和水源，还要保护和维系我们彼此之间的纽带关系。

第十二章 **纽 带**
自然法则能够加深我们和家人、朋友的关系

乏味有乏味的好处。独处也是一样，但它已被当今大量的媒体信息淹没了。偶尔独自待一段时间——不是孤独——对养育孩子和婚姻都很重要。有一次妻子凯西租了一间在沙滩上的房子，在那里度过了一个周末，没有电子产品的干扰，也不需要关注时间和照顾他人，只是听着海浪和海鸥的声音。回来时她看起来比平时年轻多了。

几年前，因为面临截稿的压力，我开车来到库亚马卡山里。我的朋友吉姆和安妮·哈贝尔邀请我临时照看他们那间霍比特人风格的房子，我打算在那里独自待上一周。

我以前也这样做过，那时也是面临着截稿日期的逼近。当时在梅莎葛兰岱山里，就在库亚马卡山脉西面，我在一间牧场工人的简易房里待了一周时间，这个房子是由废弃的有轨电车做成的。在那里，炽热的白天我专心工作，傍晚时出去漫步在这片有美洲狮的土地上。我总感觉有东西在注视着我，就在手里拿着一根干丝兰做成的手杖。每天晚上星星出现时，我会停下来，在外面一个大水池中洗澡。我会在水里漂一段时间，欣赏夜空的星星。然后再回到车厢里。

这一次，住宿的条件好多了，一间迷人的小房子，窗户玻璃上染着颜色——我也有电可用，还有一张舒服的床。在那里的第一天早上，天还蒙蒙亮，我睁开眼睛看到窗外站着一只郊狼，它正盯着我看。

起床后，煮了咖啡，然后我开始工作。

在独自一个人的日子里，伴随着飘动的云彩和扬起的微风，恍惚间我好似听到了现在已经去世的父亲和母亲的声音，还有妻子和孩子们的声音。第四天，凯西和孩子们，贾森和马修，竟然真的来看我了。即使短短几天的独处，人也可能发生微妙的改变；平时习惯说的那些话和形式变得有些奇怪。因此我们刚见面的几分钟让人感觉有点别扭。不过，这也是偶尔出来休息一下，放下丈夫、妻子和父母身份的担子是件好事，熟悉的模式能够妨碍我们真正地了解对方。

他们的拜访要结束时，凯西把我叫到一边，说贾森在家里还有没完成的任务，但是马修希望在余下的三天里和我一起在这里待着。他在家里待得实在是无聊，而且需要和他的哥哥分开一段时间（他哥哥也需要和他分开一段时间）。"当然没问题，"我说，"只要他明白我需要工作，他不得不自己玩。"

当年 11 岁的马修正处于过渡期，从童年过渡到青春期。在男孩子的一生中，这是个尤为神奇的阶段，也是时候和日常的生活轨迹脱离开，安静地度过一段时间了。

妻子和大儿子开车离开后，我和马修在屋里各处搜寻，希望能给他找些书来读。那里没有电视和收音机。更别提电子游戏了。他选了一本约翰·罗纳德·鲁埃尔·托尔金的小说，还有一本关于一个小男孩收养狼崽的书。他坐在我旁边的一张旧沙发上开始阅读，他很尊重我，知道我需要安静。

三个小时后，我才意识到他一句话都没有说。我转过身发现他已经睡着了，怀里捧着托尔金，就像捧着一只毛绒玩具熊一样。

那天晚上，我们在山里散步，在弦月的月光下，我俩一起在一个圆形的、砖砌的游泳池里游泳。后来，我们听着风声，郊狼断断续续地叽里咕噜地叫着。接下来的三天时间里，我们只是偶尔说句话，通常都是在游泳或者吃饭的时候。他是个健谈的男孩，因此看到他这么容易保持安静我很惊讶。

没有电子产品（除了我的笔记本电脑）起了作用。还有周边荒野的环境，以及他爸爸就在那里，不过比平时安静很多。我让他负责喂猫和狗。他给那些猫起了名字，它们整日在房屋周围跟着他，偶尔爬上橡树向马修炫耀。傍晚时，我们游泳或者散步，他带着相机，鬼鬼祟祟地偷拍那只在黄昏时到果园附近转悠的鹿。

我和马修的关系进入了新的节拍。这几天，我对他的了解更多了，也许他也更加了解我了，但这并非因为我的交谈，而是恰恰相反。为人父母，在这个喧嚣的时代里，如果可能的话，你一定要感受一下如此安静的时刻。

纽带

重新把每天的生活自然化是加强身体、心理和智力健康的重要组成部分，同样在生物区内建立一种目的感也能拉近父母、孩子和祖父母间的关系；甚至和更远的亲戚，没有孩子的夫妇，以及普通朋友的关系。

生活为罗恩·斯威斯古德开启新的大门时，它们通常会引导他到户外去。斯威斯古德是圣迭戈动物园环境保护研究中心的应用动物生态学主任。他和妻子贾尼丝第一次约会是在达尔泉和嘉丘皮环路，那是位于城市东部的一条小径，朝着库亚马卡山脉延伸。他们在一块露出地面的岩石上休息，罗恩摆出草莓，乳酪和起泡的葡萄汁。直到那一刻，贾尼丝才意识到这是一次约会。"在那我应该亲她的，但是我太紧张了，"罗恩说道，"我们一整天都在一起，很自然地了解了彼此，和更传统的约会相比，我们相互了解得更多。"

一个月后，贾尼丝和罗恩开始第一次旅行。他们到墨西哥的米却肯州去看在山里过冬的王蝶。不计其数的王蝶聚集在松树下，密集得你都看不见绿色的针状松叶。地面成了"铺满王蝶尸体的悲情的毯子，"他回忆道。"周围的天空也都是蝴蝶，如果我们停下脚步，一会儿工夫，王蝶就会开始落在我们身上。我的新女友深深地注视着我充满蝴蝶的眼睛——那个画面记忆犹新。"一年半以后，罗恩带着贾尼丝再次前往库拉马卡山那块突起的岩石，他曾经没有在那里和她接吻。"我鼓起勇气，准备向她求婚，就在那块岩石上，但是那是个炎热的夏天，小径上忽然冒出很多咬人的飞虫。我们在到达那块岩石之前就折回了，被虫子咬了，天气闷热，又全是汗水。我不想自己求婚时脸上带着要击掌的表情——准备拍死飞虫。"尽管如此，他们没有忘记对那里的爱。数年以后，他们给第一个孩子以那条小径命名：欧文·达尔·斯威斯古德。

罗恩告诉我，从那以后他发现了一个崭新的世界。"过去六年，就是从担当起父亲的角色后，我在大自然中的经历比前四十年没有孩子的时候，更加精彩和有意义，"他说。"孩子们让我更深层次地和大自然联系在一起。他们帮助开启了我的双眼——训练有素的动物生态学者的眼睛——看到了我从未见过的大自然，或者说是童年时期那些想不起来的回忆。"

这样的话出自有着绝佳的大自然事业背景的男人之口实在让人惊讶。轻声细语，同时悠闲却又紧张，他这样描述自己之前的冒险经历：在非洲，他如何差点"第一次成为食物链的一部分"，一头犀牛向他冲过来，在几英尺远的地方停了下来，一头水牛把犀牛追回了树林里；在秘鲁的雨林里，他坐在那里，看着动物们成群地经过，"像动物潮一样"，有嘴唇发白的野猪，"它们的长牙发出劈啪声和哼声，"还有棕色的卷尾猴，"从一棵棕榈树的叶子跳到另一棵树上。"但是现在，他说，"我花更多时间看地上爬来爬去的虫子。在大自然中我的行动特别缓慢，因此，我在大自然中的时间也更久。"

大自然放松并打开交流的渠道，他解释说。"在大自然中，父母可以和孩子们一起感受，但在查克芝士可不行。"

特殊的人和特殊的地方：
依恋原理和大自然

家庭，即使跨越几代人，也可以因为对棒球的共同喜爱，或是家族产业，其他共同的利益而连接在一起，但是大自然有它自己的神奇力量。逃离现代生活不间断的、吵闹的嘟嘟声，真正有机会和他人共度一段精力集中的时间，没有什么比在树林里散步更好的了。

"研究并没有特别关注户外经历和父母与孩子依赖程度间的关系，当然，无论在室内还是室外，父母都能够对他们的宝贝和孩子很敏感和富有责任感，但是，在很多情况下，自然世界似乎更能够促进父母与孩子间的联系并制造出更细腻的互动，"发展心理学者玛莎·法雷尔·埃里克森说道。她是明尼苏达大学儿童、少年和家庭联盟的创始人和主席，还是儿童心理学中的依恋原理专家。2009 年她在《儿童和大自然关系网》上发表的一篇文章中写道，"孩子刚出生那年，与他逐渐地、缓慢地建立起来的父母与婴幼儿的依赖关系是孩子生命中第一个亲密的关系，在很大程度上，是后来的所有关系的一个典范。"

针对儿童和最初的看管人间的依赖关系的重要性，以及那种关系如何影响一个人一生的相关研究从 20 世纪 60 年代就逐渐增多了。孩子的看护者和其他成年人能够为孩子提供一种安全感，建立依赖关系的主要责任都在于最初的看护人——父母、祖父母，或者是监护人。在美国大约 70% 的婴儿能够发展"安全"的依赖关系，但是大约 30% 的婴儿在经历"不安全的"或者"焦虑的"依赖关系。据发展心理学家介绍，积极的早期依赖关系和孩子（以及这些日后变为成年人的孩子）是否把世界看成安全的地方，能否学会信任和影响身边的人，以及是否有能力寻找他们所需要的，还有是否自信，有热情等是紧密联系的。

从电子产品中脱离出来，带着孩子"到后院、公园，或者自然的小径上，"埃里克森写道，能够消除那些让人分心的事，"并且为所谓的'情感分享'创造机会——一起哦哦啊啊地享受阳光透过大树的叶子照到地面，感受粗糙的树皮和树干上柔软的苔藓，倾听鸟儿或者松鼠的叫声，感受绵软的春雨或者冬天雪花落在脸上的感觉。"

在大自然里度过的时光帮助孩子和家长建立他们共有的依赖感，并减少压力。"遵循一起更多地体验大自然的药方，家人们会发现双赢的效果，作为个体的孩子和成年人都会从中受益，尽管他们是在加强所有孩子所需要的重要的家庭纽带关系，"她说。"因为我们这些成年人，需要学习许多大自然的知识，这些户外经历就是我们和孩子们一起学习，或者向孩子们学习的机会。这种互动产生的互惠性和相互尊重是孩子从童年向成人过渡阶段，亲密的父母、孩子关系的重要组成部分。"随着孩子逐渐长大，"在户外分享冒险和安静时刻的可能性会急剧增多"。

至少，这样的时刻为家庭成员带来了可以一起分享的回忆的礼物。迈克尔·伊顿，密苏里州斯普林菲尔德市的一位父亲，他回忆了这样的时刻："有一次，在姻亲家的农场里，吃完圣诞节晚饭，我和儿子出去在雪中散步。"在树林里，他们倚着身子躺着，"听雪花飘落的声音，然后大概睡着了五分钟。"七年后，他仍然记得那一时刻。"那是我和他一起度过的最美好的五分钟。"

对于家长来说，尤其是那些在自己成长过程中缺失大自然经历的家长们，迈出到野外的第一步可能会感觉很尴尬。幸运的是，我们有很多地方可以寻求帮助或者建议，包括指南书籍、网站、户外活动组织。一家人可以在月圆之夜去外面散步，讲述过去野外冒险的故事，开车到乡间去观察鸟类和其他野生动植物，一起学习跟踪。你们还可以去徒步，钓鱼，宿营，或者是一起进行拍摄野生动植物的旅行。你可以把绿色一小时行动（国家野生动植物联盟建议每天在野外待上一个小时）定为家里的传统。

在户外一起工作很有效。一起做园艺的家人们可以为自己提供食物，或许还可以和邻居分享，或者捐赠到食物银行。在城市社区里，他们可以在楼梯平台、露天平台、阳台或者是屋顶平台建造花园。家庭成员可以去对公众开放的农场或者果园采摘莓果、其他水果或是蔬菜。（尽管最近几十年，家庭式农场已经差不多都消失了，有机园艺和慢食运动保证要让家庭农场和牧场再次复兴。建立与大自然纽带关系的另一条途径就是与这些运动联系起来。）

露易丝·乔拉是研究大自然对人类发展的影响的一位著名专家，我们早些时候见过面，她描述人类对"特殊的地方和特殊的人"的需要时，提到了雷切尔·卡森的观点，即如何帮助年轻人发展和大自然积极的关系。祖父母可以是很棒的资源。和孩子父母相比，他们拥有更多的闲暇时间，或者至少时间安排比较随意。多数祖父母都还能记得，童年时在野外玩耍是孩子该做的事。他们会想把那个传统传承下去——也会在这个过程中充实自己。玛莎·埃里克森同意这个观点，从专业和个人的角度而言。"数年来，我发现即使是很短时间的'自然休息'，也会在经历极其有挑战性的一天时间里，让我平静下来，注意力集中起来，"她写道。"我在车的后备箱里总放几把可以折叠的帆布椅子，忙碌的一天里，我会找到一片长满青草的地方（或者寒冷的冬日里一块有雪的地方），然后坐在椅子上休息几分钟，深呼吸，身边的大自然使我平静下来。我有这么'几把'椅子的原因是因为我的长孙也同意这个在大自然中休息的想法，我们一起出去时，他也很喜欢我的方式。"

住在加州北部的威利塔·伯奇是自然联系组织——着迷大自然中的活跃分子，这个组织举办了更加精心制作的祖父母大自然活动。五年来，她和丈夫每年都会和孩子以及孙子孙女们在加州的熊谷待上一周时间。三个孙子孙女大部分时间都在河边玩耍；父亲们带着孩子攀岩，寻找蜥蜴，徒步，钓鱼。每年，在要启程回家的时候，她带着三个孙子孙女到森林里"去参观我曾经发现的，祖父母的红杉树。我们坐在这些雄伟的树下，举行一个仪式，感谢这些美好的时光，"她回忆道。"孩子们带着石头、树叶，任何他们觉得有特殊意义的东西。他们参加仪式时，态度认真。我知道，在这片风景秀丽的地方度过的时光，还有我们表达感激的仪式对他们来说都是永恒的回忆。"

伯奇说她个人感觉通过大自然建立起来的家庭纽带更深。她曾经安静地坐在花园里，感受到"一种独特的和家人在一起的感觉"——那些果树、花朵、灌木和草地都是家庭延伸出的一部分，"它们的能量就在那里，只要我愿意接受它们的帮助，就可以得到它们的能量。"她丈夫最近被诊断为帕金森病。"他会经常坐在外面接受太阳温暖的辐射，还有来自花园'家庭'成员们的治愈性的礼物。他没希望能够治愈帕金森病，但是他平静地接受了这一切，认为这是他人生旅途中的另一段经历。"

家庭自然俱乐部

家庭可以通过和其他家庭的联系来建立和大自然的纽带关系。2008年，我收到了一封奇普·多纳休写来的邮件，他来自弗吉尼亚州罗阿诺克镇，是一个三岁孩子的父亲和小学二年级的教师。读完《林间最后的小孩》，奇普和妻子阿什利联系到了我，告诉我他们是如何开始把多数周末时间都用来徒步和进行其他户外冒险运动的。一天，他们五岁的儿子问道，"为什么只有我们家人拥有这种快乐呢？"

在圣诞节休假期间，多纳休一家人坐下来，把接下来一年里每月的冒险行程都画了出来。然后他们决定邀请邻居们一起进行第一次的冒险。出乎意料的是，第一次活动时五个从未见过的家庭加入到其中。那天天气很冷，于是聚在一起的家长们决定进行室内手工艺品活动和给孩子们读大自然的故事。再一次，一个小孩——四岁的小女孩——想到了更好的主意。她走向奇普说，"喂，先生，我们什么时候到外面去啊？"这些家庭成员们都穿得暖暖的，然后开始徒步。如今，无论下雨还是日晒，他们都会到外面去。"随着口口相传和当地报纸的两篇文章，我们的成员数量已经增加到六百个家庭。"多纳休说道。

名册里的家庭们通过邮件、网络或者电话安排游玩的约会。有些户外活动就是为了在外面找点乐趣，而有些是为恢复自然项目志愿做些事。奇普和阿什利把他们的俱乐部正规化，起名为"山谷里的孩子，探险！（KIVA）"。"我们每月会在俱乐部内部发邮件，列出值得推荐的地点，供不同家庭去游玩，还有不同的书籍来阅读。"他说。自然郊游和内部通信都是免费的。为了安全和家庭成员间的纽带关系，他强调一条绝对的要求：家长或者监护人必须时刻跟在自己孩子身边。"我们说，'留在身边，和孩子在一起创造回忆。'"参加家庭自然俱乐部——对成年人，还有孩子都有效——还有很多其他原因：

俱乐部的办法可以消除障碍，包括恐惧，因为参与者数量众多，安全可以得到保障。

俱乐部可以建立在任何社区，无论是城市内、郊区还是乡村；他们有助于社区和地方感的建立。

任何家庭都可以参加，任何家庭都可以组建俱乐部。

动机因素：你和家人更加可能在周六早晨来到公园，因为你知道还有别的家庭在等着你们。

分享知识：很多家长都想给予孩子们大自然的礼物，但是他们觉得自己对大自然的了解还不够多。

还有，重要的是，没有必要等别人出资。家庭成员们可以自己做这些事，而且现在就能做。

在全国广播公司的《今日秀》上受到全国关注的罗阿诺克冒险并不是独一无二的。美国现在有近百个这样的俱乐部。其中，罗德岛的一个俱乐部还制作了专门的手机应用，方便家庭间的沟通。来自奥杜邦协会，纽约州橘子镇的家长志愿者们担心当地小径是否已变得空旷，于是建立了一家自由的家庭自然研究俱乐部，叫做自然散步者。洛林·基尔，自然散步者组织中的成员，描述自己的经历，一个可能极富感染力的故事："我向孩子们展示雪地里的脚印时，问他们这是谁的脚印，我在培养他们的洞察力……穿过溪流需要的是勇气和完善的计划。在一切都被大雪覆盖时，拿种子喂鸟是一种善良的行为。观察黄蜂为幼虫向地下的巢穴里塞食物体现着奉献。挖最深的洞需要策略和力量……懂得如何在没有火柴的情况下点火是获得安全感，和有能力识别哪些是可以食用的东西一样。

米歇尔·惠特克，是加拿大多伦多一家名为积极孩子俱乐部的长期会员，这是个家长与孩子的自然俱乐部，她曾经怀疑在大自然里的所有时间都是珍贵的。"第一次得知户外体验的重要性时，我的第一反应是忽略这种说法。如果这个说法没有出现在我的那些'为人父母之道'的书籍和研究中，那么它就不可能那么重要。"她和女儿一起加入了这个俱乐部，因为女儿和该俱乐部的创建者的孩子是朋友，斯科特想要鼓励这种关系。"因此我们一起到户外。感觉还不错，所以干嘛不去呢？我们每周无论什么样的天气都会出去一次。我发现那些日子里女儿的睡眠和食欲都变好了。我自己的睡眠也变好了，而且心情更愉悦。"尤其是在冬天那些月份里，在外面活动以后，那些让人讨厌的事情对斯科特和她女儿来说都不那么重要了。"我女儿对自己和她的能力都更有信心了。我真希望我们早点开始。"

家庭自然俱乐部的多数组织者都强调，重点在于独立玩耍——重在经历，而不是信息。但是"俱乐部"这个概念不是正和独立玩耍相反吗？奇普·多纳休和阿什利·多纳休夫妇并不这样认为。最初他们带孩子到户外冒险时——在建立俱乐部之前——孩子们会经常抱怨，黏着他们。但是，其他家庭加入后，孩子们脱离成年人，不再抱怨，而是开始自己认真地玩耍。

贝特·阿尔默利斯，另一位家长很好地平衡了保护的需要以及孩子独立玩耍的需要，她称自己是"蜂鸟式家长"而不是更有控制欲的"直升机家长"。"我尽量保持身体上的距离，让他们自己探索和解决问题，但是一旦有安全问题时我就会及时赶过去（实际上这种情况很少发生）。"

在圣迭戈，罗恩·斯威斯古德和贾尼丝·斯威斯古德受到家庭自然俱乐部趋势的影响，也建立了自己的俱乐部：大自然中的家庭冒险（FAN）。从那以后，大自然中的家庭冒险在全市发展了很多分会。罗恩描述了几个来自城郊的家庭第一次在附近长满桉树的峡谷见面时的场景。下车后几分钟，这些家庭就离开了小径。"我们在一条小溪边，眼前是最近一场暴风造成的混乱——倒下的树木，倒置的根部（在下面制造了个小型的泥土洞），洪水冲刷过留下的残骸，"罗恩回忆道。斯威斯古德家的长子"花了很大力气才确保他身上的衣服没有被埋在泥土里"。孩子们建起了水坝，用棍子挖开泥土。"让我惊讶的是，大家竟然如此迅速地实现团队合作，互相交流，达成一致意见。家长们也加入帮忙，或者和孩子们一起感受大自然，不在乎自己是否和这些孩子们有着同样的基因。"

大自然最吸引人的一面，他接着说："是它创造的社会凝聚力"——它把成年人吸引到一起的方式可能不会在典型的聚会上发生。

在家庭大自然俱乐部远足的时候，令他印象深刻的是，大人们之间平等地交谈。其他场合，不同家庭聚在一起，"要么家长一直都在谈论成年人的话题，几乎忽略孩子们，要么他们只是关注孩子，彼此之间不能好好交谈。"
成年人在家庭大自然俱乐部户外活动的谈话完全不同。"让我惊讶的是站在
桉树下，人们的谈话在孩子们关注的娱乐话题和'有智慧的'成人话题间自
然地来回切换。和鸡尾酒会相比，我发现在树林里更容易了解他人。"

徒步者对生活和浪漫的指南

我们不要要求孩子去体验和大自然力量建立起的纽带联系。像斯威斯
古德夫妇一样，乔纳森·斯塔尔和阿曼达·泰森加深彼此的关系，还有和
朋友，社区间的关系——每次一小步。

遇到阿曼达之前，乔纳森已经对和大自然建立关系有所了解。"我
是一名来自新泽西的紧张不安的一年级学生，从未徒步旅行过，这是我第
一次和一群有些许共同点的陌生人一起去徒步旅行，"斯塔尔说道。"重
要的是，我们都想在上大学之前结交些新朋友，也都喜欢在户外活动。当
时，我并没有意识到佛蒙特大学野生徒步旅行项目能对我有如此深刻和长
久的影响，更别提它对我的事业道路的影响。"

大学入学前的户外活动主要是为了缓解那些从高中向大学过渡的新
生们，斯塔尔解释道。"我们大约十人，包括两个学生领队，一起徒步，
宿营，像一个团队一样在一起生活五天时间，探索佛蒙特长径的最北部地
区。"后来，在麻省大学阿姆赫斯特分校，他和该校的峰会野外项目合
作，用时尚的户外冒险帮助学生获得"他们所需要的成功地从野外和在大
型公立大学中找到正确方向的技能"。

在这一过程中，他遇到了未婚妻阿曼达。"我们的订婚冒险之旅，或
者'野外意向的婚姻'。"乔纳森说，他和阿曼达决定去太平洋山脊小径

徒步。那条路上，他们花时间反思自己学到的——尤其是两人的关系——然后把他们的想法写在了旅行博客上。还有其他教训，他们学到了，即使细致的、周全的计划，也会不断发生改变。他们学会了"倾听身体，知道何时该说，何时需要（水，休息，食物，疼痛等）"。他们学会"分享……所有一切！"他们学到"很多应该加热后食用的食物在凉着的时候吃也不错……除了阿曼达冷冻干燥的鸡蛋。"阿曼达学会照顾她的东西，不会在"月光下弄丢这些东西。"随着每晚寻找新的地方安置他们的帐篷，他们明白无论在哪，"只要我们俩在一起，我们就有在家的感觉。"

徒步两千英里（约合 3200 千米）并不是每对夫妻心目中的浪漫约会。客房服务有它自己浪漫的魅力。但是从长途旅行中的收获，以及给予他们新的婚姻的力量，让一切付出都值得。不管以后他们是否会有孩子，他们期待着前方的道路，乔纳森说道，也期待着学习更多"自己、彼此和地球"的知识。

"我们会种植 130 万棵树，卫生服务体系每个员工一棵树，这样就能为岛上的城市热效应降温，提供阴凉，缓解压力，增加活力。"

这种想法的累积效应最终会导致美国全国的，乃至全球的自然健康疗养的革新。达芙妮·米勒和其他医疗健康专业人士已经在着手加速该变革的进程。"如果你下次去看医生，他在递给你化验单的同时递给你一张路径图和旅行指南，你可不要惊讶啊，"她说。"实际上，如果他没给你，你应该向他要一张。"

改革医疗保健体系不仅需要制度上的改变，还要求有严格的科研和哲学的进化，超越人们通常脑海里的预防医疗护理。这种改变，朝着自然健康的改变可以有组织地实现——在个体中实现，在社会和家庭关系网络中实现，还有在我们为年幼的和年长的人创造的生活环境中实现。

第四部分

创造自己的伊甸园

我们生活、工作和休闲娱乐的地方需要高科技，需要回归自然

　　这片土地如此神奇，这里的生活就是爱与休憩；我们
所见的一切——穹顶，墓穴，鸟巢，或是堡垒，皆是自然
这位圣贤的馈赠。

——威廉·华兹华斯

第十三章　家中的自然法则

风水的奥秘

"大自然不是旅游景点，而是我们的家。"

——加里·斯奈德

凯伦·哈维尔家的院子只有 600 平方英尺（约合 56 平方米），但在这片小天地中，养了鸭子，蜜蜂，种了 18 棵矮矮的果树，还有一个有机蔬菜园。在这里，你可以休息、阅读、思考；附近的孩子们也常常来此玩耍。这群孩子和小狗萨默一起玩，去兔笼子里抓小兔子，在这个地方他们畅所欲言。

"早上起来，我脱掉睡衣，套上背心，和萨默一起到门前转转，在花园散散步，就这样开始美妙的一天，"哈维尔和我在她的微型农场里散步时告诉我。不知怎么地，我觉得她在这里和我交谈，是希望我们可以敞开心扉，畅所欲言。

哈维尔已经 60 多岁了，在旧金山海岸区非常有名，因为她是著名的国际组织"探索地方感"的领导者，这个组织带领人们深入探索当地的生态系统，丰富大家的生活。但是她告诉我，在家里你同样可以感受到自然的魅力。"来这里，你看看我养的鸭子，"她说。她给自己的小花园取名"当娜·梅多斯的儿童生态乐园"。已故的德内拉·当娜·梅多斯是哈维尔的偶像，曾写过《增长的极限》一书，并创立了可持续发展研究所，并在佛蒙特州帮助建立了生态村和生态农场。

三只鸭子从我们面前摇摇摆摆地走过。哈维尔本来想买几只鸡来养，但是后来一想鸭子也下蛋，而且她觉得鸭子更有性格。晚上，她把鸭子赶进铁丝网做成的鸭舍，免得浣熊夜里袭击它们。

走到哪，我都能踩到黄色的鸭屎。"我们把这些鸭屎叫做黄金肥料。这下你明白我们的果树为什么长势喜人了吧。"一棵树下的篮子中装满了五颜六色的塑料鞋。"这些鞋是给孩子们穿的，我们可不想孩子将满脚的鸭屎带回家中，把地毯弄脏。"

这片小天地产量惊人，食物种类十分丰富：巴特利特梨、黑色无花果、油桃、三种玉米、黄瓜、茄子、青豆、甜瓜、南瓜、萝卜、胡萝卜、向日葵、树莓、蓝莓、柑橘、鳄梨、香草、生菜、菠菜、土豆、西兰花、菜花、圆白菜和草莓。在她称之为森林花园的地方，种有当地的植物，比如木玫瑰、加州罂粟花和太平洋山茱萸。虽然只有一个蜂巢，今年却产出440 磅（约合 400 斤）蜂蜜。这个花园几乎能满足哈维尔的日常生活；其他的生活用品则从附近的农贸市场上购买。"我总是吃当季的食物。"

哈维尔认为要吃自己种的食物，家里要节能，她还使用可循环利用的材料。"所有的长凳，还有外面的天台，都是用盖房子剩下的木头做成的。"

我们当时坐在可回收利用的红木长凳上，沐浴着加州的阳光。太阳能屋顶和两块太阳能板为房子供应电和热水。"除了池塘抽水机，我不用缴纳任何电费。不过抽水机的电费可不少，大概一个月90美元。"

节能是构建生态屋的重要组成部分。但是令哈维尔最自豪的是生态屋改变了邻居们，特别是周围的孩子们，最开始是玛戈特，现在已经14岁了。"她和弟弟博文是最早来这里玩的孩子。他们教会了鸭子游泳。我建池塘时，试图把鸭子们放进去，但是它们总是跑出来。'救命，救命，你以为我们是什么，鸭子吗？'博文先教会了韦伯游泳，是一只小公鸭。他轻轻握着小鸭子的蹼，让它感受水，最终学会了游泳。其他的鸭子看到韦伯游泳，就开始想'韦伯好像挺享受啊'。"

冬天开始播种农作物，哈维尔告诉孩子们，"种子就像小婴儿，你们要好好照顾它们。"每天早上，她将一车种子放在仓库门前晾晒，并在旁边摆上洒水壶。孩子们上学和放学经过时，就过来给种子喷点水。

附近的孩子都知道"当娜·梅多斯的儿童生态乐园"是他们的乐园。每当菠菜丰收时，哈维尔会叫孩子们过来帮忙，有时孩子们的父母也会过来。"过来这边，你看看邻居们在做什么。看到那条人行路了吗？他们种了甜瓜。那边种上了西红柿。"哈维尔的哲学已经在附近的社区流传开来，就像她花园里的南瓜藤，四处蔓延。所以你看，生态屋不仅仅是座美丽的大厦。最可贵的是这里有人与自然的社会资本。

哈维尔屋子里也和外面一样精彩。屋内到处是生态的硕果：一堆鸭子标本、各种鸟的海报和盆栽植物。这些生态屋的实践者和倡导回归自然理念的设计师，所做的改变虽然很小，但却是创造了心灵的舒适感。

生态屋和生态园

她（哈维尔）还可以更时尚些。康涅狄克州的一名室内设计师，他的房子是那种大牧场风格，天花板很高，于是他把八颗死了的桦树搬进客厅做装饰。汤姆·曼塞尔，这位来自密歇根州安娜堡的 30 岁视频编辑，录下了很多大自然的声音，来装饰他的家。

当下人们对回归自然的家的兴趣，部分源于"风水"的流行，风水是中国古代哲学，起源于道教，一些设计师在规划房间或选取墓地时会先看看此地的风水，是否有利于人体的"气"，气在中国哲学中，指存于世间万物的可以循环的生命力量。"风水好"的地方，物体摆放的方向和内部设置可以将周围环境的能量尽可能地释放出来，比如土地的坡度、植物、土壤质量和微生态环境。

现在另一个类似的印度哲学观念也在复兴，叫做瓦士图·沙史塔或印度堪舆，这是一个梵文词，翻译过来大致是"能量"的意思，它也有自己的设计原则。（比如：不要把床摆在房间的西南角，因为西南方向是火元素活跃的地方。这对人的睡眠不益。）

和很多人一样，我也很怀疑这种听起来需要一个神圣的解密戒指的哲学。但是生态屋并不需要相信印度堪舆。也不需要购买展现西藏群山的高清墙板。

让家回归自然与原生态，这一市场正在蓬勃发展。环境敏感型自然装饰的销售节节攀升。例如，一家按照商品目录销售的公司，维瓦·泰拉公司，销售树木嫩枝做成的家具，比如，回收木头做成"葡萄冷杉梳妆台"，可持续使用的竹纤维织成的睡袍，充满田园气息的长凳，是杉木根球人工雕刻而成。其中，最有趣最流行的家庭回归自然技术就是室内或室外垂直花园，这个花园带有自动灌溉系统和用来种植植物的栅栏和嵌板。一家名为耐德罗的生态墙公司生产一种室内生态墙，有无花果树、木槿、兰花和许多其他植物。这项技术，最初研发是为了宇航员在执行太空任务时维持生命和改善空气质量，据说可以消除室内 80% 的甲醛和有毒物质。起初，这家公司专做商业建筑的生态墙，但是现在家居市场火爆。其中一个原因是公众对室内空气质量太差的意识开始觉醒。生态墙也有缺点，如必须采用生物方法治虫；室内湿度增加，相伴随的霉菌数量也增加。不是每个空气质量科学家都相信室内植物是有效的空气过滤器。也有很多人说室内植物确实可以改善心情，增加幸福感。

对于一些人和一些研究者而言，新兴的高科技和回归自然的家居设计哲学包括储存能量、使用环境友好型材料和秉承生态设计原则来改善健康状况，增加活力和美丽。

一所混合型房子可能会有收集雨水的池塘、可以使用 80 年的超级绝缘绿色屋顶，或许还会有屹立一个世纪不倒的稻草墙。还有可循环利用的横梁、木头灰泥墙（木头嵌在灰泥中）、混有循环纸浆的水泥和充气物质。由于这些房屋十分节能，所以不需要空调。与此同时，还可以增加地热系统，这样就可以利用地下的温度，为照明提供电力的太阳能光板，通过窗边的光线感应器调节全天光线的荧光灯、玻璃内的警告鸟类装置、对运动敏感的电灯开关、电子感应水龙头和皂液器、节水小便器和节水马桶、与天窗合为一体或镶嵌在室内水景的太阳能光板，或许室内水上乐园里还安装了废水自动循环系统。位于堪萨斯州朋纳斯普陵市的自然全景公司，就是众多建造无氯气"纯天然游泳池"的公司，这种叫法早在 20 年前的欧洲就已经出现。这种游泳池，四周由橡胶或聚乙烯材料围成，水中有一片再生清洁区，由水生植物、岩石、一些散放的砾石和充当水池过滤器的友好细菌组成。这样的纯天然游泳池可以设计得很现代，也可以很古朴，当一些大石头和植物围绕在游泳池周围，你除了可以享受到完全没有氯气的水，还能在这种人造的生态系统中变得更加健康。

虚拟自然的室内设计

一些城市的分区法严禁天窗超过 2 平方英尺（约合 0.19 平方米），所以位于艾奥瓦州费尔菲尔德市的天空创意公司就销售一种虚构出天空景象的天花板，这种天花板不仅可以模拟各种自然光线，电脑程序还可以改变光线，使得天花板演绎出日出和日落的景象。该公司设计各种各样的虚拟天花板，专为改善健康和幸福感设计，可供家庭、医院和赌场使用。这家公司称他们代表性的天空天花板为"带给你产生置身真正苍穹下的真实体验"，天花板上，云朵不断变化，四季更替，光线和颜色的调节演绎日出日落的变幻，甚至还有鸟儿在头顶飞过。这样虚拟自然的室内设计也确实引发了一些问题。

华盛顿大学的研究者彼得·卡恩和他的同事比较了在三个不同工作环境中人们的反应。第一个工作地点有扇真的窗户，透过窗外可以看到真正的自然景观；第二个则是通过高清电视屏模拟出自然环境；第三个就是墙壁。研究发现，在第一个工作环境下的人生理状态恢复得最快，第二个工作环境下的人比第三个恢复得快。在卡恩的《人工自然》一书中,有个参与实验的人评论他在高清电视屏营造的自然环境中的感受:"这个屏幕可以把我带到世界任何一个地方,但是我却闻不到任何味道……所以图片就是图片。虽然模拟得很像,但终归不是真正的大自然。"高清电视屏被移除时,另一位参与者感到很痛苦。"我特别想念那种感觉,花点时间去看外面发生了什么,只是看看外面的世界,多多少少会改变一点你的思维。这对我而言很可能是最宝贵的财富。"

卡恩的高清显示屏并不能解决"视差问题,就是人们在显示屏前移动时,景象却不随之改变"。要解决这一难题要等几十年。但是即使解决不了,这样的窗户也将必然成为家中和办公室里的必备装饰。设计这样的"窗户"也并不完全是为了节能。一些欧洲国家的法律禁止办公室没有窗户。这种虚拟窗户就成为了解决之道。随着真实自然的供应不断减少(从经济学角度看),人工自然的需求就会不断上升。《林间最后的小孩》出版后不久,一家公司就开始销售声称可以"治愈自然缺失症"的自然画面电脑屏幕。如果人类继续破坏自然,居住环境的设计者,按照卡恩的说法,"逐渐将自然从都市生活中分割出去。"真实自然的好处也将"逐渐从我们的视野中慢慢消失。我们不应该让这样的惨剧发生"。

首先要做的就是打破室内和室外的界线。环境心理学家朱迪思·赫尔瓦根建议:"大部分庭园设计常常只是从外面看上去还不错,但是真正应该做的是在园内设计更好的景观。"室内景观可以是树林,也可以是其他自然地貌,比如小溪、湖泊或河流。中国和日本的园林设计师很久以前就掌握了这一设计理念。而居住空间有限的都市人,微型盆栽或各式各样的低矮植物可以装饰阳台和窗台。甚至,屋顶花园或绿色屋顶都可以创造一个将室内与室外连接起来的居住环境。

　　著名建筑师盖尔·林德赛，遵循人类天性热爱自然的生态理念，她和丈夫共同建造并设计了他们的家，虽然设计时他们非常关注节能问题，但最主要的目的还是创造一个温馨的港湾，可以休憩心灵，获得健康、快乐和美的享受。我问林德赛，有什么建议可以给想建个新家或准备重新装修的人们。她的建议就是：房子的位置最好和太阳的运动同步，这样不管是睡觉还是醒来房间里都有光亮。无论你在哪，都要尽量就近取材，这样才能将你所在地的大自然带进家中。在朝南的墙上安上大窗户，这样不仅形成了一个被动式太阳能加热系统，还能欣赏自然风光。利用位置合适的窗户和高挂在天花板上的风扇打造天然通风设备。"我们家里的窗户常年开着；夜晚溪边的蛙鸣声和昆虫的叫声此起彼伏，我丈夫常常站在窗边欣赏这美妙的小夜曲，"她说。"春天的黄昏，他则站在露台上聆听。再暖和一些，室内的植物就慢慢生长到露台上，我们与小鸟们和其他动物一起享受我们的室外'小屋'。"

后院革命

　　我非常羡慕凯伦·哈维尔拥有那样一个院子，我想念那种自然的荒野感。但是郊区或者都市里的庭院（很矛盾）如何才能像哈维尔的院子那样呢？

　　莫里森—努森自然中心位于爱达荷州首府博伊西的城市居民区中，它的设计为都市庭院提供了一些颇具想象力的意见。在博伊西，要想接触大自然非常容易。距离市中心大约 20 分钟的车程，就有许多盛产鳟鱼的溪流和成群的麋鹿。这座自然中心占地 4.6 英亩（约合 6 亩），沿着靠近市中心的博伊西河绿化带而建，这个绿化带包括毗邻河流的溪畔漫游径和一座小型公园。接待访客的大楼里有间特别的房间，房间有面玻璃墙，透过它可以欣赏爱达荷州的自然风光。

有一天，我站在这面玻璃墙前，感觉好像被送到了另一个世界。透过水下的观景玻璃，我看到了当地盛产的鳟鱼。向上你会看到各种鸟，下面还见到麝鼠，工作人员告诉我偶尔还会有麋鹿到这里闲逛。我当时想这间屋子和它的视觉奇观完败电视；但是有个问题，假如居民区围绕一个生态良好的野生动物栖息地而建会怎样呢？一些中产阶级居民区的开发商在开发时，会尽量靠近大自然，这样通过窗户、玻璃墙甚至自家走廊就可看到自然风光。但是我想知道，在这些新的或者已经建成的居民区，能不能采取一些手段，不要对野生动物造成不良影响。

我的好友凯伦·兰登和迪恩·斯塔尔在西雅图就拥有一片微型野生动物栖息地。20世纪70年代，凯伦前往佛罗里达群岛拜访祖父母，那是她人生第一次真正见识到鸟类的神奇。在那里，房后的运河中，鹈鹕自由地游水嬉戏，一只大蓝鹭跑过来要鱼吃。去沼泽地时，她拍到了一只巨大的白鹭，那一刻，她的观念彻底转变了。"我深深地陷入了对鸟类的热爱。就在那一瞬间，我成了个鸟类爱好者。多年后在西雅图的一个夜晚，夜间雾气深重，我在花园中散步，突然感到存在的意义。这种感悟震撼了我。鸟儿们在我们看不到的篱笆和树上沉睡。我突然明白了，它们一直住在我们周围，不是那种真正地住在一起——几乎在另一个平行的世界——除非你去观察。鸟类是造物主神奇美丽的作品，如此神秘，如此富有生命的活力，我总是想看到它们。"

他们的后院和大多数郊区的后院没什么区别，但是迪恩种了许多吸引鸟类的植物、树木和灌木丛，这些树木从不修剪，就保持最自然的状态。

几十年了，这个居民区在空地上种了许多黑莓树和低矮的沙龙白珠树丛，养了大概 20 只加利福尼亚鹌鹑。这些小家伙在这里散步，繁殖，偶尔会被野猫和鹰吃掉，但是数量总是维持在 20 只左右。但是，有一年三月，竟然只剩下两只雌鹌鹑。"一只在屋顶叫了两个月，寻找同伴，后来也失踪了，"凯伦说。"五月份，我们已经放弃了，这时一只雌鹌鹑带了一只雄鹌鹑从北边的小路过来了，它们在附近有个窝。雄鹌鹑很快就被杀死了。这只雌鹌鹑独自抚养孩子们。我们意识到这是留住小家伙们最后的机会了，决定做些什么。"凯伦和一个朋友给居民区所在地的 144 户人家写了一封信，信的开头是这样的："对我们很多人来说，鹌鹑已然成为我们社区的标志。"这次倡议活动最终使得大家开始"盯住鹌鹑"，保护了这些小家伙们两年之久。现在这些鸟都已经走了，但是它们的存在确实给社区的许多人一个机会，更多地了解窗外的野生动物们的生活，陪伴着它们一起成长。

有些人不能接受错位的同情或浪漫自然之类的观念。但我们就住在地球上。艺术批评家约翰·伯格在《看》一书中写道，"动物，扮演的是"使者"的角色，代表着神的承诺，它们最初是以这样的形象进入人们的想象中。"直到 19 世纪，"拟人论成为人与动物关系的重要组成部分，也是两者亲近的一种表达。"而今天，我们与动物的严重分离，使得动物，当然只是在我们看来，失去了"经验和秘密。"而这种分离也掏空了我们人类自己。

道格·特拉梅并不认同拟人论，但是他认为来自自然环境的信息已然陷入困境。动物栖息地的分裂和退化正在破坏鸟类和蝴蝶的迁徙路径，也在减少动物多样性，但是特拉梅相信就从后院的改善开始，我们可以改变这可怕的趋势。特拉梅，这位来自特拉华州大学昆虫学和动物生态学部的教授和主席，本是十分谦和的人，却提出了个十分激进的观点：恢复北美生物多样性的希望就在家庭内部花园。"我的意思主要是指除非我们重新大量种植郊区生态系统曾有的植物，否则恢复生物多样性的未来黯淡无光。"他后来为这暗黑的预言提出了两点乐观的希望："首先，也是最重要的，现在拯救人类赖以生存的生态系统中的大部分植物和动物还不算太晚。其次，在大部分人类聚居地重新恢复原生植被相对而言比较容易。"历史第一次，他辩论道，"园艺的作用已经超越了满足园艺工作者的需要。不管喜欢与否，园丁们已然成为保护我国野生动植物的重要力量。现在是时候依靠园艺师来做一件我们一直梦想的事情了：'做出改变。'这种情况下的'改变'意味着改变生物多样性的未来状况、北美原生植物和动物的生存状况与供养他们的生态系统。"

特拉梅的努力不禁令人想起迈克尔·L. 罗森茨威格，罗森茨威格是来自图森市亚利桑那州立大学的一名生态学者，他创建并发展壮大了亚利桑那州立大学的生态学和进化生物学部。在《双赢生态学》一书中，他普及了"和谐生态"的概念，这一概念是指"在人类生活、工作、玩耍的地方发明、建立和维持新的栖息地以保护物种多样性的一门科学"。罗森茨威格通过分析从全世界收集数据，发现了物种灭亡和原生栖息地消失之间的一对一的关系。

一般而言，庭院设计师建议使用本土植物的目的不是节约用水，就是为了保护本土植物，或用新植物种类代替原来的植物。但是特拉梅提出新的目的：为了保护昆虫，这样一来，以昆虫为食的野生生物也得到保护。

他的这一理念源于一次探索发现。

2000 年，特拉梅和妻子从市中心搬到了宾夕法尼亚州东南部的一块 10 英亩的土地上（约合 61 亩），这个地方在被细分之前，几世纪以来都是农耕为主。"某种程度上我们的确是到了农村，但是这里根本没有一丝我们寻找的大自然的气息，"他回忆说。"和这个国家许多'空地'一样，我们的土地上，至少 35% 的植物是来自其他大洲的，它们迅速取代了我们原本种植的原生植物。"他和家人决定以铲除入侵植物为目标，并用东部落叶林中生长的植物取代它们，这些来自落叶林的植物已经在当地生长了上百年。铲除秋橄榄、日本金银花和"一分钟就蔓延一英里（约合 4.8 千米）的野草"时，他发现了一个奇怪的现象。所有这些植物的叶子几乎没有受到昆虫的啃噬，然而原生植物群——枫树、针栎、黑莓等——很明显是很多昆虫的食物来源。

其他人可能会认为这种情况不利于原生植物的生长。但是特拉梅意识到另一个完全不同的事实。"太令人担忧了，因为这表明外侵植物在整个北美的所造成的结果，这个结果我——在查阅科学文献之后，发现别人也没考虑到——从未考虑过。如果我们的昆虫群不能，或者不会以外侵植物为食，那么外侵植物生长区域的昆虫数量会比原生植物生长区域的少。"许多动物以昆虫为食摄取蛋白质，"一个地方没有昆虫，意味着大部分高级生命体也不会存活。"换句话说，最终导致物种贫瘠。特拉梅指出"没有我们的六脚昆虫朋友，人类赖以生存的陆地生态系统就会停止运转。"

E.O. 威尔逊把昆虫称为"运转世界的小东西"。

除非改造我们居住、工作和玩耍的地方来"同时满足我们和其他物种的需求，"特拉梅说，"否则几乎美国所有的野生当地物种将会永远消失。"这可不是推测,他坚持说,而是预言,是几十年来生物多样性必要性的生态研究支持的预言。但这个预言没有考虑到不断增长的物种与人类共栖的巨大潜力。他说,"无数物种可以和我们和谐共生,如果我们可以将自己的生存空间改造得适应它们的需求。"特拉梅和同事们已经开始了这项巨大可控的研究项目,这个项目要求与特拉梅的研究案例挂钩,他们正在收集前期的准备数据。"截止到现在,呈现的结果大力支持那些已经转向种植当地植物或非常喜欢这样做的园艺师们。"

如果特拉梅的假设是正确的,他说:"这些园艺师能够也终将'改变世界',因为他们为当地的野生动植物提供了食物。"他的工作强调了自然法则最基本的原则之一:仅仅保护未被人类涉足的原野是不够的;我们必须保护和创造自然,这就需要无论在哪里,城市还是郊区的屋顶上或花园里,要创造原生栖息地。这才是通向自然社区的道路。特拉梅的书《将自然带回家:原生植物如何在我们的花园中生存》就是最好的素材,那些想要将自己的家变得更加贴近自然的人们,读读这本书一定会大有收获。我问他能否给一些具体的建议,他给了以下建议:

• 重建原生食物网。没什么是可以孤立生存的。每个物种都存在

于相互制约的各个物种形成的复杂体之内,这个复杂体生态学家称之为食物网。要想让某个物种在你的院子里蓬勃生长,你就必须提供这个物种所在食物链的最基本的组成要素。

• 一切都要从植物开始。所有食物网都是从植物开始,因为植物(除了一些细菌)是唯一可以储存太阳能的有机体,太阳能是地球生命存活的基础。食草动物直接进食植物获取所需能量,食肉动物则通过捕杀食草动物间接获取能量。你院子里植物的数量直接决定野生动物的数量。

• 植物并不相同。不幸的是，不同植物支持食物链的能力不同。当地的食物网经过上千年得以形成，这个食物网中的每个成员都适应了其他成员的特性。另一个食物网中的植物通常无法将能量传递给这个食物网中的动物，因为动物会觉得这种植物难以下咽。

• 当地植物对自然最有帮助。一般来说，我们打造自己的花园时，常常将所有原有的植物铲除，然后种上观赏性植物。那么这些来自亚洲或欧洲的观赏植物，因为适应亚洲或欧洲的食物网，因此几乎不能为当地的其他生物提供食物。一定要寻找本地的植物装点你的院子，这样才能创造最富生机的自然。

• 昆虫是关键。从小我们就知道，虫子只有死了才最好。为了让大家高兴，我们打造了贫瘠的、毫无生气的花园，这也正是孩子们不能在院子里与大自然亲密接触的原因。昆虫是大多数动物从植物获取能量的主要方式。鸟类就是最好的例子。北美 96% 的陆生鸟类依赖昆虫抚育后代。所以底线就是：如果你想花园中有鸟、蟾蜍、蜥蜴和其他各种各样的生物，你就必须种一些昆虫爱吃的植物。

• 减少草坪。草坪现在是美国最大的灌溉作物，大约有 456 万英亩（约合 2768 万亩）的草坪（包括居民和商业用地、高尔夫球场等），23% 的城市用地是草坪，这个数字还在不断攀升。但是就供养食物网而言，草坪和人行道没什么区别。你要考虑将家里不常用作散步的草坪，种上更多的当地植物。这样花园才会有更多的生物，吸引孩子们出来玩耍。

• 创造一座蝴蝶花园。蝴蝶需要两种植物：（1）能为成蝶提供花蜜的植物；（2）能为幼蛹提供食物的植物。不要种植蝴蝶灌木（就是醉鱼草属植物）。虽然这是一种花蜜丰富的植物，但是却不能为美国的蝴蝶幼蛹供给食物，这种植物已经在外侵观赏性植物里榜上有名，会破坏本土的自然环境。

· 木本植物供养更多的动物。树木和灌木比草本植物更能吸引飞蛾和蝴蝶，这样就为鸟类和其他以昆虫为食的动物提供更多的食物。鸟儿筑巢时的春天和夏天，如果你院子里毛毛虫比较多，和你在冬天安喂鸟器一个效果，都能吸引到很多鸟类到你的院子里。

如果这样的花园到处都是，难道害虫不会很快入侵我们的花园？特拉梅说一座真正生态平衡的花园，更容易受到昆虫的侵害，但是这才是真实的生态群系。这样的花园也自然而然地吸引大量食肉生物，比如瓢虫、萤火虫、螳螂和数千只小小的寄生胡蜂，这些胡蜂因为体型微小很难让人觉察到；除此之外还有许多鸟类、蟾蜍和蜥蜴。这些都会将以植物为生的昆虫数量控制在一定范围内。

根据你所在区域，然后在网上搜索一下"本土植物苗圃"，就可以行动了。将花园和院子里的一些植物替换成本土植物，在田地周边种上本土灌木和树木，或者在已设计好的园林景观中添加一些本土植物，这些都可以保护生物多样性。而回报你的就是：更加有野趣和越来越美的园林景观，至少在园林专家的眼中是很美的，除此还有精神回报。除了推动生物多样性，本土植物的园林可以节约成本（不必使用杀虫剂），对你和家人的健康大有益处。

我所在地的自然历史博物馆一度考虑（但还未实行）给学校的孩子们发些种子，这样孩子们把这些种子种在自家花园和院子里，可以帮助恢复鸟类和蝴蝶的迁徙路线。这个提议现在看来也非常不错。通过郊区花园的小门廊和市中心居民区的窗台花箱，你就能够亲密地参与到世界生命的洪流中。

我们生活在电流和嘟嘟响个不停的电话铃声组成的世界中。如果我们同样也能去参与，比如说王蝶的生命轨迹将会怎样呢？王蝶的幼虫每年要飞行1000多英里（约合1609千米），前往墨西哥的一个地方过冬。我们还可以参与新热带区鸟类的迁徙——画眉鸟、深蓝色林莺、猩红比蓝雀、蓝鸲和巴尔的摩金莺。它们展翅从肯塔基州飞到安第斯山脉。还有那些飞过海洋和高山，从欧洲迁徙到非洲的鸟儿。如果我们多种一些这些可爱的生物赖以生存的植物，去努力参与它们生命的迁徙，会怎样呢？那我们的后院就与那个与众不同、庞大的、神秘的、壮丽的生命之网紧密相连。

马上行动

现在你可能在想谁有时间做这些事呢？我和妻子从不认为我俩是园艺大师或顶尖的遵循人类天性热爱自然设计理念的室内设计师。当然说到这一点，我俩哪种室内设计师都算不上。20世纪90年代，我们买下了一幢在灰泥荒地上的房子。我记得当时客厅是那种亮闪闪的、带有金片的墙纸。我俩被这装饰搞得头晕目眩。决定得做些什么好好改善一下室内装饰。于是凑了一些钱，请了个设计专家来为我们出谋划策。结果她只是把那些亮闪闪的条纹变成了维多利亚时期那种令人晕眩的装饰风格。装修完后，每当有新访客上门，我都会指着后院跟他们说："看见那个土堆没？我们的室内设计师就埋在那。"但是，我们最终还是把墙纸换了，换成了许多大自然的图片，室内装饰也做了一些改善，尽可能使用天然的材料。又修整花园，让它变得更加贴近自然状态（这工作不难，因为我俩在园林工作上都没什么造诣）。我们减少灌溉设施，挂了两个野鸟喂食器，住在或经过我们院子的动物不断增加。有臭鼬、浣熊、郊狼、负鼠和野兔。长得挺像鳄鱼的蜥蜴时不时地出现在客厅里。

我问凯伦·哈维尔，对我们夫妻这样的人会说点什么。

"在美国，不管做什么，人们常常是这样的：'我先学习了解一下，然后再开始。'结果我们把这件事不断推迟，因为我们总觉得还要再了解，还得再报个学习班。"她谈到了艾伦·查德威克，一位英国的园林设计大师，他在推动有机农业发展方面做出了卓越的贡献。"他来到美国，就在加利福尼亚的圣克鲁兹建造了许多花园，"她说。"他曾经说过的一句话被刻在了花园中心的木头上。'园林创造了园林家。'查德威克常常对别人说：'你喜欢吃什么就种什么。'他还常说：'如果你的种子种的地方不对，它会立刻告诉你这地方不对。只要不断学习就好，但是从现在就立刻开始。'"

哈维尔笑了。"我第一次听到这些时，身体的每一个细胞都感到放松。"换句话说，不要顾虑太多，开心地种吧；也不要太过在意那些小问题。她建议说目标就是要建造一个家，一个从大自然获取一点帮助的家，"这样想会让你感到很温馨很甜蜜。"

于我的家庭而言，我们回归自然的家和花园还需要不断地改善。但是我们在朝着正确的方向不断前进。

第十四章　停下脚步，仰望天空，仔细聆听

战胜全球噪音，治疗天空失明症

凯伦·哈维尔的乐观精神特别感染人，她的所作所为告诉我们你开始一个院子，下一步就不远了。但是如果我们真的想建造真正贴近自然的人类居住环境，我们可就要面对一些非常强大的敌人。

全球变暖？欢迎来到全球噪音时代。

吉娜·佩拉是位来自加利福尼亚北部的作家，曾经做过杂志编辑，她讲述了如何和城市噪音做斗争。"此时此刻，我坐在家中办公。欣赏着窗外东湾和恶魔山的绝美风光，"她在一封电子邮件中写道。"后院的风信子和桃花正要盛开。但是我却没有出去欣赏这些美景，只是用电脑的播放器大声地播放着普契尼的歌剧。为什么？因为这是唯一可以盖住那些无

所不在的噪音的办法。链锯的声音、木片切削机的声音、鼓风机的声音还有其他除草设备的声音充斥着我们的空间。"她说自己已经不去外面散步了，因为她患上了"噪音休克症。"

噪音，如同对犯罪的恐惧一样，使得人们更愿意在室内活动，即使出去，也将 iPod 的耳机牢牢地插进耳朵里。我在西雅图的一位朋友，非常热爱自然，却被所住居民区的各种汽车鸣笛声和吹叶机的声音折磨得身心俱疲，她每次在花园工作时都要戴上消除噪音的耳机。

噪音"noise"一词源于拉丁语"nausea"，翻译过来是晕船的意思。美国儿科研究院研究表明，新生儿重症监护室里过度的噪音会损害早产儿的生长发育。噪音与高血压、心肌梗塞、失眠和脑化学的变化息息相关。世界健康组织警告，这些由噪音引发的疾病"可能会导致社交障碍、生产效率低下，学习能力下降、旷工或旷课、吸毒人数增加以及交通事故频发等一系列问题。"

过度的噪音也会影响动物的生理机能和行为，包括影响依赖声音生存的海洋生物的成功繁殖和长期生存。噪音甚至正在改变大自然的声音。伯尼·克劳斯是位生物声学家，同时也是《自然的音景》一书的作者，他已经卖出了 150 万张记录自然声音的 CD 和磁带。他说可以录下那些未被人类污染的声音的地方正在消失。这项工作在北极、南极洲和亚马逊流域甚至更加困难。

无论走到哪，都可以听到飞机声、链锯声和各种噪音。20 世纪 70 年代，克劳斯要录下 15 分钟有效的自然音景需要 20 小时的磁带。到了 1995年，则需要 200 小时。克劳斯还是一名音乐家，曾经和滚石乐队一起演奏穆格电子琴，所以他对野生动物们的声音特别敏感。他称之为生物赝品。

"住在我们附近的鸟类不得不为了适应我们而改变自己的声音。一些鸟，比如美洲知更鸟、麻雀和鸫鹩，某种程度上可以改变自己的声音，这样在嘈杂的环境中也可以听见它们的声音……可以确定，生活在城市中与森林中的鸟的声音绝不一样。"

过去噪音就像天气一样。人们常常抱怨，但是没人有所行动。但是现在改变了。反噪音组织正在要求出台新的法规和采用新技术。一些城市已经禁止使用吹叶机，这项法规主要针对居民区，并且主要针对燃气吹叶机。但是法规执行起来很松懈。所以一个额外的，或许更加有效的办法就是让民众们自己做做计算。一台燃气吹叶机的使用寿命大概是 7 年。位于南加利福尼亚州的南海岸空气质量管理部门曾实行过一个短期项目，他们出台了该州第一个公众激励项目，就是将民众手中噪音大、味道难闻的后背式吹叶机换成更加安静清洁的设备。换过来的旧机子立刻在垃圾回收中心销毁。另一个项目是把居民旧的燃气剪草机换为新的电力剪草机。

非盈利机构噪音污染清理组织所做的报告中写道："未来几年，改造草坪和花园市场，对彻底改变居民区的音景而言是一次巨大机遇。"应该很快出现的是：普通民众可以买得起的燃气电力混合乘坐式割草机。该组织认为"如果社区里所有人同时使用降噪的电动割草机割草，它产生的噪音可能比社区里一个人使用传统的燃气割草机割草产生的噪音还少。"

类似地，汽车广泛使用混合型发动机，可以减少道路噪音，这代表着数年来汽车噪音第一次被大幅度降低。喷气式飞机的声音也已经小了很多，至少大型的商务客机是这样。俄亥俄州州立大学的研究者已经研发出一项有效减少噪音的技术，这项技术利用电弧，控制发动机气流震动时产生的动荡，这种动荡是发动机噪音的主要来源。城市规划者也越来越注重音景，在建筑物周围种植了许多植物，因为植物吸收噪音。

所以一定会有所改变。但问题是，大脑思维更难改变。政治行动很少跟得上科技进步。只有足够多的人想到户外活动，对减少噪音和高品质的生活音景的需求才会增加。

噪音会对健康造成很多损害，所以噪音问题不应该是造成了严重后果后才治理，上文提到的换购项目也不能图一时新鲜。反噪音组织活动不能出了城市就止步不前。实际上他们应该将重点放在城市里或周边能够提供自然的庇护的地方，比如湖泊。噪音污染清理组织就发起了"安静的湖水"活动，指出全国范围内对船只噪音的限制没有像牵引式卡车 [每 55 英尺（约合 17 米）80 分贝] 那么严格。

我们给野生动物设立保护区。现在该为自然的宁静设立保护区了。有一天我和一个住在巴雷特湖附近的人聊天，这个湖在我家东边，地处荒山野岭，是个与世隔绝的蓄水池。这个湖区是当地最不受欢迎的地方之一。山峰陡峭，直插云霄，还有狮子出没。这个人说他很快就退休了，准备搬到亚马逊流域的某个偏远的角落。"这里太吵了，"他告诉我。

太吵了？这里吗？

"直升机和各种飞机。太多了。我要离开这里。"

那天后不久，我明白他为什么说这里很吵了。我当时正泛舟湖面之上，人迹罕至，整个湖被保护得很好，而且这里严格限制船只数量和发动机的尺寸。群鹰在上空翱翔。我可以听到它们的翅膀在空气中扇动的声音。这时一架直升飞机突然出现，越过山脊，滑过水面，发动机的噪音久久回响在四周的岩石峭壁上。

天空失明症

除了噪音，还有很多障碍阻碍我们建造贴近自然的居所。比如电子竞赛、恶劣的城市规划、工作压力和对陌生人与自然本身的恐惧（虽然媒体脱离事实，恶意炒作，造成这种恐惧的根本原因还是可信的）。

还有就是天空失明症。每个白天和夜晚，抬头望望天空可以治疗自然缺失症。但是大部分城市夜晚的天空是各种各样的灯光。杰克·特劳格称之为"偷走星光"。特劳格，现住在艾奥瓦州的埃姆斯，曾教授天文学和地球科学，1999 年退休，那一年埃姆斯夜晚的天空就看不到银河系了。但是他当时还不是特别在意这件事。他创建了黑暗天空组织，该组织认为过度使用人造灯光浪费资源，不利于睡眠，破坏野生生物的迁徙路线，对气候变化也有影响。"你今晚所见的星星就是数千年前祖先们见到的星星，"特劳格写道。"仰望星空……将你和曾经在这星球上生活过的人团结在一起，连接在一起，融合在一起……你就是星星之中的一员。组成你的原子曾是组成古老星星的尘埃和气体。"这里所关注的不只是观看星星，还要人们体验没有人造灯光的夜晚。自然的黑暗本身就极具价值，其中一个原因就是我们的生物钟依赖它。

长期从事夜间工作的人，他们的生理节奏会遭到很大破坏，比起睡眠质量问题，还有更大的健康隐患。举个例子。以色列的研究者利用夜间卫星图像观察了 147 个社区夜晚的灯光使用状况，并把这个数据与乳腺癌的发病率做了对比。结果是："分析表明夜晚灯光最强的社区，乳腺癌的发病率比灯光最暗的社区大约高 73%。"其他研究曾研究过血清褪黑素水平（褪黑激素通常在晚上分泌）和各种癌症之间的联系。2007 年年底，国际癌症研究机构，隶属于国际卫生组织，把值夜班作为可能致癌的因素之一。美国癌症协会也认为值夜班是"可能的致癌因素。"有人估计 15% 的美国人需要值夜班。

造成天空失明症最主要的原因是空气污染和城市乡村的人造灯光。杰克·格里尔，诗人、记者、小说家，描述了小屋外一盏一年 365 天一天 24 小时都亮着的安全灯，小屋坐落在颇具田园风格的湖边，他把这盏灯比作"永远不会停止的汽车喇叭"。印第安人有个词语"Shenandoah"，他写道，"这个词的意思是'星星的女儿'，但是现在我们要考虑是不是改为'安全灯的女儿'。"

一群卡美雅部落的印第安人在我们县的偏远地区开了一间金橡树赌场。这家赌场建在一个空旷的大高原的最高处，为了招揽生意，就做了特别显眼的标志——午夜太阳，在晴朗的夜晚可以照亮 20 英里（约合 32 千米）。（这正是特洛伊木马效应的例子：一个相对很小的改变，例如噪音、灯光、能见度，它带来的影响力可能掩盖项目的全部。因为下次有人反对开发偏远地区和使用更多灯光的提议，按正常逻辑而言，人们将会不屑一顾：看到那里的灯光了吧？）

泰瑞·丹尼尔是亚利桑那大学图森校区的研究员，他提出了新的天空失明症理论。认为人类的眼睛对来自视野上半部分的刺激不敏感，对直达眼睛和水平面以下的刺激最敏感。这是因为食物和敌人都在上面，人类在进化过程中也不断向上，眼睛又位于头的前部。丹尼尔的研究表明"人们必须抬起头来向上看才能清楚地看到天空，或者平躺下来，让天空置于人类视野最敏感的区域内。"如果这个理论是真的，那不仅如我们之前所说的，城市发展中的种种阻碍人们仰望天空，连人类进化本身都成了障碍。但是，仍然很难相信人类天生就患有天空失明症，特别是人类上千年的航海史都是依赖夜空中的星星指航。

如果丹尼尔说的没错，那么人类对天空的感知就是额外的体验，是我们思维的拓展。不久前的一次晚宴上，我提到因为来自美国中西部，所以我对龙卷风特别着迷，现在还很羡慕甚至嫉妒那些风暴追逐者，他们在大草原上奔跑着追逐着龙卷风的脚步。晚宴上有位教授，一辈子都在实验里，他不懂为什么，只是风嘛，怎么会有这么大吸引力。我能想到最好的解释就是他们并不是在追逐风；他们在追逐龙，追逐每一条都极富个性的龙。追逐风暴，比捕杀阿拉斯加的棕熊，更令人敬畏自然的伟大。但是这位科学家只是摇了摇头，耸了耸肩。所以你看，不是每个人看到的天空都是相同的。

最近几年，人造灯光不断破坏天文学家的工作，于是天文学家迫使美国各个城市开始安装低压钠路灯，并控制各种光污染。除了更严格的法律法规，我们还要更加感激天空带给人类的礼物。天空观察组织、业余气象爱好者和一些博物学家帮助我们更好地保护天空。星空图——有些是你用来在晚上找星座的——在智能手机和平板电脑里随处可见。科学技术帮助我们发现天空更多的细节和微妙之处。我们仍然要低下头认真学习，因为头上的天空是座巨大的剧院，是艺术博物馆，是音乐大厅。我们手中的入场券就是四季的变化，即使是只能透过窗户才能望见四季的风景。

几年前，我去华盛顿特区的郊外拜访一位朋友，他家所在的社区都是殖民地风格的房子，带有宽广的庭院，院中种有许多长了树瘤的老树。他还有一个男孩和一个女孩，这两个孩子有许多奇思妙想，精力充沛。他们非常热爱自然。小男孩和我讲，他对科学非常感兴趣，他那浓厚的兴趣令我印象深刻。后来，他们的爸爸告诉我小女孩确实是天天在外面玩耍，但小男孩很少出门。因为这孩子有学习障碍，这使得他在外面总是感到不知所措。所以只好在自己的房间里玩耍。

回家的路上，路过了机场旁的一家书店，进去后，我翻阅了一本非常有趣的书——《宇宙的答案云知道》，作者是加文·普雷特—平尼，他鼓励人们有空多望望天空。2004 年，他成立了赏云协会。还建议大家在花园里建个气象站，所有你所需要的都在天空上。卷云、积雨云和高层云"告诉你云朵是大自然的诗篇，在山峰和悬崖间稀薄的空气中低低地吟语"。不同地方的云也不相同；所以你在墨尔本、阿姆斯特丹、圣菲和在自己家中所仰望的天空会有微妙的或巨大的差别。谁知道人类曾用云来预测地震？谁知道澳大利亚的滑翔机飞行员必须学会在云里冲浪呢？赏云协会的口号宣称："我们设法让人们了解云彩，云彩是天空表达自己心情的方式，观赏云彩，就像揣摩人的表情……实际上，一朵云在你的眼中是什么形状，其实反映了你的心理状态。我们呼吁所有愿意听我们说的人：仰望天空吧，你会被那转瞬即逝的绝美震撼，让每一天的生活都漫步云端！"

我买下了这本书送给了朋友的儿子。他或许还是不敢迈出家门，去外面的世界探险，但是他对自然的好奇心不会陨灭——他仍然可以透过窗外仰望天空。我为自己也买了一本。

把人与自然割裂开来的种种障碍中，有些是我们自己强加的，有些则是媒体或这个商业社会造成的。这些障碍会继续发挥作用，但是我们要勇于抵制；我们可以调低分贝，关掉电灯，打开我们所有的感官去亲近自然。现在一些企业甚至也加入了抵制这些障碍的潮流之中。

第十五章　自然神经元开始发挥作用

企业中的自然法则

马克·吐温说过一句很有名的话，高尔夫是被糟蹋了的美好散步。但是商场上的人对这项运动一直很执著。想想那些在高尔夫球场签订的合同吧，你就会明白了。

众所周知，政客们和那些有权有势的人常聚在树底下和星空下闲谈，彼此交流想法，计划要开展的各项活动。大卫营，美国总统的行宫，实际上是一个集思广益、出谋划策的地方。作家和艺术家在休养圣地放松自己，远离熟悉的事物，让自己有时间去呼吸，去思考。商业精英们去度假也是如此。

英国空客公司在进行领导力培训时，安排员工住在荒野之中，以此来鼓励大家反思自我。其他公司则组织周末远足，在远足过程中安排时间让大家热烈讨论新的商业机遇，或对产品进行头脑风暴。这样贴近自然的休闲方式不一定要在偏远的原始森林里。产品研发部门的员工们在附近公园远足，同样可以减轻压力，刺激大脑。

我们前面提到的绿色建筑师盖尔·林德赛就从中发现了商机，她发现企业、个人成长和户外运动三者有一个交叉点。于是她和三个同事一起成立了成人夏令营，帮助成人治疗自然缺失症。"九月初的一周，我们从阿迪朗达克山脉出发，"林德赛告诉我。"早上，我们进行头脑风暴，下午享受自然的美景。我们发现泛舟、远足，或就是在大自然中散散步，都充满着魔力。每天早上，新的想法一个接一个地蹦出来，那一周快结束时，这次户外体验带给我们好几个重大突破，旅途中，孩子般的敬畏、率真和创造力也不断涌现出来。

截止到现在，为期一周的成人夏令营的足迹已遍及全美。林德赛的创意不仅是给商业精英们提供亲近自然的冒险活动，对整个企业界都颇有启发。

企业人士参与户外活动萌发的不仅仅是新的市场创意。在给澳大利亚墨尔本的莫纳什大学的一份报告中，马克·波雷特和安娜·克拉波恩提出自然休闲寓所也能让企业扪心自问："环境与社会的可持续发展有很多非常有意义的想法，但是如何实现呢？"两位作者考察了浪漫主义时期的画家和澳大利亚原住民的自然休闲寓所，得出的结论是："一个人置身自然之中，并和自然环境复杂的本质和动态保持一致，是唤醒'生态'自我的重要举措。"自然休闲寓所"或许是最有效的方法之一，警告人类与世界其他生物共荣共生，密不可分"。

好吧，总说这样的话，估计商业精英们一定不耐烦了。但是，无论在公司里还是在户外，商机依然存在。新兴市场正在形成，早期顾客将会参与共同开拓这一市场。

高效工作场所

企业中的自然法则最直接的启示之一就是建立"高效"工作场所，一些建筑师和设计师呼吁办公大楼应该突破传统的绿色环保设计风格，融合更多的自然要素，比如自然风景。

现在大多数办公大楼或工作场所根本没有回归自然。史戴芬·克勒特，是耶鲁大学的社会生态学者，同时也是主张回归自然的设计风格和环境保护方面的权威人士，美国银行在纽约布赖恩特公园建设办公大楼时，曾邀请他做设计顾问。克勒特指出："现代办公大楼，经常将人与自然分离，在这里工作的人们，每天处于乏味而充满敌意的工作环境之中，没有窗户，没有机会体验外面的自然环境。然而讽刺的是，如果动物园的动物被关进这样的笼子里，那绝对触犯了法律，这种做法绝不允许……我们却没意识到自己像笼中的老虎，我们和老虎一样，需要亲近自然。"

许多在格子间工作的人确实觉得自己像是被关进笼子的动物，他们想做出一些改变。把工作场所变得更加贴近自然不失为解决之道。薇薇安·洛夫特尼斯，卡内基·梅隆大学建筑学院的教授，提出回归自然的工作环境，可以提高工作效率，降低旷工率和员工的流动率。"能留住员工对企业来说非常重要，"她说。"当一位重要的员工离职，会给企业造成 25000 美元的损失。"

当然，具体的损失要由这位员工在公司的地位和当前工作的市场条件决定，但是我们可以看到工作环境对企业效益的影响。心理学家朱迪思·赫尔瓦根研究表明，有上千万的人每天工作在格子间里，如果加入一些自然元素，那么这些人的工作效率、健康状况和快乐程度都会得到极大的改善，目前，美国能源部和波音公司都是她的客户。工作场所回归自然的法则与家居生活很相似。在窗边工作的人工作效率更高，"厌恶办公大楼症状"出现的频率也低；一个组织，从原来自然通风的工作地点搬到窗户封闭、依赖中央空调的地方后，旷工率提高了四倍。研究表明，回归自然的工作场所可以提高产品质量、顾客满意度和创新能力。许多成功的案例不断涌现。比如位于密歇根州泽兰市的赫曼·米勒公司总部大厦，整个建筑大楼采用自然光线，室内种有大量植物，室外则是迷人的湿地和高原风光。搬进这里后，75% 的上白班的员工都说工作环境更加健康，38% 的员工工作满意度提高。另一个例子是德国法兰克福市的德国商业银行办公大厦，共有 53 层，每 13 层就有一个室内花园。节能的同时，也提高了员工的工作效率。位于加利福尼亚州圣布鲁诺市新的盖普公司大楼，楼上是种满本土花草的绿色屋顶，这个屋顶将声音降低了 50 分贝，对附近飞机的噪声形成天然的声音阻挡屏障，员工因噪音而产生的压力也随之减小。位于旧金山的加利福尼亚州科学院重新装修后，屋顶是模仿沙丘的波浪形玻璃屋顶，在上面种了将近 200 万种本土植物，还是好几个濒危物种的栖息地。加拿大圭而夫大学的新学院，汉伯学院，建有一面四层的"生态墙"，墙上种满了兰花、蕨类植物、常春藤和芙蓉花，这面墙是一个强大的生物过滤器，利用微生物作用分解室内的有害物质。

2003 年，建筑师米克·皮尔斯荣获克劳斯亲王奖，因为他在津巴布韦所设计的办公和购物综合大厦，采用自然手段来通风换气和调节温度。

他最初是从白蚁穴那里获得灵感（当然后来就不止是白蚁穴了），所设计的建筑不仅节能环保，而且比那些封闭的、依靠中央空调的办公大楼更加舒适。在这样自然友好的地方工作，不仅可以提高员工的工作效率，还创造了更多的经济效益。据说，在津巴布韦的这座办公和购物综合大厦，通风设备费用是依赖中央空调费用的十分之一；所耗能源比六座同等规模的常规建筑加起来还少35%，仅在最初的五年，公司在能源费用上就节省了350万美元。

保罗·霍肯在他的《绿色资本主义》一书中，讲述了位于加利福尼亚州森尼维耳市的洛克希德马丁公司，充分利用自然光线，照明费用减少了3/4。同时，旷工率降低了15%，生产率大幅度提高。霍肯还指出："不止如此，日常管理费用的降低，使得洛克希德马丁公司在激烈的订单竞争中具备了优势，公司从那些原本没预料到的订单中的收益远远超过它建这栋大楼的支出。"他还提出了一个十分有趣的解释，重新解读了回归自然理论："西方传统的机械工程师，利用恒温器、湿度调节器、光电传感器等，努力消除人造环境中的差异。但是日本建筑师们却利用电脑技术，模拟出更加贴近自然的环境，比如室内偶尔会刮起一阵微风。他们甚至还会在通风设备中注入一点茉莉花香或檀香，来刺激人们的感官。"

随着传统办公环境优势的消除，一些公司也积极地在公司里建造花园以鼓舞士气。金姆·西弗森发表在《纽约时报》上的一篇文章，写的就是在纽约的百事可乐公司总部，员工们可以在公司内部的耕地上种植胡萝卜和南瓜，午餐和其他休息时间都可以去照看植物。不止百事可乐公司这样。谷歌、雅虎和《日落》杂志，在原本是用来种植草坪和灌木或者作为吸烟区的地方，建造了生态园或种植池。"靠近明尼阿波里斯市的艾凡达公司总部，为员工提供按摩服务，自助餐厅中全部是有机食品，此外，700 名员工可以在花园中休息放松，回家时还可以带走新鲜的水果和蔬菜。员工们每个季度交 10 美元，然而却得到丰富的回报。去花园劳动是自愿的，但公司鼓励大家去，"西弗森写道。"大多数情况下，员工们自愿帮助管理花园。有时，经理们建议大家建立食品库，或团队合作开展一些园艺活动。事实证明，大家一起搭建番茄架后，有助于消除公司内的等级制度。"

提出"人类天性热爱自然"假说的 E.O. 威尔逊已经很好地领会了回归自然办公大楼的精髓。在一次公共广播公司新星节目的访谈中，威尔逊在讲述自然缺失症时说："许多建筑师都说这是下一件大事。"他沉思了一会儿：或许我们已经有足够多的"建筑和纪念碑……巨大的男性生殖器建筑、雄伟的拱门、庄严的台阶和道路……新苏维埃式建筑……我们多么伟大！但是也许我们内心深处真正需要的是接近本真。"让工作场所回归自然不是建筑艺术的倒退，他补充说，而是让身心得到更好的释放。他说起自己曾经去北卡罗来纳州参观一幢办公大楼，整幢大楼就按照遵循人类天性热爱自然的理念设计："设计师砍了一些树，这样剩在小山上的树与山脚下的溪流互相掩映。你坐在玻璃墙前不断地向外望去，花栗鼠在林间跳跃，柳莺在枝头歌唱，溪水潺潺流过。置身于一片和谐之中。"

一些员工自己动手，让工作场所回归自然。这正是南希·赫伦所做的事。赫伦在得克萨斯州公园及野生生物部门工作，负责自然和钓鱼项目培训。她说："我们的办公室挺奇怪的，就像个土拨鼠保护区，每个人都在格子间埋头干自己的事情，没事绝不露头。"赫伦用许多植物装点办公室，使得办公室严肃沉闷的氛围改善了很多。"还有个好处，这样我就不会老想着八卦旁边的同事在做什么。"她和几位同事甚至在办公大楼前种了一大片本土植物。现在楼里的员工们不再埋头于自己的世界，大家互相交流聊天。她还带着同事到办公楼附近的州立公园去远足。"到了外面，我们的创意层出不穷。我们解决问题，积极地出谋划策，跳出定式思维。我们彼此坦诚地交谈；这都是因为我们置身于开放的环境之中。"

宇宙设计

曾经主导商界的法则是所建造的建筑和所制造的产品越大越好，然而当前电子产品的设计原则是：更小；更智能；生活必备品；随处可用；高淘汰率。至少前两个原则，《小巧即美》一书的作者 E.F. 舒马赫肯定同意。

自然法则也有自己的一套设计原则：利用自然系统提高人们的物质、心理和精神生活；随时随地都要保护自然；以长远的自然发展为出发点，不能追求高淘汰率。（美国园林建筑学之父，弗雷德里克·洛·奥姆斯特德，总是令他的一些客户心烦意乱。因为他设计的花园，刚开始看上去树木总是矮小瘦弱，这是因为他设计的花园会在几十年后逐渐达到最美的状态；他崇尚长远发展。）当前科学技术的核心观点是追求效率，但是人与自然的融合是身体、思想和精神的回归，不是一朝一夕就能实现的。

科学技术的进步确实改变了我们的生活，墙壁变成了屏幕，机器进入了人体，但是在生活中更多地回归自然，可以让在家中、工作场所和贴近自然的社区中生活的人们精力更旺盛。这里有一个相关的概念——通用设计，这个概念承认人类有各种各样的能力。通用设计彻底否定了"为残障人士设计"的概念——因为我们所有人最终都会面临机遇和阻碍——倡导所设计的产品和所创造的环境让人们的生活更舒适。

随着人口老龄化的问题越来越严重，残疾变得越来越普遍，上了年纪的人想要去户外活动面临越来越多的困难。但是这是不是意味着远足的路径要铺成平坦的人行道，滑雪道也装上铁轨？这是解决办法。但是我们还有其他的解决之道。彼得·阿克塞尔森在一次攀岩事故中半身瘫痪，他创造了"坐式滑雪"，这让许多残疾人享受到滑雪的乐趣，而他本人则成为了单板式滑雪的世界冠军。他在内华达州的公司正在研发帮助残疾人享受自然的技术，比如越野轮椅、越野步行器和电动代步车。帮助老年人亲近自然的概念曾经讨论过，这一概念会给住宅开发商、残疾人生活中心和疗养院的设计者们提供很多机遇，对研究老年病学的专家、物理治疗师和其他医疗服务人员也很有启发。通用设计的哲学理念告诉我们最好的设计应该是可以覆盖全人类的生活。

我们把通用设计的哲学概念再扩大一些，那么我们所设计的产品和所创造的环境就不能只影响人类，还要影响其他物种，甚至我们通过观察其他物种后，所学习到的东西也要包含进来。这样的设计就要把宇宙中每一个成员都考虑在内，宇宙设计的概念也就应运而生了。

仿生学，也叫"尊敬的模仿"，是一项正在不断发展的产业。珍妮·班娜斯，自然科学作家和非盈利机构仿生学研究所的主席，就仿生学这一学科写了六本书。2009 年，荣获联合国环境规划署授予的"地球卫士"的称号。1997 年她的《仿生学》一书一经出版，就令许多人开始关注这一领域。班娜斯认为人类的所有发明都已经在自然界中出现了，而且形态更优雅，成本更低："与蝙蝠的多频传输相比，我们的雷达就差了很多。发光海藻将化学物质聚集起来使身体发光。生活在北极的鱼和青蛙能将自己冻住，保护器官免受冰雪的侵害，等到天气暖和再复活。北极熊即使在寒冷的北极也能活动自如，因为就像温室的玻璃一样，透明的毛线大衣一样包裹着它的皮肤……鲍鱼内部的壳比我们的高级陶瓷还有硬两倍。蜘蛛网比钢硬五倍……虽然没有活细胞，犀牛角也可以自我修复。"就设计而言，班娜斯说，自然界壳不存在人类口中的"极限"。

虽然有的仿真技术被应用于武器或被滥用，对大自然本身具有毁灭性，但是仿生学的基本思想源于对自然界的敬畏和尊重。仿生学包含这样一个观念：自然不是要被征服的敌人，而是我们的设计伙伴；不是问题，而是解决方法。

例如，尼桑的汽车制造工程师，根据鱼群在前行时绕开障碍物的同时避免互相碰撞的活动模式，提出他们想要"提高汽车群的移动效率，致力于创造一个更加环保而无交通堵塞的驾驶环境。"以"安全屏障"的安全技术理念为基础，尼桑的新款机器人概念车，使用了激光传感器，这种传感器在未来的某一天会实际应用在车载安全系统之中。西日本铁路公司的新干线子弹头列车速度达到每小时 120 英里（约合 193 千米），但是，如此快的速度却有一个缺点，列车行驶出隧道时由于空气压力的变化，会产生震耳欲聋的噪音。中津英治，子弹头列车的首席设计工程师，同时也是一位鸟类爱好者，建议将车头改成翠鸟鸟嘴的形状，事实上，外形经过改进的新干线列车，不仅大大降低了噪音，速度也比以前快 10%，能效高出 15%。

迈克尔·西尔弗伯格在给《纽约时报杂志》的一篇文章中写道，各种各样像树一样的奇妙装置正在被研发。其中一款产品主要用来处理碳元素——"10 万棵这样的树就可以解决英国一半的碳排放量"——另一款产品利用"像叶子一样的装置"收集太阳能和风能，这种产品可以安置在建筑物上。随着这些叶子在风中舞动，每一台微型发电机都发出少量的电。（模仿得越像的森林效果会越好，成本也越低。）

还记得那个从白蚁穴获取灵感从而获奖的办公购物综合大厦吗？设计者承认这是来自非洲和澳洲的白蚁的智慧，它们能够搭建比人还高的蚁穴，洞穴中有专门的花园和储水房，还使用神秘的通风系统。

J. 斯科特·特纳，是纽约州立大学环境科学与林业学院的生物学教授，他在写《自然历史》一书时，描述了蚁穴的建造过程："蚁穴高出地面很多，并且迎风而建，白蚁们利用风来推动穴内的空气流动。流动的风推动空气在上风面进入多孔的土壤中，在下风面出来，这样整个蚁穴形成良好的空气循环，外面的新鲜空气源源不断地涌入……令人啧啧称奇的就是蚁穴的通风系统，空气进出的运动与人类的肺部呼吸作用非常相似。"蚁穴留给设计者的问题就是"生命"在哪里结束，"死亡"又从哪开始。

企业与自然开始合作，所带来的好处可不仅仅就是工作场所、员工休闲场所和室内设计的改善，整个市场、服务型经济和零售业都是直接受益者，而这些反过来重现塑造城市和商业环境。凯瑟琳·L. 沃尔夫，华盛顿大学环境学院的项目负责人，她研究了都市中的自然环境——主要是树和其他植物——如何影响消费者和其他经济活动参与者的行为和观念。她在几个大城市中展开调查，如奥斯汀、西雅图和华盛顿，发现种植较多树和植物的商业区更吸引消费者和游客。她在《树木就是商机》的报告中指出："综合所有的研究数据，有树的商区顾客数量会平稳增长。没有树的商区视觉偏好得分低，反之，树木茂盛的商区分数就高……街道整洁，建筑雄伟，但是没有树的商区形象，得分偏低；树木繁茂的商区形象，得分最高，特别是亭亭绿树在人行道上形成天然的屋顶，这样的商区形象最受欢迎。"而根据零售商们的反馈："参与者给一系列商品和服务标上价格。不同规模的城市同一种商品或服务价格会有所不同，但是相同的是有树木围绕的商区，商品和服务的价格会高一些。顾客声称，同样的商品和服务，在规模较小的城市，他们愿意多付 9% 在有树围绕的商区；而在大城市，愿意多付 12%。"

购买状况将会证明这一点。如果未来的社区超市真的都开设在大自然中，人们真的愿意放弃那些超级市场吗？很可能不会。还是价钱决定购买力。（如果超级市场也有绿色屋顶或太阳能农场，就锦上添花。）但是如果所有的商品和服务价钱是一样的，公众在普通的购物中心和令人心情愉悦、树木环绕的商业区之间做选择时，肯定会选后者。

技术型自然学者

人们常常认为让企业与自然合作是无利可图的。这种观点并不正确。在商场中应用自然法则不仅仅是工作环境或商区整体设计的改变，还能创造新产品。很多人认为科学技术是大自然的敌人。这一点可以理解。但是从另一个角度想一想：鱼竿的发明就是技术的功劳。同样的还有背包、指南针和帐篷。我们这代出生在婴儿潮的人们拿着玩具枪在树林里玩耍时，正是科技为我们打开了通向自然的大门。现在，一家人一起参加地理寻宝游戏或带着数码相机拍摄野生动物，或去收集池塘样本，这和背包旅行一样；这些出行的装备帮助我们走进自然。年青一代的市民自然学者对待科技的态度和年龄大的那一代已经截然不同——这一点令人欣慰。

不久前，吉姆·莱文给我写了一张便条，他恰好也是我的文稿代理人，他本人写了几本父亲的角色与家庭生活的书。他和妻子琼一直住在马萨诸塞州的一间远离尘嚣的林间小屋。现在则带着四岁的孙子伊利亚，走出家门，徒步穿越一个自然保护区去收集池塘样本，"我送给伊利亚一台显微镜，我们得用用它。"吉姆本来手机不离手，现在深深陶醉在显微镜的世界里："我把它连接到电脑上（笔记本或台式电脑），我们就可以在电脑屏幕上看到显微镜下的景象，然后用照片或录像记录下来。在远足途中，我拍了许多照片，还有他安装显微镜的照片，他用显微镜观察草履虫和其他生物时，我还录了像。伊利亚刚刚和琼解释完我们为什么没必要把草履虫样本带回来。他才四岁呀！"除了伊利亚，做了爷爷奶奶的吉姆和琼，也回归了大自然。

我个人不喜欢那些过于复杂的装备——因为这样我们会更关注手中的装备，而不是大自然本身（比如用 iPod 做向导到自然区旅行）。但是技术型的自然学者就会在此停滞不前。当然了，任何装备都可能令人分心。人们很容易牢牢盯着录像机的屏幕，忘记放下它，看看真实的溪流。同样，来钓鱼的人一直关注自己的装备好不好，或总想着赢得钓鱼比赛，除了鱼竿、转轴和鱼线，根本顾不上看看周围的环境。以亲近自然为目的设计的出行装备，其价值是由人们多长时间可以放下它去真正地融入自然决定的。真心希望人们用自己的眼睛去看看周围的美景。

詹尼斯·迪金森问道："我们要为人们，特别是生活在城市中的人，创造一些体验，来唤醒人们热爱自然的意识，要做到这一点，我们怎么办呢？"迪金森是康奈尔大学鸟类学实验室公民科学主任，这个部门现在正在开展"拥抱城市的鸟儿"的项目。"新一代的技术型自然学者将很可能不再使用纸和笔，而是利用电子数据、数字影像来记录野外探险经历，这给野外活动增添了新的意义。拥抱城市的鸟儿项目正在探索这些想法，同时保证基于真实世界。我们的最高目标就是科学技术，帮助人们真正地走近自然，真实地感受自然的韵律、风景、味道和声音，而不是利用它来弄虚作假！"

　　我们生活在一个目标导向的社会，大多数人来到大自然中也要设定一些目标，或是为了放松自己，或是体验打猎的乐趣。像个十岁的孩子那样，扛起玩具枪，走进树林，也是回归自然地一种方式。我脑海中总是设想着一种新"玩具"，不管大人还是孩子可能都会喜欢。这个新玩具可以是把枪，也可以是长焦摄像机，随你喜欢；或者看上去都有点像。（家里有男孩子的家长会发现，即使玩具枪坏了，孩子们常常会把棍子当枪玩。所以这个新玩具我们就尊重猎手们的意愿，外形像枪吧。）男孩、女孩和大人（想想彩弹射击游戏）在大自然探险时都可以带着它。这把枪内有摄像机、微型电话和无线连接装置。拿枪对着一只鸟，扣动扳机，这只鸟的影像立刻被发到社交网络上，同时还会发到记录物种迁徙和生活的网站上。通过影像和声音，这只鸟就会被识别出来，并记录在案，这样帮助科学家和市民自然学者了解它的迁徙模式和分布状况。事实上，iPhone 手机中已经有这样的功能，等你读到这本书时，功能可能更加完善。这样，玩耍也变成了有目的、与人分享的科学。2010 年一个相关的商业想法已经出炉：猎手们可以使用一把价值 1200 美元的电子猎枪来猎鹿——而且不会真的把鹿杀死。这把电子猎枪里有个记忆储存卡，可以录下 10 秒的捕猎过程。这一想法源于户外频道在比赛报道中需要使用这样的电子猎枪。

　　热衷这样的产品是个人爱好，但是这些产品确实能让人们走出家门，参加户外活动。我问了一些同事和朋友，对那些可以让任何年龄段的人都到大自然中去的产品和服务，不管是还在设想的还是已经生产出来了，有没有什么好的建议，大家给企业提了很多建议，而且都秉持了可持续发展和回归自然的理念。

新产品，或者市场上已经存在，但是可以改进以适用任何年龄段的消费者的产品的想法有：带有指南、种子和植物的园林工具箱（还有当地本土植物园的优惠券），用它来装点自家后院；以回归自然为主题的旅游业和徒步旅行指南（还有手机应用程序）；夜间录像和摄像陷阱来"捕捉"附近罕见的动物。（圣地亚哥动物园的自然资源保护主义者罗·斯瓦斯古德说："价钱在不断下降，质量不断提高。买一个，然后把它安放在当地峡谷附近的树上，看看会发生什么。你可以下载这些录像传到 Facebook 上去。"）

有关服务的想法有：屋顶园林师；室内养鱼池安装服务；森林幼儿园，这样孩子们可以天天在森林中学习成长；用作包装材料的人工养殖蘑菇（这个想法最初是一个课堂作业，现在已经投入市场）；屋顶喷涂工，夏季将屋顶刷成白色，可以反射热量，冷的时候涂成黑色来吸收热量；可调速自行车和自行车载人服务。我的朋友乔恩·伍特曼则有个很新奇的点子："陪走族。我们有可以遛狗的人，为什么不能找个人，带着孩子、年迈的父母、身体虚弱的人，陪着他们去安全的公园或当地的小路上散散步……"

还有一种想法就是：企业支持的回归自然活动，如每年举行观察鸟类或远足比赛，以及其他的户外活动。得克萨斯州公园及野生生物部门的南希·赫伦说："我们每年都会举行比赛，参与的团队由企业提供资金，记录下他们在一周内所见到的和所听到的鸟的种类，获胜的队伍可以挑选一个自然保护项目，并获得资金支持。"

　　一旦企业精神融入进来，相关的产品和服务就很容易想到。也许有些想法并不符合你保护自然的理念，而且自然保护和产品消费两者之间确实存在矛盾，但是让我们休息一下吧。难道你宁愿看着商业世界操纵一切，但就是否认和自然界的联系吗？

　　企业与自然合作，不仅可以提高生产能力，还会增加经济效益；事实上，一个亲近自然的企业比不断否定人与自然联系的企业有着天然的优势。这些优势只有在更大的道德和社会背景下才能得以维持，这表明了这样一个原则：如果一个企业为自然做的比它从自然获取的多，如果在提高人类智慧、提升健康水平和改善民生的同时，这个企业还强调对自然的人文关怀，那么这种关系——这个企业——不仅仅是道德高尚，而是具有真正的自然智慧。

第十六章　在一座回归自然的城市生活
都市生活的自然回归

　　旅途中，我喜欢慢慢行走，重新发现自我。即使在最嘈杂、最拥挤的城市，我也能发现隐藏在平凡景象背后的大自然的痕迹。用手机拍下流动的水、阳光、蓝天，还有各种小动物——在纽约北部的一所大学校园内，一只土拨鼠正在草地上摇摆起舞；在康涅狄格州的溪流中，一群鳟鱼在嬉戏；小石城的市中心，一只狐狸正匆忙穿过——现在我站在这，把这些照片发给妻子。相机给了我停下来去观察去聆听的理由。

　　一个十一月的下午，印第安纳州韦恩堡市，我走出度假旅馆出去吃午餐，沿着一条商业街慢慢向北走。没有人行道，我只好沿着一条小路走，穿过停车场，绕过砂砾，到了一条没有人行横道和红绿灯的路上。司机很暴躁，交通拥堵的状态似乎会一直持续下去。我等了很久红灯，最后不耐烦了只好迅速地穿过了马路。我已经筋疲力尽，迈着沉重的步伐，经过一家猫头鹰餐厅（全是人）和一家梦女孩脱衣舞夜总会（这里人倒不多），来到另一个十字路口。我穿过一家加油站的人行道，沿着斜坡来到了苹果蜂蜜餐厅。我一边吃东西一边浏览手机新闻，周围是电视屏幕。餐馆里放着一首艳情的摇滚男歌手的歌，把体育播音员的声音淹没了。我付了钱。走出餐馆，我注意到旁边有条小路，依稀看到树林的影子，于是就朝着那个方向走去。我仍然能够听到树林那边交通堵塞乱糟糟的声音，时不时还有汽车驶过，但是这一小片自然景观慢慢地让我的心情沉静下来。

透过光秃秃的树枝，我看到了天边的灰云，还有一只红尾鹰在天空盘旋。我记起了最近得知的电影知识：电影制作人常常给秃鹰配上红尾鹰的叫声，因为红尾鹰的声音虽然平凡但是却令人难忘，而作为国家象征的秃鹰，叫声就像一捏就响的玩具狗。我想知道红尾鹰看到了什么呢？现在我知道答案了：它想看到什么就可以看到什么。树木之上，红尾鹰之上，叶子从天上簌簌而降。或许今天下午它们就又飞远了，或许几周后旋风带走它们，只有此时此刻，它们回归了大地。

我继续前行。绕过一条落叶铺满的小径，被条铁链挡住了去路。链子上挂了个禁止入内的牌子。跨过铁链，我沿着小路来到了树林深处。几分钟后，眼前出现了一座混凝土桥，桥下溪水缓缓，我站在桥上，久久地凝视着这条小溪。落叶卷进了岸边的灰泥中。看着流淌的溪水，我回忆起曾经用谷歌地图搜查童年时家乡的一条小溪，找到以后，或者说找到了那片溪流残留的部分，我从虚拟的天空俯视着它。

突然，一个脚步沉重慌乱的东西从那片葡萄藤中冲出来。转瞬即逝的灰色侧影、蹄子奔跑的响声，然后一片寂静。我屏住呼吸，寻找着那头鹿——它肯定就在那，但是我却看不见它，就像《晚安，月亮》里面的那只小老鼠。头上近乎光秃秃的树枝上传来雨声，我抬起头，看到高处的树枝还有叶子，有的在风中抖动，好像随时准备离开。风更大了，噼里啪啦的声音也越来越大，溪水、泥土、天空、野鹿、我自己，还有猫头鹰餐厅那边的世界，所有这些的声音和味道融合在一起，盘旋在灰蓝色的天穹之上。

都市是新田园

即使在最拥挤的城市，你也会发现大自然就在我们身边。但是，如果我们再不赶快行动起来，保护修复这些地方，创造新的自然区，那么我们身边的自然很快将又一次沦为精巧的人工制品。还有一个办法就是让身边的自然成为现代生活的中心法则。前面我们探讨了生物区的重要性，无论是对个人身份还是区域身份而言，生物区显然都非常重要，还探讨了我们所住地方回归自然的重要性。并倡导大家对家中和花园做些改变，让它们更贴近自然。而在这一章，我们面临的挑战是更大的居住环境、所生活的社区、郊区和农村。不管我们是普通民众、城市规划师、建筑师、野生动物专家还是环保主义者，我们都应该为重塑环境贡献力量。我们中的一些人还可以以此谋生。

不久前，我和康奈尔大学的学生们度过了一个愉快的下午，这些孩子以后主要去植物园工作。我和几个学生还有他们的老师在附近的康奈尔植物园散步，这个植物园中有一座供科研的树木园，还有一片占地4300英亩（约合26102亩）的自然区，有沼泽、峡谷和林地。

我们找了一个开阔的地方吃午饭，讨论了 20 世纪初的花园城市运动，这项运动的理念是自然体验与人类健康密不可分，我们讨论了这种密不可分的关系忽视了公众意识和城市规划。

这些学生所受的教育，是以后可以创造更多的植物园来改善城市生活。我问他们，是否考虑过将整个城市变成一座大的植物园。孩子们对这个问题非常感兴趣，他们确实还未考虑过这样的职业规划。

现在，都市美化，回归自然的运动在蓬勃发展。半个世纪以来，政府一直在试图复兴日渐衰败的内城，但是结果却有好有坏。那些所谓的"都市美化"反而让人们的生活变得更加糟糕，城市规划师拆掉破旧的居民区，按照同样糟糕的设计图，将原来颇具特色的建筑换成千篇一律的高楼大厦，每个地方每个社区的特色渐渐消除。但是进入 21 世纪以来，最富生气的城市是能将人与都市环境融合在一起，都市生活与自然环境又相得益彰的城市。甚至在一些经济不景气的城市也是如此，或许正因为经济衰败，这样的城市才更想展示自己具有无限潜力。随着自然世界这一设计理念的蓬勃发展，城市再一次被视作花园。事实上，城市就是可以变成花园的。

城市居民区中有许多购物中心，如果用多功能的城市生态村取代那些多余的购物中心，这样就可以容纳更多居民，也能创造更多的自然栖息地。这是异想天开吗？绝不是。一些高端社区和建筑设计技巧证明这绝对可以实现。政府应该给在内城和需要改造的郊区建造生态村的开发商一些政策上的支持。无论怎样，这些绿色城市生态村应该包括带有本土植被的公园，每个生态村由生态走廊连接在一起，这样居民和动物可以在各个生态村自由活动。

蒂莫西·比特雷，在《绿色城市主义：欧洲城市的经验》一书和《城市的本质》这部电影中，举了几个生态村和都市规划的例子，这些生态村和都市规划部分改变欧洲旧城区的面貌。例如，在瑞典斯德哥尔摩的哈姆滨湖城，有一个和一片古橡树林紧紧相连的人口密集的社区。阿姆斯特丹开展了限制汽车进入居民区计划，有的社区专门开辟出空地供居民种植花园，还有个社区因为孩子提供"自由玩耍"的自然区而闻名。瑞典马尔摩市的西港社区，家家户户都有生态屋顶，院子里的池塘中有雨水储存装置，并为植物和野生动物在都市中开辟栖息地。利用太阳能集热器、风力涡轮机和其他一些装置，该社区所有的能源都取自当地的可再生能源。

美国许多人口密集的社区都已经改造为生态村落，比如克利夫兰生态村，位于俄亥俄州克利夫兰市中心向西 2 英里（约合 3 千米）处，现在共有 24 幢节能型连栋房屋、农舍式小别墅和普通住宅。该城区的复兴是非盈利机构、地区交通管理局、当地居民和个体开发商通力合作的结果。在原来无人维护的空地上，建造了社区花园，可以为社区居民提供丰富的产品。还有一座公园，前身是加油站，现在种满了抗旱植物。辛辛那提市，位于俄亥俄州西南部，距离该市市中心不远处的恩莱特岭都市生态村，村中有 16 英亩（约合 97 亩）的自然保护区、社区温室大棚、花园和穿过百亩林公园的一条长达两英里（约合 3 千米）的小路。当地居民，以小区附近的野生动物、后院饲养的小鸡、亲切友好的邻居和便捷的服务为荣。

难以置信的可食用城市

城市发展壮大是不可避免的趋势。一般说来，伴随着城区的迅速发展，高楼大厦不断增多，人口密度不断增加。普拉卡什·M.阿普特，印度建筑师和城镇规划师研究所的会员，他认为这种一味向高空发展的趋势是违背人性的，是文化的断裂。"全球的案例研究证明，在贫困地区，高空住宅建设是非常不合理的，"阿普特写道。"穷人们赖以生存的社会和经济网络在高层结构中难以维持。但是如果我们建造另一种完全不同的摩天大楼会怎么样呢？比如高层住宅区和商业大厦变成垂直农场。1999 年，迪克森·德波米耶，这位来自哥伦比亚大学的公共卫生学教授，提出了垂直水培农场的概念，这种农场用经过处理的废水灌溉，并使用太阳能和风能。依照他的构想，一幢 30 层高的垂直农场可养活 5 万人。2007 年，西雅图的垂直农场设计获得了环保建筑比赛的冠军。理论上，这项设计可以为楼中的 400 名居民提供 1/3 的食物。

更加奢侈的设计则需要整幢摩天大厦像长矛，用许多螺旋管道从头到脚包裹起来，这样可以收集雨水和流进管道中的废水，循环处理后用来灌溉作物和花草。上班族或居民们可以看到外面花园的景色，也可以照顾这些植物，就是欣赏欣赏也好。在纽约，一项叫做绿色走廊的建筑计划正在实施，这是包括 201 套公寓的综合社区，其中有一幢 18 层的摩天大楼，一幢带有复式住宅的大楼和连栋房屋。63 个单元房是合作公寓，价钱昂贵；剩下的则是价钱略低的出租房。社区地面的公园将一直盘旋上升，与各楼顶花园和天台连接在一起。

即便没有垂直农场，城市农业也在不断发展。城市中每个屋顶、每面墙壁都可以成为人类和其他动物的自然栖息地。阿芝特克人的屋顶苍翠繁茂，我们也可以。绿色屋顶不仅可以降低温度调节费用，而且比传统屋顶使用年限更长；同时还可以储存雨水，为野生动物提供栖息地，帮助降低城市气温。绿色屋顶和生态墙壁可以生产食物，净化被污染的水源。还有很明显的作用，就是为城市增添了一道亮丽的风景线。

　　未来几年，许多现存的居民区都会重建。底特律就是个例子。最近几十年，因为工厂倒闭、郊区发展和企业撤资，这座城市已经衰败了。瑞贝卡·索尔尼特在给《哈珀杂志》撰文时写道："大概1/3的底特律，40平方英里（约合1553顷）的土地，慢慢衰败，最后成了废墟和荒原——这片城市的荒地大概有旧金山市那么大。"她描述了自己游荡在一个居民区，"准确地说，它曾经是个居民区，"在这里，"大概每个街区会有一幢破烂烧焦的房子矗立着。"这个地区大部分地方都成了经历了浩劫的城市荒原，但是底特律已经做出了一些令人叹为观止的改变，比起传统的节能环保设计，它走得更远，做得更深入。

　　1989年，底特律绿色联盟，这个非盈利机构成立了。该联盟成立的目的是还城市一片绿荫，因为荷兰榆树病致使50万棵城市绿树死亡。这个组织利用可回收的空地作为树木的养殖基地，这些树木长大后，最终会被移植到城市各个角落。现在他们的项目主要有社区植被恢复、公园花圃种植和小型蔬菜园的推广。该组织在网站上写道："我们会为每一个社区苗圃清理空地、修建小路、铺洒植被覆盖物、种植树木。我们种植园林植物、架设篱笆，希望改善这一地区的面貌，并形成自己独特的景观，帮助降低人们故意破坏公物的行为。这些苗圃最初种植植物幼苗，这样只要所在社区和绿盟绿色植物保护项目好好看护，这些幼苗可以生长三到五年。"自1998年，该组织已经雇用了500多名底特律的年轻人帮助维护苗圃，同时学习生态学知识。现在绿色植物保护项目开始扩招，需要工作经验和在职培训的成年人也可参加。

　　试举一例来证明这个组织的执行力，罗曼诺夫斯基公园，占地26英亩（约合 158 亩），公园内有农场、操场、教学陈列馆、供散步用的小径、糖枫树树林和给附近孩子踢足球的运动场。万物生长的季节来临时，这个组织与公园附近的学校合作，教授孩子们园艺和护林知识。除此之外，还有更多战果："底特律绿色联盟鼓舞了广大志愿者和社区参与者，改变了许多公共和私人空地的面貌——如底特律的六万块空地——这些空地现在变成了可利用的、物产丰富的土地。"根据该组织的一项报告。"我们协助花圃种植者在全城建造上千座花园、许多多年生植被花园和社区树木苗圃。这些生长植物的绿色园林每年种植上千棵树，生产大量蔬菜水果供社区食用。"

但是所有这些都没有阻止底特律经济崩溃的脚步。索尔尼特探访了一些商品蔬菜农场，过去曾经是人口密集的城市中心，人们日复一日在这些荒废的土地上耕作，最终成为农场，提供可食用的食物，这一发现让索尔尼特精神振奋。她写道："未来，至少这个顺势发展的未来，这个我们仍将赖以生存的未来，不会是那些乐意向恶劣环境所赠与的一点点甜头屈服的人创造的，而是由那些无视这点甜头或着眼未来的人创造的。"

许多城市和郊区的住户都是独立改造家里和社区，就像凯伦·哈维尔那样，在自己的土地上建造了当娜·梅多斯的儿童生态乐园。最近曼哈顿的养蜂人走出阴霾，根据卫生部一项引发长期争议的规定，他们终于可以合法地养蜂了。俄勒冈州的格雷沙姆市，市议会在 2010 年撤销了该城不能养鸡的法令。凯蒂·斯金纳在搬到华盛顿特区的亚科尔特市之前，在波特兰市养过鸡，她创建了城市养鸡场（TheCityChicken.com）网站。"我喜欢小鸡，因为除了金鱼，它们是最好养的宠物；而且没什么缺点。"她说。有些家庭喜欢养鸡而不喜欢养猫养狗当宠物，部分原因是养鸡会省事很多。而且狗和猫不下蛋（直到饲养员纠正了这一疏漏。）弗兰克·海曼在《后院家禽》杂志中，分享了他在北卡罗来纳州杜兰市成功令政府撤销不准养鸡政策的斗争经验："30年来，我一直是非常积极的政治活动家，作为活动经理赢得四次比赛，曾在市议会就职，帮助建立政治团体，现在是一个社区协会的主席，参与过经济适用房、最低生活工资和垃圾循环利用等议题的商讨。但是我从未想过我会致力于让政府撤销人们不能在后院养鸡的法令。"海曼的妻子克里斯，"认为母鸡是'很有价值的宠物'。"

如果不考虑日益繁荣的有机食品工业，可食用城市的梦想听起来很像多年前遭到排斥的社区花园运动。还要加上慢食运动。这项运动始于1986年，由意大利人卡尔洛·佩特里尼提出，因为他看到罗马圣彼得广场上新建了一家麦当劳，人们在那里大快朵颐，大为震惊，呼吁人们抵制快餐食品，要细细品味食物的美妙滋味。第一次慢食运动在意大利北部举行，目的是"通过保护美味佳肴来维护人类不可剥夺的享受快乐的权利，同时抵制快餐文化、超级市场对生活的冲击"。此后，慢食享乐会在全球范围内建立起来。

都市农业的增长潜力比它看上去要大得多。由美国罗格斯大学和隶属社区食品安全联盟的北美都市农业组织共同完成的一份报告中详细记录了全美农业分布状况：全国范围内，提供大量食物的有企业生产者、社区花园的园丁、后院花园的园丁、空闲土地的食品库、公园、温室、屋顶、阳台、窗台、池塘、河流和河口。仅在美国，200万农场就有1/3坐落在城市之中，提供35%的蔬菜、水果、牲畜、家禽和鲜鱼（考虑到城市向郊区扩张的情况，这个数字还是令人有些惊讶的）。"城市的生产潜力是巨大

的，"报告中说道。人们越来越关心食品安全问题也是造成这一数字的重
要原因之一，"几次战争和冲突使得人们不怎么依赖远方的食品来源，特
别是 9·11 事件之后。"虽然恐惧是一个动机，但是快乐更重要——来自
社区内部紧密相连的快乐。

城市树木栽培专家们在伯克利举行了一次会议，会议结束后，

我和南希·休斯沿着街道一起散步，她是城市林业学方面的领军人
物。她指着一棵被紧密容器包围的树说："一旦你开始注意观察树荫的形
状，你就开始与众不同了。"休斯认为我们需要激进的城市绿化政策，这
样才能净化空气，降低地表温度，令我们身心愉悦。树木吸收空气中的二
氧化碳。城市防护林可以留存和过滤水源。建造有效的城市防护林，比一
些政策制定者所预想的需要更广博的知识，投入更多资金。

这里试举一例说明问题的复杂性：为了防止空气污染而种树，但并
不是所有树都可以，有些树本身就会污染空气，比如加州梧桐或枫香树。
这些树和我叔叔霍顿过去驾驶的 66 年克莱斯勒豪车对空气的污染程度是
一样的。或许没有那么夸张，但是根据华盛顿州立大学空气调查实验室
所做的一项研究表明，这些树木会释放化合物，这些化合物会影响对流
层臭氧的形成并产生悬浮微粒。鳄梨树、桃树、白蜡木、榉树和东部紫
荆树释放的臭氧浓度很低。这些树是非常好的空气净化器，是树木世界
中的良好市民。

萨克拉门托市的努力为整个加州起了示范作用。萨克拉门托树木基金
会教导公众认识到树的好处，指出投资城市防护林，可以带来 270% 的回
报率。2005 年，这个基金会成立了绿色足迹组织，该组织希望截止到 2025
年，在 24 座城市和 4 个县，种植 500 万棵树，将该地区的绿化面积扩大

一倍。如果这个目标得以实现，意味着萨克拉门托夏季的平均温度将会降低 3 度，长远来看，政府在节能、净化空气和暴雨防治方面将大概节省 70 亿美元。另一个好处就是公众健康。萨克拉门托市患皮肤癌的患者数量位居加州第二。该市为了房地产开发，砍伐了大量的本土橡树，无视居民们需要树荫纳凉的需求。

多伦多也希望把城市树木面积扩大一倍，但是当地官员认为没有公众的参与，实现这个目标绝不可能。安迪·肯尼，是多伦多大学城市林业学的教授，发起了社区护林活动，呼吁居民们识别、种植和爱护所在社区和房子周围的树木。与此同时，一些城市推出新政策，适宜建设公园的公共场地加长或通过建造自然连接带，将公园与散步小径和社区相连，例如贝特线——计划穿越亚特兰大市中心的有轨电车或轻轨线路。公园将利用铁轨线附近地段将绿化带、供行人和自行车穿行的小路和新建的、已有的公园连接在一起。亚利桑那州的斯科茨代尔市，印第安曲河（IndianBendWash）就是天然连接带，把沙漠、绿草茵茵的公园和供人们娱乐消遣的小路连接起来，被大家公认为绿化带。在哥本哈根，1/3 的居民骑自行车上班，该市的绿色出行组织，把郊区和市内许多社区连接起来，形成了大约 70 英里（约合 112 千米）的自行车线路，这条线路穿过公园、沿着河边、在交通拥堵的地方架设立交桥。这些绿色连接带，与城市内不断建造的野生生物生态走廊一起，构成了新兴现代都市的重要组成部分。

他们的影响会一点一点渗透进周边的社区。迈克·斯戴普纳，是斯戴普纳设计组织的负责人和圣地亚哥建筑与设计新学院的教授，他和其他社区领导人一起，认为城市中的天然峡谷（在航空图片上，峡谷复杂的沟壑就像一个地区的肺和支气管），给我们提供了绝佳的机会，以回归自然作为设计的中心理念，规划该地区的未来发展。斯戴普纳倡导要让峡谷走进社区，而不是将社区推向峡谷。城市规划师和峡谷保护者可以在峡谷附近的社区、林荫大道、公园、广场和其他空地上种上峡谷中的本土植物或增加其他生态元素，这样峡谷的地貌和感觉就扩大到城市中来。在距离峡谷不远的地方开设公共学校，可以为学生们提供户外课堂。

每个城市一座非中央公园；
每个社区一座纽扣公园

在纽约哈莱姆区见到克拉斯·帕克时，她正在自己所监管的社区花园中狂奔。她递给我一串从香草上摘下来的树叶，哈莱姆区位于西街121号，在褐色砂石之间的缝隙之中，帕克和邻居在这片1/4英亩（约合1.5亩）的狭窄土地上，种出了这些香草。她热情地大笑着问我："在这你难道不感到特别开心吗？"和她一起工作的人置身在这花园的美丽和旺盛的生命力之中，这样的美和生命力已驻足了十多年。这片狭小的土地，为500多个家庭提供了食物。她不是环保主义者，她告诉我，只是个农民。

每天她那快90岁的老父亲都会来花园的长椅上坐一会儿，粗糙的双手紧握着拐杖，一个陷入祥和氛围的都市农民，这画面是那么美。

"难道你没觉得我父亲就像是你父亲一样吗？"她问我。

这句话让我久久地陷入沉默之中。

我是经由公共用地基金会的工作人员介绍认识克拉斯的，这个基金会旨在保护全国城市中的自然区。后来，他们又带我参观了一所公立小学的校园，学生们把光秃秃的沥青路变成了花园。监管花园的老师告诉我学生们已经不满足学校的这个花园，他们去研究街上的树木，并与曼哈顿岛上其他社区的树木做比较研究。他还跟我说一些学生从未见过哈莱姆河，它其实就在那些建筑的背后，静静流淌。我想起那片令人赞叹的绿色花园，克拉斯·帕克的希望、安慰和来自生活本身的欢愉，像魔咒一样填满我的心灵。我想到了家乡受到威胁、断裂的树木繁密的峡谷，我们希望给它们一个共同的身份和名字：圣地亚哥城市峡谷公园，这样可以保护它们。你破坏了一个，就意味着破坏了所有峡谷。

在纽约，有上百个，甚至上千个自然区和生态屋顶，这些都可以使用政治手段连接起来加以保护。那这样一个都市生态网该叫什么名字呢？不能再叫中央公园了，但是纽约客们可以创造一个全新的公园，包含上千个种有本土植物的小生态区，包含在地面上、屋顶上的城市绿宝石展览馆，这样一个公园同样可以写入纽约的历史。或许我们可以叫它：纽约的非中央公园。

休闲娱乐场所——大人和孩子平时消磨时光的地方——也可以融入非中央公园。即使纽约市星星点点的公园不少，但是孩子们仍然没什么机会接触大自然。为了解决这个问题，城市规划师和教育工作者正在建造一些新的娱乐场所，在这里孩子和大人可以从绿草茵茵的斜坡上滚下来，也可以攀上树木掩映下的岩石。令人惊讶的是，这样的绿色休闲场所可以绵延数千英尺。过去 20 年，绿色休闲场所的设计师们十分精通如何建造真实的自然风景区，他们使用专门的土壤和植物，采用新的灌溉技术；设计斜坡是为了防止雨水侵蚀；在墙上安置悬挂式花园。设计师们还在附近遮光的建筑上安装玻璃，从而反射太阳光，驱散绿色休闲场所内的灰暗。炮台公园城的泪珠公园就采纳了其中一些技术，规模更大的布鲁克林大桥公园也在计划使用。破烂的沥青操场或城市空地，为我们提供了许多机会将它们改造成绿色休闲场所。

纽约市要成为一座更好的城市，就要舍弃传统的屋顶花园，建造节能、适宜野生生物居住的绿色屋顶，而且还要是供人类玩耍的绿色休闲场所。耶鲁大学的史戴芬·克勒特说："考虑到屋顶是大部分城市的植物，可利用起来进行光合作用的最大的栖息地，所以绿色屋顶没有理由不发挥更积极的作用，更加有利于环境的美化。一想到我们可以在这片土地上做些改变，就令我兴奋不已。"

什么地方适宜建造自然体验区？因为人们对已有的空地和公共场地该如何利用各持己见，这就需要我们对这个问题的思考更有创造性。澳大利亚的彼得·科，是全国性报纸《时代报》环境板块的记者，他描述了在墨尔本，"改造公园嘴上说说比做起来要容易得多的。"在一座公园内建立社区花园的计划引发了众怒。"当地一些居民希望在空地上种上植物，其他人则认为这只是为了满足少数人利益，挤压已有公园空间的行为。"这场论战引发的民众热情令当地政府官员大为震惊。基于这场论战，迪肯大学的副教授马迪·汤森告诉科"在城市中搜寻适宜建造新公园和社区花园的地方"包括"巷道、没用的土地和不适宜房屋建设的河岸地段"。她补充说，从长远来看，私人企业可以将他们的一些土地变为公共休闲场所。"比如查斯顿购物中心，这里有停车场和两层或三层的购物场所，为什么不将顶层改造为自然公园呢？这样可以使其他楼层更加凉爽，而且为人们提供绝佳的户外场所。有个不错的公园，人们就更愿意去查斯顿购物，购物前人们可以坐在公园里享受午餐，这对企业而言无疑是十分吸引人的商业点子。"

社区也要更有创造力。最近几年，大型全国性的环保组织在募集资金和吸纳会员方面都遇到了困难，和他们相比，土地信托运动无疑取得了巨大的成功。当然，大的土地信托组织也不是无所不能。假如居民个人和社区组织站出来保护自己家园附近的绿地，将它们和更大的生态网络连接起来，会怎么样呢？记得你还是小孩子时，那片专属于你的绿色乐园吗？或许是死胡同尽头的一小片树林，又或许是房子后面的一条山涧。如果大人们也像你是个孩子的时候一样，关心爱护他们心中那片绿地，会怎么样呢？那么这个想法就应运而生了：创建社区"附近自然信托组织"。土地信托组织可以负责分发一些工具包或提供咨询服务告诉社区的居民，团结起来，抵抗政府的官僚主义作风，保护珍贵的自然区，这些做法某种意义上都属于非中央公园的建设。

在丹佛市，公共用地基金会与科罗拉多健康基金会合作，整合那些关注人与自然分离的组织，基金会的领导人和我考虑了经济不景气时土地信托的未来发展。其中一位领导人建议社区领导人也应关注被弃置的房屋，买下来，拆除后建造回归自然的公园或社区花园。"我们真要好好想一想创造自然，而不仅仅是保护自然。"他说。

这里举一个这种构想在现实中的例子。北卡罗来纳夏洛特市的卡托巴土地保护组织，是当地一家土地信托机构，已经保护了 7500 英亩（约合 45527 亩）的土地。卡托巴还是卡罗来纳纵贯线项目的领导机构，这个项目构建最终穿越北卡罗来纳和南卡罗来纳两大州大部分地区的路径网，沿途遍及 15 个县，200 万民众从中受益。在卡托巴组织的官方网站上，是这样描述卡罗来纳纵贯线项目："简单说来，它会连接人与各个地方。会连接各个城市、城镇和旅游景点。这不仅仅是远足的线路，不仅仅是骑行线路，卡罗来纳纵贯线将会保护大自然，在这里，你可以探索自然、文化、科学和历史的美，这是家庭探险之路，这是坚固友谊之路。"人们想要实现如此伟大的计划，不可避免地会遇到许多法律和政治的挑战，如果这个计划在重重挑战中存活下来，那么卡罗来纳纵贯线便是地区满足人们对自然带给人类的健康和幸福的需求，最好的例子之一。无疑与自然的亲近应该是未来医疗健康体系中不可或缺的部分，这是基于身心健康两方面的考虑。

亲近自然基金会的核心组织原则应是：依靠自己，马上行动，可以请懂土地信托的朋友帮一点小忙，提供一些必要信息。

那这些袖珍的土地该叫什么呢？我的建议是：纽扣公园。口袋公园是指由政府或开发商建造的公园；而纽扣公园——是人们自己经营的公园。这个概念在南北卡罗来纳州还有些特殊的意义。卡罗来纳纵贯线之所以取名为"纵贯线"，不仅是因为这个词让人可以联想到这条宏伟的线路，而且是因为卡罗来纳一直依赖纺织业。过去的几十年，高新技术产业取代了纺织业，但是这个地区的纺织业历史保留了下来。在当地热情居民的陪伴下，我拜访了卡托巴部落，我突然想到，如果住在纵贯线附近的居民不仅是使用这条路，还悉心维护纽扣公园，那么随着时间的流逝，卡罗来纳纵贯线的政治和社会影响力还会不断增强。有些地方不必跟纵贯线有实际的连接，它们可以看作是这条纵贯全区的线路的小分支。毫无疑问肯定有反对的声音，部分原因是害怕责任分属不清和可能存在丧失隐私的风险。全国也确实有先例。印第安纳州的韦恩堡市，詹森·基塞尔，是阿克斯土地基金会的行政总监，提出了一个十分有趣的可能。阿克斯基金会已经保护了整个印第安纳州东北部、密歇根州南部和俄亥俄州西北部的自然栖息地。基塞尔认为社区组织可以建造纽扣公园，至少在印第安纳州，处于自然状态的私人土地公用，未来所面临的诉讼风险比私自"改善"的要小。

在建造纽扣公园的过程中，人们会慢慢领会土地信托运动的重要性，随后大力支持这项运动。

与邻居友好相处

创建宜居城市不仅仅是完善绿色基础设施；还要有意识地提高城市中野生生物的数量，并和这些新邻居友好相处。奥勒冈州的波特兰市，自然环境设计师迈克·霍克，在全国范围内，发起了一项让城市回归原生态的活动，他描述了一些目前遇到的挑战。

波特兰市的开发商和道路建造商多年来一直侵占城市中的野生生物栖息地。与此同时，外来入侵物种，如喜马拉雅黑莓、英国常春藤等，占领了大部分公共空地。1990 年到 2000 年间，该城人口增长了 20.7%，空地消费量却只上升了 4%。这就是美国大部分都市趋势的逆转。包括城市边界线模糊在内的各种威胁不断增加。尽管如此，一些当选官员、公共机构和选举人还是默默地接受了自然在城市中存在状况的新版本，霍克说，观念必须要转变，从城市自然眼盲症转向"自然在心中"。波特兰市的政府官员正在保护边界线内的栖息地，也正在设法恢复自然植被。努力的结果令人振奋，霍克欣喜地告知全城，野生动物们已经归来。"奥勒冈州繁殖能力最强的游隼，它们的巢穴就在波特兰市的佛瑞蒙大桥上，"他说。15 年前，波特兰市没有秃鹫。现在它们在市中心筑巢了。"虽然老鹰和鱼鹰的归来是因为农药敌敌畏的禁用，但是如果它们的巢穴不在波特兰市，它们也就不会回来。"

其他城市也纷纷效仿波特兰市。波特兰市的缠结联盟与芝加哥野生环境保护组织、休斯顿野生环境保护组织、伊利湖—阿勒格尼河保护生物多样性合作组织和洛杉矶的里约之友组织一起，形成了"联盟的联盟"，在全国范围内为关注城市环境的大型区域生物多样性保护区筹措资金。西雅图的溪地保护组织也做了同样的事情，它与位于加州湾区康特拉科斯塔县和阿拉米达县的东海湾公园地区保护组织合作。得克萨斯州的奥斯汀市保护了一个城市蝙蝠群落，现在是该市经济发展的推动力之一。每天晚上，许多人聚在一起观看蝙蝠们从市内一座大桥下的家中飞出来；蝙蝠们形成黑色的漏斗，数英里外都可看到。这些蝙蝠不仅控制该市蚊子的数量，而且推动旅游业的发展。德州公路管理部门正在修建的大桥上都带有吸引蝙蝠的设计。

其他城市也有成功的例子。虽然许多物种仍然遭受污染、经济发展和新引进外来物种的威胁，但湖鲟已经在底特律河上的人工礁石上产卵了。"想想，35 年前，底特律河上漂浮着油膜，水中的磷物质不断增多，未经处理的污水排放进河中，还有如敌敌畏、迷幻剂和水银等污染物。"约翰·哈蒂格（和研究者泰瑞·哈蒂格无关）写道，他是底特律河国际野生动物保护区的负责人。现如今，不仅是鱼，海狸也回到了这座城市。甚至纽约也开始回归自然。"2007 年冬天，一只海狸在纽约市的布朗士河出现，这是两个世纪以来第一次，这无疑让该地区 1600 万居民对于重建与大自然的联系的兴趣更加浓厚。"他补充说。最近，1976 年纽约市仅剩下的一对秃鹰，也回到了这座城市，而且数量十分可观，甚至在曼哈顿区也有它们的身影。

让城市和郊区回归自然确实存在风险。特别是美国东北部地区，鹿群数量庞大，这对驾车旅行的人们和园艺师的确是个大问题。鹿群占主导地位对整个生物多样性的平衡也是个威胁。无论是控制狩猎还是控制野鹿的出生率，所有这些提出的解决办法都有争议。另一个问题是一种由蜱传播的疾病，也与鹿群有关。在加州南部的科罗拉多以及其他经济不断发展的地区，人与山中的狮子或熊相遇的事情时有发生，这是因为房地产开发不断深入狮子和熊居住的偏僻地区。

这种情况需要我们头脑清晰地去考虑潜在的危险。每年死于交通事故的人大概是 3 万，但是只有大约 130 人因为碰到鹿群而死——大部分人还是因为玩手机而没有及时躲避。事实上，马杀死的人可比鹿多——每年 200 多人。你被一只大型动物杀死的概率是 1/5000，而被闪电击中的概率也就 1/56000。这些数据会给那些遇到，假如说，一只发怒的狮子，或他们的孩子被郊狼或狐狸攻击的少数人们一些小小安慰，这些袭击事件最近几年确实在美国和英国发生过。但是我们想想被家养宠物伤害的概率。根据疾病控制中心的数据，美国人每年被狗咬伤的几率是 1/5。大概 8 万美国人因为狗咬伤而接受治疗，其中一半是孩子。可以去翻翻报纸，看看那令人胆战心惊的标题：孩子被一群比特犬咬死、老人被自家看家狗咬伤、慢跑者被罗特韦尔犬扑倒。这并不是说因为这些风险我们就不养宠物了。实际上许多种类的狗都是大材小用。如果这些精神状态良好的狗可以发挥更多的作用，比如年轻人和大人远足时作为保护他们的伴游，当然是在那些允许狗进入的地方，那么那些可能并不喜欢户外运动的人，在狗的陪伴下，反而非常乐意出去，在峡谷、林间和其他自然区享受大自然的美好。

说到这，另一个事就是：如果我们把猫关在室内，那无数小鸟的生命就得以挽救，而且也免得猫被郊狼、其他野生食肉动物和野外的危险所伤害。

"有些人想活在无风险的世界中，那是不可能的。"沃尔特·博伊斯说，他是医治野生动物的兽医和加州大学戴维斯分校野生生物健康中心的行政主管。博伊斯深深知道偶遇一只野生动物后遭受的痛苦。三年前，一只鹿袭击了他。"我们过去在中心养过一群鹿，"他不久前告诉我。"一只雄鹿在离我20英尺（约合6米）或30英尺（约合9米）远的地方向我冲过来。它用巨大的身躯连续猛击了我30到45秒。"这只鹿伤了他的大拇指，差点造成永久性伤害，还把一只鹿角插进他的腿里。这次袭击是如何发生的呢？博伊斯犯了个大错，他在这只处于发情期的雄鹿前单膝跪地；这样顺从的姿势立刻激起这只雄鹿要宣示自己的主导地位，"来证明他是鹿群的坏小子。"虽然住在离野生动物很近地方的人们可以学习一些基本规则来保护自己，但是总有极端情况发生，博伊斯就是活生生的例子，他还是动物行为方面的专家呢，还是无意中让一只鹿攻击了自己。

很明显，我们不能完全掌握野生动物的行为，这一点对人类而言，既要提高警惕，也能获得很多乐趣。博伊斯仍然坚持认为公众教育可以降低被袭击的风险。我们也学会了视这种风险为日常生活的调剂，这种报道在媒体上可不多见。

和城市中的野生生物一起生存有一些基本原则：重新安置动物通常不起作用；其他野生生物搬回它们的领地。只在室内喂养你自己的宠物，不要喂养野生动物。和新邻居就这条原则达成一致意见。为野生生物种植树木时：种植本土植被，保证自然的隐蔽场所完好无损，避免不必要的交流，享受它们的陪伴。"回到波特兰市的动物中有海狸，"霍克说。"能见到它们在城市中出现真是太棒了。但另一方面，如果它们搭建堤坝的涵洞不合适，那就是大麻烦。所以我们使用了一款装置，叫做'骗骗海狸’，这款装置可以让海狸在涵洞中畅通无阻，但是不会让它们在那里修筑堤坝。”说到壁虱，托马斯·M.马瑟，罗德岛大学媒介传播疾病中心的教授和主任，建议多使用衣物除虫剂。他说这种简单的措施，经常定期使用，可以将壁虱叮咬和感染的概率降低到五分之一，甚至更多。当然了，在去了有壁虱的野外后，大人和孩子都要做身体检查：头部、脖颈、腰带、腹股沟、袜子下面等地方都要仔细检查。家长们要听取儿科医生的建议或从网上学习规避自然界中的风险的具体措施。

公众教育会发挥作用，但是明智的开发模式同样会在人与野生动物的接触中起到缓冲作用。这就是为什么迈克尔·苏尔，这位生物保护领域的主要推动者和加州圣克鲁兹市环境研究前任主席，坚持在加州南部创造一条漫长的野生动物生态长廊的原因，他说，这条生态长廊应该从墨西哥边境到横岭山脉，从莫哈维戈壁延伸至圣芭芭拉海岸。苏尔写道，“否则，恐怕我们最终会失去生活在加州南部山林中的狮子，失去我们神秘的向往，失去大自然。”这种失去将给人类带来心灵和精神上的风险。

回归自然的努力贵族化

自然法则不反对城市生活。实际上，它持支持态度——它将自然与美的种子播种在已有的和新的地方。今天早上，我在旧金山，这是外联网之内的特殊地域。走出玛杰斯缇克大酒店，这座酒店建于1902年，在地震和大火中存活下来，我见到晨雾沿着建筑向下旋转，随后在赛特街上缓缓爬行。我向着菲尔莫区和日本町出发，准备开启清晨的散步之旅，日本町也叫日本城，20世纪40年代因为强制收容，该地区的资源被消耗殆尽，随后50年代再次发展起来，拓宽了基利大道，也摧毁了很多维多利亚风格的建筑。这个地方有着丰富的人文和自然历史。旧金山的晨雾渐渐消散了，我想起我的儿子贾森，他今年 28 岁了。曾经在伦敦、纽约和洛杉矶居住过——最近他一直考虑搬到陶斯市或圣菲市。典型的城市男孩，不知疲倦地为环境形成的成因工作，他对整个物质世界和表层与外观背后的东西很敏感。在加州茂密丛林的山上学会了上外联网。所以现在，即使身处城市之中，他也能透过表面的东西发现奇迹。我认为，他也同意这一点，在圣迭戈峡谷中度过的时光令他更加善于观察周围的环境，也使他能更深入地观察地表结构，即使是人造的。到了我这个年纪，或者更老一些，这种能力也不会丧失，他只要需要，就可以从大自然中获得慰藉，特别是当我们的城市越来越回归自然。

　　有时，紧随成功而来就是风险的警示。过去，城市居民改善自己的居住环境后，收入高的人们搬进这些环境优美的住宅区，房屋贵族化使得原来的拓荒者反而被挤出去。这样的事同样也可能发生在现在正在美化社区的都市园丁身上。这种回归自然的努力贵族化后，将这些低收入的人们推到一边。亲近自然变成了特权阶级的特殊待遇。我们看到，一些最令人惊叹的令城市回归自然的努力都发生在一些低收入社区。公共政策必须确保这些努力，包括绿色游击队员的特别工作——翻修了旧的沥青路，建造社区花园——不会被他们自己的成功所取代。这些政策也要求新的住宅小区不能仅是富人的封地。某种程度上，这些政策已经开始实行。比如，我在写这本书时，辛辛那提市恩莱特岭都市生态村中就有了公众可以买得起的住房。一个人花费 6 万美元，就可以买一幢两层、双卧室、带地下室的房子，还有露天平台可以眺望那些被保护的树林。这只是开始，还远远不够。

　　再次重申，最强调公平的不可能是城市的政府官员，一定是住在并帮助保护回归自然社区的人们。一个文化体将它的优点融入亲近自然的改造中，但自然的能力不仅是由这些优点定义的。还是由一个民族运用社区组织手段的能力决定的。社区回归自然是挑战；保护这个社区又是一个挑战。一座城市，要想成为可持续发展的花园，必须在生物和经济上都呈现多样性。这个道理同样适用于新郊区。

第五部分

高效能人类

生存、生活和未来

　　在地球母亲的大地上行走，我们总是认真留下脚印，因为我们知道，未来的那一代，正抬起头来，从地下看着我们。我们从来没有忘记过他们。

——欧仁·利昂，奥内达加族印第安人

第十七章　大草原上的小郊区
新型乡村

1991 年的一个周末，餐馆老板史蒂夫·尼格伦和妻子玛丽开车去乡下度周末。他们在一本时事通讯上看到一则土地出售的广告，那地方离亚特兰大哈兹菲尔德—杰克逊国际机场不到 30 分钟的车程，所以想去看一看。

他们在田野和树林中徘徊时，立刻爱上了这片 60 英亩（约合 364 亩）的农场，当即买了下来。"我们每周都会来到这里度周末。这个农场深深影响了孩子们和我们夫妻俩，改变了我们的选择，"尼格伦回忆说。当时他们的孩子一个三岁、一个五岁、一个七岁，这一家人住在亚特兰大最有名的安斯利公园居民小区，就在城市的中心。"我们物质生活富足，只要你能想到的，我们几乎都有，但是却发现我们最渴望的就是每周五晚上收拾行李，去乡下度周末。我们把农场原来的农舍租了出去，修补了附近的一幢乡村小别墅。在那里，有一堆拼图和玩具，孩子们下雨天时只能在屋子里时，就玩这些，各式各样的玩具，却唯独缺少大自然——孩子们对大自然的兴趣比我们想象的大得多。"3 年的周末出行后，他们卖掉了城里的房子。尼格伦把手中的 34 家餐馆也卖掉了，早早地退了休，全家彻底搬到乡下农场。他们建造了一座生态花园，在树林中开辟了小路，翻修了那幢 1905 年建造的农舍，把马厩改成了客房。"不管生活压力有多大，或者有时和孩子们交流困难，在树林中散散步就可以完全改变。"尼格伦说。

一天慢跑时，尼格伦震惊地发现许多推土机正在附近的农场上隆隆作响。于是他又买了 900 多英亩（约合 5460 亩）的土地。餐馆老板成为环保激进分子，随后又成了开发商。他联系了占地 4 万英亩（约合 242811 亩）的查特胡奇山区的大部分地主，"大概有 500 多人，包括我们这一代的地主、土地投机商和开发商，"尼格伦说。"这就需要建立一个领导机构带领大家找出平衡各方利益的解决方案；因此查特胡奇山区联盟就这样成立了。"两年里无数次的公开会议后，县政府出台了新的土地使用法规，禁止建设大型乡村别墅，支持建成那些被森林、农场和牧场围绕的小村庄和聚集成群的村落。

现在，尼格伦虽然是满头白发的 64 岁老人了，但是心态还很年轻，他现在是新的——倒不如说，旧的——郊区发展的传道者，能言善道，语气温和。他的沉静之野，现在已有 240 名居民，这片土地建造遵循的原则是：保护土地、当地生产粮食、节能、可以供人们散步、居民区聚集而建、具有艺术性和文化性、社区归属感，最重要的是能让人全身心沉浸在自然之中。沉静之野就是未来郊区生活发展模式的典型例子。改良一下，这种模式同样可以在日渐衰败的城市和郊区社区中得到应用。

这种方式突破了传统的绿色设计，传统的绿色设计主要强调节约能源，尽可能减少对地球的影响；而这种新兴的设计理念则强调节约能源和生产人类自己的能源。

史戴芬·克勒特在他的《建造生活：设计和理解人与自然的关系》一书中，使用了"回归自然的环境设计"这一术语，他说这个术语"体现了互为补充的目标，既将对自然系统和人类健康的伤害降到最小，同时又丰富了人类的身体、头脑和精神。"

沉静之野是这片占地 1000 英亩（约合 6070 亩）土地的名字，这里有正在规划建设和已建成的小山村，一个有 19 个房间的小旅馆、有机农场和正在计划中的艺术农场。目前已建有两个小村庄，塞尔伯恩村，注重艺术，格兰奇村，强调农业生产。正在规划的第三个村庄关注居民身心健康。几乎所有的住房都和附近的自然区或农业区相邻。邮箱安放在中心商业区；前廊嵌置在六至八英尺（约合 1.8 到 2.4 米）的人行道上；散步小径把各所房子连接起来。

有人会说对自然界，特别是有价值的农业用地施加的任何影响都是巨大的。但是这片土地原本要被开发商建成大的乡村别墅或切割成一块块建造完全一样的单元住宅区。相反，沉静之野使得 70% 的树林和农村地貌得以完整地保存下来，又增加了 30 英亩（约合 182 亩）的农场。农场既是有机农场，又确保生物多样性，种有 350 种不同的蔬菜、香草、鲜花、水果属于蔬菜，由 110 名成员组成的社区自助农业项目组、沉静之野农民和艺术家市场组织和当地的餐馆，在长达 40 英里（约合 64 千米）的农贸市场上，购买这些蔬果。社区产生的废水经处理后在生物滞留池中使用，也用来建设湿地。设计师们说沉静之野每月的用水量比全国平均水平低25%。这座房屋聚集而建的小镇，没有商店，可容纳的人口最多占整个土地面积的30%，而传统的地产开发房屋面积要占到80%。这种高科技、高自然化的配置比起美国当前的农村用地状况，在经济上更能可持续的发展，随着农业地位的加强和农村计税基数的恶化，美国当前农村用地正逐渐减少。

尼格伦认为沉静之野已经稳定了当地的计税基数。但是他去贷款仍然没有人相信他。"我试图告诉他们我们所建造的高尔夫球场不同以往，它不会对自然产生任何消极的影响。但是还是没人肯借钱给我。"最终，尼格伦和家人决定自己融资开发沉静之野。"我们最终将除了沉静之野这块地之外所有在亚特兰大的不动产抵押出去，获得贷款，"他说。"我们开了一次家庭会议，很明显，为了能完成沉静之野的开发，这是当时唯一的选择。我告诉了玛丽和孩子们我们的处境。我预存了孩子们的大学基金，剩下所有的财产都会投入进去，财政状况岌岌可危。妻子和孩子们都支持我的决定，这样沉静之野得以继续开发。"现在尼格伦希望向世人证明这种开发模式是具有经济可行性的。

其他人也怀揣着同样的梦想。2006年，《纽约时报》报道了一类规模虽小但发展迅速的第二个家社区，这些社区居住的人都是一些赶往新兴社区安家的人，比起高尔夫球场和网球场，他们更钟爱大自然中的小径。怀俄明州杰克逊市的三条小溪大农场，就为居民们提供了舒适的居住环境，例如社区内有猛禽栖息地重建和标记鸟类等项目。南卡罗来纳州的春岛社区内，有山中骑行路线，植物、鸟类识别活动以及参观夜间野生生物项目。

这些住宅小区只能给富人住吗？尼格伦承认沉静之野的大部分住所都是办公室，有一些小型乡村别墅可以供人们居住。我提醒他，许多 20 世纪 60 或 70 年代的社区住宅，因为许诺会建造经济适用房，都得到了政府补贴。但是这些许诺鲜有被遵守的。尼格伦争辩说大部分开发商和金融机构不会搬到这里，除非有大量证据证明富人们愿意放弃宏伟的乡村别墅，乐意在临近大自然的城镇中，找个一亩三分地住下来。

另一个风险就是这样吸引人眼球的社区会陷入特洛伊木马开发模式，就是为传统房屋用地的泛滥提供便利条件。这实际上是很可能会出现的后果，除非住宅区的法规修改，支持临近自然或农业区的集聚村庄的建设。

尼格伦指出英国农村和他的发展模式是一样的，将大自然、当地农场和乡村生活结合起来。我最近乘火车和汽车，沿着英格兰西南角到苏格兰中部一路旅行。当代英国农村和旧的乡村、新建城市之间泾渭分明，这样农场和森林几乎围绕在每个居民区的周围。英国保存完好的乡村是封建地主经济的宝贵遗产，第二次世界大战后颁布的城市绿化带法律法规导致经济发展涌向城市中心，这对保护农村环境也起了一定作用。我们很难在美国见到这样的发展模式。但是，英国城市人口越来越密集，城市附近的自然区在逐渐消失。所以，人口向乡村流动已是不可避免的趋势。现在看来有两个解决方案，或是像美国那样向郊区延伸，或是效仿沉静之野，建造更多的田园村镇。英国和美国，新建住宅要将本地粮食生产和自然保护区结合起来，这就需要利用高科技的通讯设备，比如视频会议。这样做，理论上可以减少汽车出行。

城市土地学会，是美国关注"城市智能发展"的主要非营利性教育和科研机构，预想了未来的发展状况。2004 年该学会的一份报告预测到 2025

年，美国将增长 5800 万人。按照吉姆·埃德的说法，他是可持续发展方面的专家和 2004 年报告的作者，填充模式——在重新翻修的城市住宅区或近郊增加用户——会满足一部分住房需求。但是最终发展会突破城市的边缘。俄勒冈州的波特兰市，在都市地区发展规划中预测，70% 的近期增长将是未开发场地（城市规划师对空地的行业说法）的开发，其他一些美国的管理部门预测这个数字将接近 90%。"虽然城市向郊区扩张的现象非常普遍，但是不走扩张的路子，开发未开发场地无疑是最实际、开发成本最低、最容易实现的方式，特别是考虑到这些地区具有建造大片的未被破坏空地和建设可持续现代基础设施的潜力。"埃德写道。优良的未开发场地的发展模式具备三个先决条件：全区域可持续发展的空地体系；供居民散步、骑行等多功能区；在房屋类型、面积和价格上实现多样化。

除了这些要求，尼格伦还要加上临近大自然、当地粮食生产，有时还需要少一些限制。沉静之野鼓励不同建筑师提供多种设计方案，避免传统的模式化房屋风格。但社区内也有约束条件，其中一个就是每幢房子必须有至少 8 英尺（约合 2.4 米）深的前廊，这样可以将第一层延伸出 70%。"我们决定这个尺寸是因为这样你才可以在前廊中放一把安乐椅。即使室内安有空调，走廊够宽敞，与人行道离得也近，人们还是愿意在廊下休息。"沉静之野跟许多社区相比，在孩子们玩耍方面限制要少很多。"我们故意没建操场，"尼格伦说。"这里有球类运动场地、树林和小溪，还有数英里的远足路线、野餐桌、轮胎秋千、钉马掌的地方和树屋。"

孩子可以在树林里建造自己的树屋或城堡吗？"当然可以。而且有趣的是，还没有一个孩子因为在树林中玩耍而受伤。"

一些环境空想家认为这样的发展是反生产的，主要原因是：他们仍使用手机。沉静之野的村民们可能在当地愿意走路，但是谁来告诉他们不能开车去亚特兰大呢？

理查德·雷吉斯特在近 40 年的时间里一直在推行生态城市的理念。他所说的生态城市，指的是城市"中心地带是人口和多样性的集中区"，不能使用手机，禁止城市扩张。雷吉斯特写了几本有关生态城市的书，有一本叫《生态城市：在与自然的平衡中重建城市》，他反对新都市主义和城市智能发展运动，在抱树人网站上说明了原因，他认为许多支持这些城市规划理念的人，"张着大嘴说运输，尤其是铁路非常重要（就是很重要嘛），还说汽车也被接受了（并没有……汽车或无车城市。只能选一个。"按照雷吉斯特的话说，只要使用手机，不管是在回归自然的都市中还是新型农村，我们与自然的平衡关系就会被破坏。

回归自然的交通方式

讽刺的是，带有发电机的机器曾是 21 世纪人与自然可能重聚的早期标志之一。许多混合型驱动器，至少较早出现的一批，判断它们的驾驶体验是否良好的标准已经不仅仅满足于速度和力量。

2003 年，我的一个朋友，坚定的环保主义者，把他新买的混合动力汽车丰田普锐斯停在我家车道上，向我们炫耀。有一段时间，一些混合动力汽车在保险杠的贴纸上写着，"想费油吗？我可做不到。"你都快期盼着 GPS 导航仪用拉尔夫·纳德冲破灵魂的怒吼告诉你："下一个路口左转。"我那时也很迷恋这种车，特别想买一辆。最后一次我从生态学观念出发买车是在 20 世纪 70 年代，买了低排放量、转缸式发动机的第一代马自达。那个发动机融化了。尽管如此，我还是乐意再次尝试。现在，我和凯西两人开一辆车，也是混合动力型。

混合动力型、电力型又或者氢气动力型汽车的环境正当性，这个问题尚有辩论的空间。雷吉斯特和其他与他观点一致的空想家还担心特洛伊木马的动力。汽车效率越高，甚至燃料价格上涨，我们就越可能住在郊区或远离城市的地方。

先把那些意想不到的后果抛开，朋友把他的新普锐斯停在车道上的那一刻，我想到的就是混合动力的好消息。防止全球变暖的目标似乎……没有完成。但是，不管环境上还是大众心理上，普锐斯都获得了成功。设计师威廉·麦克多诺，曾提出可以建造排出的水和空气比使用的更加清洁的工厂，在普锐斯出现之前，对很多人来说，这样的想法就是不现实的乌托邦空想。普锐斯出现后，似乎是有了实现的可能。

顺便说一句，自从买了新车，我这个朋友就养成了新的驾驶习惯，简直快要把他的妻子逼疯了。他看仪表盘上的指针就像护士盯着呼吸机上的仪表板一样。每加仑汽油行驶的里程比广告上说的还多时，然后他就会为这样的成功欣喜不已。这种满足感不仅仅是因为全新的发动机，也是因为技术的改进，这种技术的进步满足了消费者对混合型动力的心理需求。那时我总是嘲笑朋友的这种迷恋行为。但是我们买上了混合动力汽车后，我也陷入了同样的疯狂。我浏览那些推崇这种"新型"驾驶的网站：为了使每加仑汽油行驶出最远的距离，驾驶混合动力汽车的司机们需要"先猛地加速，随后慢慢滑行"，给油门"插上翅膀"，等等诸如此类的描述。有人会觉得这样的驾驶习惯会让人不再关注路况和周围的环境。但是对我来说恰恰相反。一天，我突然意识到我甚至开始关注今天是逆风还是顺风，不同风向仪表盘上的读数可不同。我开始关注地形状况、室外温度和其他环境因素，这些也影响每加仑行驶的里程。曾经麻木的驾驶状态完全被全新的精神状态取代，更加心平气和，更加关注周围环境的变化。我把它叫作锐斯禅学或混合动力的高雅艺术。

这种缓慢的驾驶状态我就坚持了几个月。现在，我妻子仍然这样，但我却又开始追求速度了。

虽然有一些小故障，但是混合发动机和其他新技术的出现的确让人们重新看待了出行这件事。希望仍在继续。但雷吉斯特是正确的。如果不能更全面的改善交通状况，这种希望持续不了多久，改善包括更加整洁的环境，在城市和郊区，建造穿越生态走廊的远足和骑行路线等交通线路，私人汽车和公共汽车在这些适于步行的地方行驶会更加安静。

丹·伯登把自行车称为"认知机器。"他回忆说："我小时候瘦得就像栏杆，而且肢体协调能力严重受损，脊柱外凸，近视，还十分害羞。"他开始骑自行车后，身体和精神状态都开始发生变化。这台认知机器带他"去了汽车、步行还有其他交通工具都无法办到的远方"。"从日出到日落，无论城市还是乡村，只要我到的地方，就是我的。"

到 18 岁时，他去过农田、河谷和附近的林地。他知道怎么找到安静的道路、旧的农场小路和林中小径。各种天气他都经历过，无论是在浓雾弥漫的夜晚还是飘泼大雨。温暖的夏季夜晚，甚至可以感受到凉爽空气的层次感。从弯弯曲曲的农场小路上骑上去或滑下来，他尽情地吸收着大自然的味道。他逐渐了解了不同地形、不同季节之间的微小变化，即使过渡性季节之间的变化也逃不出他的眼睛。"我敏锐地观察着俄亥俄州乡村的一切，"他说。"自行车，后来还有我的双脚，带领我探索乡村和城市的一切，让我去辨别欣赏两者各自的特色和不同之处。"在自行车上，他补充说："你要按着大自然的速度前进。"

说到户外锻炼的好处，伯登希望我们不要局限在身体健康上，户外锻炼还令我们的精神更加敏锐，获得许多意想不到的好处。他激动地说，依靠走路或骑车的没有限制的探险，我们变得更加有礼貌，更加自信，更加富有人道精神。

现在，伯登是适宜行走和居住社区协会的主席，这是一个总部在华盛顿的国家组织。他受邀于联合国自行车顾问小组援助中国，是佛罗里达州自行车和行人协调员，收集了全世界 2500 多个城市交通状况的照片。还坚持推行城市安静交通条例，要求改善十字路口的设计，提倡建设临水小路、公园和土地敏感型住宅区、商业区和办公区。

纵观整个人类历史，直到 1925 年，城市和郊区都是追随人类的脚步建设，伯登说。"汽车越来越多，现代主义风潮愈演愈烈，在这两者的双重作用下，城市的布局和规模不断扩大。"第二次世界大战后，美国资金充裕，开始拆除破旧的城市中心区，向外搬迁。当时，因为要抛弃了原来的街道、市中心和历史中心，所有城市成了大片土地的消费者。"汽车使得大片土地建满了停车场，随着城市扩张的加剧，自然栖息地和农场没了。小溪被填平，河口被掩埋，许多附近的森林也被砍光。"

1946 年至 1965 年出生的婴儿潮一代人或许是最后一代记得周末驾车游的人，那是 60 年代早期家庭生活的主题，爸爸妈妈带上孩子、老人和狗，周日做完礼拜后，带着全家出城来一次休闲之旅。车窗摇下，小狗的嘴巴在风中，爸爸把胳膊搭在窗边上，没准后备箱还有个午餐篮。车速缓慢，大家慢慢欣赏着田园风光，呼吸着新鲜空气。或许我们可以让更高雅版的周末驾车游回归。想想那些重新改造的大众交通——你可以选择燃油公交、有轨电车或火车——悄悄地驶过城市，经过一片森林后，来到乡村，将城市内的居民区和远郊的生态村连接起来。不要驾车去周末休闲游，选择回归自然的交通方式。带上野餐篮子。

我第一次想到这个方案时，好像又是一个乌托邦美梦。随后我参观了一个新的自然保护区，就是位于俄勒冈州的图拉丁河国家野生生物保护区，在波特兰市市中心西南方向几英里处，保护区入口处就有一个公交车站。不久，《俄勒冈人报》报道了美国志愿队一名志愿者的事迹，他把保护区中植物和动物的名字翻译成西班牙语和俄语，因为在波特兰市至少有6万人讲俄语，在波特兰市，随着地区苗圃种植业和草籽养殖业的兴旺，来自世界各地的人来到这里工作。图拉丁河国家野生生物保护区"与当地交通部门合作，到这里来只能乘坐公车"。吉姆·斯特拉斯堡，保护区的户外休闲项目规划师，也告诉记者，"任何人在市中心跳上公交车，不到一个小时，就可以来到这里。"

数年来。伯登一直骑自行车出行，为城市中的其他人创造骑行的方式。现在他将要彻底改变。实际上确实是惊天大逆转。

他和妻子利斯直到30多岁才买汽车。他发现在佛罗里达州的彭萨科拉，根本不需要汽车。他每天骑2.5英里（约合4千米），经过森林和湿地的小路，从埃利森田野科研基地到西佛罗里达大学的校园。他回忆说："去学校的路上，我一直天马行空地思索；回来的路上，常常繁星满天，这让我精力充沛。灵魂得到释放。"

他和利斯1970年在俄亥俄州结婚，随后搭车去蒙大拿州的米苏拉市。因为没钱买汽车，他们夫妻俩去哪都走路或骑车。几十年前在那里建立的社交关系仍然比他们后来居住的任何地方都亲密。他把这归功于自己的双脚和自行车。现在，丹和利斯计划重新回到没有汽车的生活中。今年不久，他们将搬到汤森港，这是位于华盛顿的适宜步行，自然风光迷人的海港，它的背后就是奥林匹克半岛。"好吧，利斯因为社区花园的工作还是要用到卡车，"他承认说。"为了全国和国际上的各种工作，我当然还是会开车。但是，身为城市规划师和设计者，我们有责任去建造最棒的城市——出行不开车不是失去自主，而是新的自由，舒适和快乐。"

伯登的下一个行动阐明了我们这个时代的难题。核心意义上，我们知道人口密集，回归自然的城市是必要的——但是小城镇和郊区，或者说郊区是什么，仍需要一个解释。

郊区世外桃源和美的原则

只有郊区重新开发，现存社区重返自然和交通状况改善之后，建造如沉静之野这样的新城镇才会取得有意义的进展。

城市和郊区正在丧失它们本身的意义。最早一批郊区的迅速发展造成了健康的乡村生活的假象。在这之前，19 世纪晚期和 20 世纪初期的规划师认为城市和郊区应是大自然丰富的地方。这种理念引发城市花园运动。努力争取在纽约市建造中心花园的实业家们并不关心油气价格。他们优先考虑的是工人的生产效率，而贴近自然对健康有益，这样可以提高生产效率。不幸的是，规划师和消费者最终不再坚守这一理念。今天，太多的城市和郊区居民区脱离自然，这迫使许多人搬到城市远郊。郊区的状况也是事实，就像城市中心一样，都可以得到改善。

"战后美国的郊区建设是世界历史上规模最大，最昂贵的一项事业，"汤姆·马丁逊说，他写有《美国梦想蓝图：在战后郊区中追求幸福》一书。"是时候让郊区问题引起全国关注了。"郊区重新开发的需求不断增加;郊区贫困增长率现在是城市的两倍。

在郊区世外桃源中,这是我起的名字,老旧的购物中心或翻修,或被更具经济可行性的多功能中心取代;居民买得起和价格昂贵的住房安置在最顶层和停车场附近;"割据"的小商店整合起来,成为综合商区;原来不相连的道路连接起来,以道路变窄来限速;夫妻经营的街角杂货铺和其他人行道的便利设施在整个居民区要随处可见。马丁逊建议多功能的零售商场和居民区还应包含"建筑意象——雕塑、艺术品——体现居民区特色"。郊区世外桃源的开发商们应该建造一个绿树葱葱的新社区,可以种有原来居民区的植物,但是重新开发也要包含本土植物,本地粮食生产和新的但不突兀的太阳能设施,这些设施尽可能实现每家每户能源自给。

为了鼓励创新和多样性,我们不要制定严格的条约,也不要被开发商施加的种种限制和容易激动的社区组织提出的强制要求所影响。一个女人告诉我她所在小区的社区组织认为大家门前的盆栽植物太多了,于是就实行了一个新的私人规定:不得超过两个花盆,而且花盆不能超过 10 英寸(25.4 厘米)。花盆竟然成了敌人了。在郊区世外桃源,生活没有最好,只有更好。

支持郊区重新开发不是支持城市扩张,也不是反对在一些城市中经常见到的人口聚集——而是支持人口密度较高,自然栖息地、屋顶花园较多、散步和远足方便等的社区。传统分区很少鼓励自然、家庭和工作场所混合的开发模式。既然郊区衰败的铃声已经敲响,要建立回归自然的社区,就要鼓励重新开发的社区结合沉静之野和西欧聚集而建的生态村两者的优点。支持这种开发途径的同时,也有需要警告的地方。如果现在一些郊区开发区的僵硬模式被更绿色更有效的僵硬模式替代，该多么不幸。

在美国西南部偏远的大荒漠地区——双子灰山、加纳多小镇、维德遗址和钦利河附近——我曾经见过纳瓦霍印第安部落的挂毯织工，仔细观察了他们的挂毯，注意到这些挂毯的一边会缺一排羊毛。一个女人解释说："织工故意在挂毯上空下一排，留下瑕疵：这是一种无言的表达，承认只有神才是完美的。"在建造那些贴近自然的社区时，我们也不需要追求完美。一旦自然法则发挥作用，畏惧和强制命令就该为风格多变、生物多样性和文化多元化让步；热带雨林中没有哪一排树是整整齐齐的，也没有哪个物种生活被严格分类。这个模式就是不规则的——它的复杂性远远超过我们所理解的经济学。一棵树可以慰藉我们，不是因为树枝和叶子整齐有序，而是因为在一个更大又看不到的格局中它是如此的独特——好像我们人类一样。

艺术家、家庭设计师詹姆斯·哈贝尔说，这个更大的格局可以感知；我们能感觉得到，却看不到。我和哈贝尔沿着这条小路走了一天，这条小路穿过被房子和演播室重重围绕的一小片土地。他给我看了他的第一件作品，一个微型洞穴，用风干砖坯搭成，横梁是雪松木。哈贝尔已经80多岁了，他和妻子安妮住在一幢好像霍比特人居住的房子里，离圣地亚哥东部的山区小镇朱利安镇很近，这些小房子偎依在松树、石兰科常绿灌木和槲树的怀抱里。这地方是我和小儿子共同享受孤独的地方。哈贝尔建造这些好似从地里冒出来的小房子花了40多年。它们曾被大火烧毁，然后又重建，充满了奇思妙想。一切都是弯弯曲曲的、流动的，没有形状。阳光透过染色玻璃照进里，你好像进入了另一个星球；用当地的岩石和泥土制成的雕塑扎根于此。他的作品和建筑获得了全世界的赞赏，因为这是按照弗兰克·劳埃德·赖特的建议创作的典型作品，但也不百分之百地符合：建筑与自然融为一体的人类住所，但是不要丢掉人类的特点。我们散步时，他建议住在郊区居民区的人们为了宣扬个性，可以创造公共艺术，创作灵感来源于大自然和他们自己文化的特点。"每个社区就像一个人，都是独特的，"他说，"无论是人还是社区，一点小的改变都非常重要。"

哈贝尔的思想反映了他对自然和有机体复杂性的尊重。

还说明了艺术家在重建人与自然的关系中所发挥的作用。现在有些艺术家把面具插在棍子上，和其他艺术作品，都放在被允许回归自然的城市空地上。除了把艺术的奇思妙想与自然联系起来，这些艺术作品和装置还保护了土地。人们常常弃置空地——在上面扔垃圾，忽视它，认为它没有价值。但是，艺术会改变人们的观念和行为，因为那些艺术作品向人类诉说着这片土地的价值。

"我认为文化建立在信仰的基础上，"哈贝尔说。"现在在我们的文化中，我们的信仰主要源于敬畏。20 世纪初期，在德国和奥地利的艺术和建筑中，你能见到美丽的、充满想象力的原生态表达。"随后是包豪斯运动，全都是玻璃和钢铁堆砌的破盒子。一切都变了。"欧洲的感觉变成了：有些事不对头——要发生什么呢。一旦你害怕了，你就被禁锢了。创作的东西也就平淡无奇。"

想想那些四面被整整齐齐的高墙围绕的社区，哈贝尔问："没有了美，未来还能持续吗？"他写道："未来得以持续下去的环境就是对我们居住世界的无限同情，和许多组成部分的平衡。无论是建造一幢建筑、污水排放系统、制订农业发展计划还是保护生态系统，我们都想找到完整的、生态的、真正可持续发展的解决办法，这需要许多决定，而美是选择哪个决定的仲裁人……我们所处的这个时代，总是强调技术、信息和我们所想的会有什么好处。上帝啊！不能从整体大局出发的科学技术就是想控制我们的生活、大自然和我们的学识。难道我们要建造一个可持续发展的世界但是要将这世界的神秘之处剔除出去吗？"

哈贝尔认为建筑学家和规划师能做的最好的事就是沟通，宇宙是令人兴奋的，应该去探索奥秘："如果我们不知怎的，重获了这种感觉，我们就造不出千篇一律的社区，因为我们完全不需要他们。"

死亡与殡葬

还有一个办法——对有些人来说是最后的办法——来放缓城市扩张的脚步，死后回归大地，重新构建人与自然的关系。这并不适用于每个人。

爱德华·艾比，一位伟大的逆向思维作家，经典散文集《沙漠独居者》的作者，知道自己死后该怎么办。他要求不要雇用任何殡葬人员，不要使用尸体保存技术，把他的尸体放在敞篷小型载货卡车的后面，不要理会任何州立法规。演奏风笛，玉米充当"啤酒"，所有人尽情"歌唱、跳舞、聊天、喊叫、大笑和做爱"。朋友和家人按他的遗愿举行了这样的葬礼。一个朋友，道格·皮科克，描述了送行的场景，这片文章发表在《户外》杂志上。"他想用自己的身躯滋养一棵植物，一株仙人掌或一棵树。把他埋葬在荒漠深处是违法的，就在我们将他安放的那一刻，我躺进了墓里，想看看会看到什么样的风景。蔚蓝的天空，荒漠之上的微风摇晃着灌木丛上的花朵。我们都应该感到幸福。"墓穴旁的岩石上据说刻下了这样一段文字：

爱德华·保罗·艾比

1927 年 1 月 29 日——1989 年 3 月 14 日

没留下任何话

比利·坎贝尔，一名内科医生，也提出过和艾比类似的想法。一天，我和他在加州圣伊莎贝尔山谷之上的沿海槲树林中散步。平缓的、绿树葱葱的小山、成片的槲树林和凸起的岩石，这是我们县最美地方之一。

非盈利机构自然保护组织最近在这里买下了一个大农场，卖掉了另外一个，准备把这里变成自然保护区。坎贝尔希望说服自然保护组织买下相邻的土地，建立一个自然保护区和陵墓的综合区。提出这个建议的时机非常好。比如，希腊空间狭小，人们要租用墓地；六个月后把尸骨挖出来装好放在地下室。英国内政部最近在考虑大规模挖掘 100 年前的墓地，将尸骨处理掉，这些土地可以重新使用。美国的公墓现在都是十分密集的陵墓或双人间墓穴。（"就像双层床。你先死，就住在下铺。"坎贝尔说。）有些公墓只有存放骨灰的地方。

坎贝尔认为保护城市、郊区和乡村中的自然区，就可以找到新地方埋葬自己。"你可以在这里买一小块地，比如沿着那条小路的尽头处。你要知道这片土地不会被破坏。"坎贝尔说。如果开发商想把这片土地变成罗灵丘陵庄园，那他们就要踏着你的尸骨施工了。在这样的保护区安葬自己，人们即使死后也能站起来保护环境不被破坏。当然了，也许不用站起来。

我和坎贝尔说这些话的时候，他的公司，环保葬仪公司已经在他的家乡南卡罗来纳州建造了一个花园。他当时的目标是，现在仍然是，在全国建造类似的葬礼保护区，获得的利润用来保护其他地方的濒危野生动物栖息地。天然土葬（有时也叫绿色葬礼）花费的成本是传统葬礼和埋葬费用的一半。他的公司没有陵墓，使用生物可降解棺材。天然土葬也不用尸体防腐液体，这种液体会产生致癌的化学物质。

把自然保护区和陵园结合起来保护，不被开发，墓穴或骨灰被小的、刻有文字的石头标记。这些墓穴都会安置在园区边缘地带，或小路两边。

坎贝尔设想建造一座教堂，提供殡葬服务，建造"本土植物培育中心"取代传统的花店，还有小型访客中心。也可以在这里举行婚礼。计算机远程控制的报刊亭为游客讲解这个自然保护区的历史，对曾在这里生活的部落和埋葬在这里的人们做简要的介绍。游客们戴上耳机，就像艺术展览馆中那种，或拿个手持电脑或手机，这些上面都有 GPS 导航装置，可以把访客直接带到亲属埋葬的地方，这样就不需要专人带路了。GPS 装置上还储存了死者的信息用以缅怀：照片、视频，甚至死者生前弹奏的钢琴曲。在开设的电子商务网站上，可以让人们在网上体验虚拟旅游，也接受网上墓地预定。坎贝尔不是唯一有这个想法的企业家。在乔治亚州，一家名为永恒的礁石的新公司，将死者的骨灰与水泥混在一起，制成人工礁石，放在海里，可以吸引海洋生物。

虽然圣伊莎贝尔山谷的计划不能成行，克里斯·库利，这位来自埃斯孔迪多市的精神病医生，还担任过圣迪基图河谷土地保护组织的前任主席，他当时非常支持这个想法。他希望从陵园赚来的钱可以帮助他所在的土地保护组织购买更多保护区附近的土地。"我觉得尘归尘这个说法令人欣慰，"他说。"这可能是一种我们重新与土地神圣关系的方式。"库利记得他说服一位非常顽固的地主把土地卖给公园做天然土葬区时说："你想想，你靠埋葬死去的环保主义者就可以赚钱了。"

坎贝尔仍在矢志不渝地坚持这项事业：设置天然土葬区，既可以使土地免遭开发，又可以让像爱德华·艾比这样的市民自然学者回归到他们长时间热爱的土地。或许这样，他们就可以永远地爱这片土地。

第十八章　灵魂的维生素 N

寻求家族精神

有人崇拜自然，有人却认为这种崇拜亵渎了神明。我们很多人并没有直接的崇拜感；走出雨幕，一种难以名状的存在感随之而来。或许根本就没有这种存在感，只是美感与恐惧罢了。不管奇迹如何形成，至少大自然与我们是一家人。

"从我办公室的窗户向外望去，就能看到大海，海浪拍打着沙滩，无边无际的海平线。"沃尔夫·伯杰，这位海洋学家说道。他谈论起浩淼的太平洋和谈论自家花园的口气是一样的，都是那么轻松。这两种景观在他眼中都是心灵的原野，二者没有不同。"从办公室回到家里，我会向院子里的植物们问好。大部分植物都是本土植物。在人类的聚居地，它们感到宾至如归：就像我自己一样，大家都是地球公民。我把它们当作表兄弟。这种体验，就像大家共同组成了一个大家庭。"

这个大家庭比科学所能估量的要大得多。

多年来，尽管我家离太平洋只有几分钟路程，但我对海洋却知之甚少。最后在朋友路易·齐姆的帮助下终于真正见识了海洋。一个周日的清晨，我、路易还有我儿子马修，驾驶路易 20 英尺（约合 6 米）的小船，投向大海的怀抱。我们此行并不是为了膜拜自然，或者赞赏它，只是为了让自己全身心地融入自然。船下是一望无际的海藻林，可以见到树叶和枝干相互缠绕，水下的世界是另一种文明。我们继续前行。一路向西，向一片越来越黑的风暴云驶去。路易，原来是斯克里普斯海洋研究所探险队的队长，现在退休了，他指着前方黑暗的海平线上的白色巨浪说："那是海豚在追逐鳀鱼。"

路易知道规矩，他很理智，没有打扰进食的海豚，过了一会儿，他驾驶小船跟在海豚后面。我们以每小时 10 ~ 15 海里的速度跟着海豚，这时，大概有 20 只海豚从上百只的大部队里转过头来，围绕在我们周围，加入到我们的追逐之旅中。路易掌舵，我和儿子坐在船头，这里几乎可以碰到这些与我们一起竞赛的神奇生物。海豚们在距离小船数英寸处，一会儿钻进海里，一会儿出来。随后我们坐在船中间，看着护舰队重新加入大部队。

"看看你们哟，"路易大笑着说。我和儿子浑身湿透了，海豚们喷水时喷了我们一身。

这些是常见的太平洋海豚。科学家们还发现了另一个品种，宽吻海豚，它们的典型特征就是发出口哨声和滴答声。科学家们也不知道它们为什么这么做，或就像《新闻周刊》上写道：为什么它们"如此的以自我为中心"？它们传达的信息对我们人类是否有意义呢？不管怎样，我们能听到它们的声音。

最近鲸鱼的神经学研究揭示了人与鲸鱼的有些神经元是相同的，这些神经元与高级认知，如自我意识和热情有关，而且很可能是平行进化。事实上，几百万年前，鲸鱼就已经有这样的神经元，比人类要早得多。在《纽约时报杂志》2009 年"看看鲸鱼，看看我们人类"一文中，查尔斯·西伯特写道，大量证据表明鲸鱼生活的社会结构十分复杂，它们的文化甚至与人类很相似：它们互相教学；使用合作捕猎战术，制造工具（曾有只鲸鱼有意制造出泡泡"渔网"来围猎鱼群）；各个鲸鱼群使用不同的方言。

西伯特报道说一些科学家十分困惑为什么墨西哥下加利福尼亚州的灰鲸现在"还没有厌恶人类"。灰鲸曾被称为"冷静的魔鬼之鱼"因为它们会将船只撞成碎片，因而曾一度被捕杀，几近灭绝。1937 年禁止捕杀灰鲸的法令颁布后，数量才有所回升。"为什么现在一些灰鲸妈妈，有一些背上还有鱼叉造成的伤痕（有一些灰鲸可以存活一个世纪），喜欢寻找人类，温柔地带领年轻的灰鲸投入我们的怀抱，这个谜团，至今令鲸鱼研究者和观察家们困惑不已。"西伯特写道。对鲸鱼观察家们来说，这种行为远远超过他们所熟悉的近距离鲸跃。有时，鲸鱼们还会轻轻地驮起渔船。

科学家们通常不会认为这种行为是鲸鱼的自然反应，他们认为可能是被船发动机的声音吸引，或者用船身搔一搔附着了甲壳动物的后背。但另一些科学家则认为一些不可思议、甚至史无前例的事情正在发生。还有一些鲸鱼观察家觉得这是谅解了人类的行为。最后一种说法很难让人接受，事实是这些鲸鱼现在仍被人类的科学技术威胁着生命，这可比鱼叉更致命，就是深海声纳仪。尽管如此，正如西伯特所说，鲸鱼们"主动向我们靠近"或许传达了更深刻的信息：它们和我们不是孤独的——至少我们人类不应该孤独地活着。

天赋异禀

许多人可以很直观地明白，所有精神生活，无论怎么定义它们，都源于或受到一种奇妙而美好的感觉的滋养。自然界是我们最可靠的进入这种奇妙感觉的途径之一，有些人甚至可以获得精神智慧。那些坚持智慧设计论的宗教支持者，他们认为上帝是一切生物最终的创造者；而那些信仰盖亚假说的人，他们认为生物圈和地球上所有的物质和生命共同组成了一个复杂的、可以自我修复的系统，是一种超级生物体。有一天，如果这两种不同信仰的人可以结合起来，那就太棒了。

具体细节暂且不提，人们会继续践行所有关于大自然旧的和新创造的精神准则。

乔纳森·斯塔尔，是野外教育工作者，在与未婚妻阿曼达进行一次增加感情的旅行时，感到与大自然在精神上联系在一起。"我是犹太人，但是从未真正信仰犹太教（实际上不信仰任何一种宗教），"他说。"可是我确实找到了自己的方式，将犹太教赎罪日的一些精神融入了我的生活。赎罪日是犹太人祈祷神明宽恕自己一年所犯罪恶的节日，这样新的一年就有新开始。赎罪日这一天，斯塔尔沿着当地一条小路散步，在这条路的尽头可以俯瞰全城。"我捡了一块石头放在手里，不断地回想过去这一年，那些我不感到骄傲或希望来年可以改进的事，"他说。"一旦我开始走神，手中的石头就会把注意力拉回来，让我想想此行的目的。我思考了生活的方方面面：事业、家庭、朋友、社会关系、个人健康等，握着石头登上了山顶。在那里，我扔掉了石头，扔掉它所代表的过去的一切，望着远处的地平线，开始新的一年。这很有象征意义，却并不是犹太教的传统，但对我有用。"他的这个习惯保持了好几年，后来与阿曼达一起。他说："这是把自然融入宗教的方式，至少也是一些犹太教精神融入我生活的方式。"

托马斯·柏励肯定会喜欢这个故事。

2005 年，我第一次见到柏励。他当时 91 岁，住在北卡罗来纳州的格林斯博罗市。卡罗琳·托本，教育、想象力和自然界中心的创始人，邀请我和柏励共进午餐，他们俩是好朋友。柏励是天主教苦难会教派的牧师，他在福特汉姆大学创立了宗教历史研究部，还成立了河谷宗教研究中心。他的著作，如《地球之梦》，在全世界仍然具有很大的影响力。在他生命即将结束之际，美国政府授予了他"地球最强音"的称号。

大半个世纪以来，柏励十分，激烈又不失优雅地告诉我说，我们的环境问题主要是精神问题。他经常说起或在书中写他无与伦比的童年经历，这次经历是他未来生活工作的试金石。"那是五月的一个下午，我低下头，第一次见到牧场，"他写道。"那一刻充满了魔力，突然我的生命中有了一些新的东西，我不知道那是什么，我知道的是，这次经历比任何一次都意义深远，我的生命从此进入了新的阶段。"那个时刻的魔力直到现在都未消退。

我们跟着他到了欧·亨利酒店的餐厅，在他的固定餐位就座，几分钟后，他开始谈论未来。他很了解 20 世纪，它的工业暴力和生态毁灭。"我们现在讨论一切有关 21 世纪的事情，"他轻轻说道。他考虑未来的可能性和我们与自然逐渐演进的关系时，整个人神采飞扬。"我们人类曾经从两个地方获取灵感和生命的意义：宗教和宇宙，即大自然。但现在我们却扔掉了自然。"他说。21 世纪最伟大的工作应该是重建人与自然的联系，重新获得生命的意义。

柏励明确提出了一个大众媒体很难想到的观点，那就是我们应该走出各种各样的纷争。科学占据了一角，坚持"达尔文自然选择学说，这个学说不保护任何精神和意识的目的，相反，认为地球的生物为了在世界存活下来就要不断奋斗"。这种现实观点"意味着宇宙是物质与生态相互作用下的无序排列，没有任何的内在意义"。盘踞在另一角的是西方的宗教传统，从一个古老的《创世记》的故事开始，宗教走得太远了，向着救赎的奥秘走去。这个奥秘却告诉我们通向下一个世界的通道是至高无上的，自然界并不重要。大多数时候，这两个世界——科学和宗教——还能心平气和地交流，但积怨已深。柏励在《伟大的事业：人类未来之路》一书中写道，我们正迎来一个不可思议的时代："我们进入了 21 世纪，正在享受这个世纪的恩惠。这是特别的恩典。"在柏励的 21 世纪，我们将回归地球。

1999 年，《抛物线》杂志采访了柏励，问他我们与自然的关系是否与人类内部发展有关。

"外部世界对内部世界来说是必不可少的；它们不是两个世界，而是一个世界的两方面：外部和内部。"他回答说。"如果我们没有外部经历，也就不会有内部经历，或者，至少这些经历并不深刻。我们需要太阳、月亮、星星、河流、山峰、鸟儿和海里的鱼去唤醒神秘的世界，唤醒神圣。自然让我们学会敬畏。这是对宇宙礼拜仪式的回应，因为宇宙本身就是神圣的礼拜仪式。"

许多有信仰的环保主义者正在酝酿一场新的运动，他们渴望跨越圣经里所解读的土地统治权和看管权的历史鸿沟。（他们说，当然我们也有主导权；看看我们对上帝所创造的万物做了什么。为什么我们想要伤害上帝创造的万物呢？）你也可以在年轻人身上看到希望，他们致力于可持续发展或生态设计观。亲近自然回归自然有益健康，改善认知功能，滋养人的精神，这些想法正在不断得到认可。不管有没有宗教信仰，大家都在努力保护自然。

2009 年，我最后一次拜访柏励，在辅助生活中心的房间里见到了他，不久这位老人就与世长辞了。他被"辅助生活"这个短语逗得直乐。他已经不能走路了。整个人陷进椅子里，裹着一条印第安毛毯。我问了一些衰老、建筑和养老院建设方面的问题。他想了一会儿，又一次想到了这个新世纪将带来的无限可能，整个人变得容光焕发起来。"整体路线就是要本地化，建筑物要回归自然，"他说。"我猜想在未来几年这就会实现。特别是我们常觉得想建造什么样的房子，我们就能造出来，而且开始认识到，做事时，要考虑超越人类思维的另一个世界。"他还告诉我他感到自己每天"不管什么情况，都迫切想要到大自然中去"。随后他说："人生的最后几年，会感到回归自我。像孩子一样，被重新赋予了快乐的天赋，这种天赋应该一直持续。衰老的过程充满了刺激，也伴随着改变的痛苦。这种天赋应该持续。"

这种天赋确实在持续着。离诺马角三英里（约合 4.8 千米）的一片海区，很快将建立一个海洋保护区，禁止渔民捕猎。我和儿子见到一个让人惊恐的背鳍迎风破浪，向我们驶来。鱼鳍时不时沉入水中，就像困倦时人的眼皮，一会儿张开一会儿合上，随后我们真的好像看到一只眼睛——一个扁平的圆球，巨大的蓝色瞳孔藏在海水之下。这只眼睛看着我们，显示主人的好奇心。

"运气鱼。"路易大笑着说。

我们竟然遇到了海洋中最奇怪的鱼类之一，太阳鱼，也叫翻车鲀。这条太阳鱼看上去有几百磅重，围绕着我们的船，几乎碰到了船身，还时不时停下来。路易说，"碰上它是好运。谁要是敢伤害它就会大祸临头了。"

作为世界上已知最大的硬骨鱼（鲨鱼和鳐鱼是软骨鱼），太阳鱼最重达 5000 磅（约合 2.3 吨）。太阳鱼外形就像一只扁平的漂浮在海中的大眼睛——或者说是只有头没有身子的鱼。一旦被发现在海面晒太阳，太阳鱼立刻静止不动，似乎进入了冥想状态。它总是游得很慢，以胶状的浮游生物和海藻为食。因为太阳鱼的食物没有什么实质性的东西，所以能获取的能量有限，必须小心支配，路易解释说，"这样它总是慢悠悠的，从不着急。"

自那以后，太阳鱼经常会闯进我的脑海。那个慢悠悠的、也不怕人的生物常常告诫我，生活的节奏也要慢下来，我们要慢慢地去发现这个奇妙的世界。

第十九章　所有的河流都通向未来

新自然运动

伦理学最重要的就是"书写"……

它在思维共同体的头脑中慢慢形成。

——奥尔多·利奥波德

　　走进木屋中，我有种奇怪的感觉，仿佛有人刚刚离开。竟盼着光秃秃的木桌上出现一桌热腾腾的饭菜。几个月后，木屋就将要更名为国家历史地标了。但是现在，它还没有被保护起来，还是那座隐藏在乡村小路旁树林中的木屋。屋子很小，正好与"鸡窝"的名字相符。

　　石头砌成的壁炉上有一块产自当地的岩石，已经被煤烟熏黑了；橡木制成的壁炉架上是两盏油灯。壁炉里还有一堆灰烬和未烧完的木头。屋角的架子上放了许多做饭用的瓶瓶罐罐，还有一只蓝色的金属咖啡壶。壁炉旁边的地板上是铁制的烹饪锅。白色的墙壁上有煎锅、过滤器、打蛋器、篮子、铁铲、挂物架、螺旋手钻和一把两人用的伐木长锯。

另一个架子上是两个乌龟壳，还有老鹰的羽毛、一支放在喝水的玻璃杯里的铅笔和一排散乱的旧书，有的滑落了下来。桌子以三面是手工削制的长凳。

这间木屋和周围的树林，奥尔多·利奥波德在经典作品《沙乡年鉴》一书中描述过，这本书是引发现代环保运动的一系列具有重大影响力的书之一。利奥波德在这本书中明确地阐述了著名的土地伦理理论。"土地包括土壤、水、植物和动物，但是这些组成部分仅仅健康是不够的，"他写道。"它们中的每一个都应处于精力旺盛的自我更新状态，它们组成的共同体也是如此。"他认为人类对待自然就应该像人和人之间相处那样，"整个社会就像个忧郁症病人——太过沉迷在经济健康问题上，结果反而失去了保持健康的能力。"迄今人类历史上发展起来的各种伦理。他说："都不会超越这样一种前提：个人是一个由各个相互影响的部分所组成的共同体的成员。"土地伦理"只是扩大了这个共同体的界限，它包括土壤、水、植物和动物，或者把它们概括起来，土地"。换句话来说，我们与自然的关系不仅仅是保护土地和水源；我们是这个大共同体中的一员，要积极参与其中。

利奥波德一生都在践行土地伦理。1912 年，联邦林业局任命他为新墨西哥州数百万英里的卡森国家森林的监察官。1924 年，她成为了设在威斯康星州麦迪逊市的美国林业生产实验室的副主任，这个实验室当时是联邦林业局的主要研究机构。1933 年，他升任威斯康星州大学猎物管理专业主席。在此期间，他买下巴拉布市附近的一片土地，将它改造成木屋。

这块土地因为长期农耕，几乎失去了耕作能力，但是利奥波德和妻子、孩子们一起努力，种下了一片松树林，还有牧场，试图将这片土地恢复到欧洲人进入美洲之前的状态。他们的松树林至今一直在生长。

我已经在木屋中待了一个小时了。灯光昏暗。我坐在一张手工制作的双层床上。一沓 8 英寸 ×10 英寸（约合 20 厘米 ×25 厘米）的照片映入我的眼帘，照片泛黄，布满灰尘，散乱地堆放在一张长凳上。我找到了一张利奥波德站在木屋外面的照片。照片里，他在烧木头。他的妻子正看着升起的烟雾。我一张张地翻着其他照片，走的时候又堆在了那里。这些照片，有的照的是利奥波德和他的家人，有的是木屋，但更多的是这片土地。

我慢慢地看着最喜欢的一张照片：利奥波德的女儿埃斯特拉，好像 9 岁大，蹲在水边，戴着一顶大大的毛毡宽边软帽，帽子一边向上翘起。她正在将一只玩具船放进水中。周围的沙地上，许多小小的沙丘呈扇形围绕着她。她对着镜头浅浅地微笑着。我把照片放回长凳上，走出木屋，沿着穿越树林的小路一直走到威斯康星河畔，这是埃斯特拉和她的兄弟姐妹们多年前玩耍嬉戏的地方。我在想，在这片土地，在这片森林的围绕中，他们的生活是多么丰富多彩。

一只黑色的拉布拉多犬从森林中慢慢走出来。到了岸边，这只狗高兴极了，跳进河中，拍打着清澈的河水。

源头与汇流

1948 年，利奥波德去世了，终年 61 岁。在扑灭木屋附近邻居家土地的一场大火后不久，他因心脏病猝发死亡。死后几个月，他的《沙乡年鉴》一书出版。从利奥波德种下的树林中挑出来一些树，建造了新的、节能的利奥波德中心，现在坐落在这片土地上，沿着小路向前走。经过一片湿地，沙丘鹤正迈着悠闲的步子走来走去。2007 年 4 月，中心召开首次大会，我被邀请参加。我有幸与另外 11 个人一起探讨土地伦理如何在 21 世纪再次得到应用。利奥波德 70 多岁的女儿，妮娜和埃斯特拉，还有唯一在世的儿子卡尔（已经是 80 多岁的老人了），是我们的特邀嘉宾。我们几个人那一天取得的进展很小。我们一致同意新的伦理——建立在利奥波德和其他人理论的基础上，一系列新案例新事实的打磨下——正在形成。

美国自然资源保育运动的早期，自然界如何影响人类的讨论与人类如何影响自然的讨论一样多，前者甚至更常被提及。道格拉斯·布林克利，西奥多·罗斯福的传记作家，写道："罗斯福总统非常喜爱鹈鹕和其他鸟类，这使他坚信大自然的治愈力。读他和当时一些自然学家的信件时，你就会明白，他的血液里，充满了有力的、梭罗式'回归自然'的审美因子。"布林克利还写道罗斯福在晚年时说："父母在道德上有义务保证孩子不会患上自然缺失症。"罗斯福强调人要在自然中获得直观感悟，这与 19 世纪晚期 20 世纪初的自然研究运动有一定的共性，这场运动，是由安娜·伯茨福德·科普斯托克最先发起的。她与丈夫约翰·亨利·科普斯托克，是康奈尔大学自然研究院的院长，写下了颇受欢迎的《自然研究手册》一书。这场运动引导孩子们增加在大自然中的经历，不仅是为了科学知识，还可以对人类自身的经历有更加深刻的感悟。自然研究运动也改变了无数成人的生活，但是后来批评者开始批评这场运动太柔软、太多愁善感。它的影响力就慢慢减退了。

到了 20 世纪晚期，环境保护论受到了重视，引起了人们对环境保护和自然保育的强烈关注——"保护自然资源"和"保护环境"这两个词，在公众意识里出现了微妙的差别。即使现在，许多人仍然认为自然资源保护论者更保守：自然资源保护论者，无论打猎、钓鱼、思考问题，都是从自然资源的角度考虑。环境保护论者——有些人认为，特别是他们的反对者——是希望自然免于人类的破坏；环境保护论者从大的方面看待自然，比如气候影响等。

这些定型的观念不完全正确，也不公平，但确实存在，某种程度上，记者们在涉足这一语言学领域时，也满是焦虑和困惑。没有什么固定的原则告诉我们该如何使用这些术语。一些偏于保守的人坚持称："我不是环境保护论者——绝不是那些环保狂热分子。我是自然资源保护论者。"他们很快就会真正知道自己到底表达的什么意思了。一些自我认定的环境保护论者则对"自然资源保护论者"十分警惕，总是将他们与打猎和砍伐树木联系起来。（还有第三种，原来是环境保护论者，后来成为自然资源保护论者，但是基本的观念没有变化，只是认为环境保护论者包含的政治意味太过浓厚。）

这些区分源于雷切尔·卡森、《寂静的春天》一书的作者和利奥波德的分歧。卡森批评利奥波德，是因为在解读利奥波德的作品时，她认为利奥波德将自然是一项资源的传统变成了自然是可以管理的，然后从自然中获取所需的物质——比如利奥波德就会打猎和伐木。利奥波德最小的女儿，埃斯特拉，现在是华盛顿大学植物学的名誉退休教授，告诉我这个分歧完全是被夸大了，我们人类与自然关系的两种观点——保护和参与——也处于不断更新变化中。现在，这样的语用学争论逐渐衰败。不可避免的是，整体的环境已经从人类和自然，开始向自然中的人类和人类如同自然转变。

在与其他人合作创立全面社区中心之前，皮特·福布斯在公共土地信托基金会工作了 18 年，组织领导了许多环保项目。他保护了一部分濒危的梭罗瓦尔登树林，创建了活动小组，旨在保护和恢复新英格兰全州的城市花园和农场，为新罕布什尔州的白山国家森林增加了 20000 英亩（约合 121405 亩）自然区，等等许多工作。他现在是一个他称作"扎根社区"的环保项目的主要支持者，这个项目坚持人类的健康和土地的健康同等重要。他认为我们正在进入的这个时代，保护自然的主题，比以往任何一个时代，都必须被放置在更大的关系体系中。"例如，在美国，1/3 多一点的私人土地上挂着闲人免入的牌子，但是 78% 的公共用地竟然也挂着同样的牌子，"他说。"我知道会有许多理由，告诉人们为什么不可以进入这些被保护的土地，但是……这不会，也绝不可能为广泛的社会运动提供基础。"最近几年，上百万英亩的自然栖息地被保护起来；这非常好，但远远不够。保护是保护了，那美国人"与土地的距离更近了还是与土地所传授的价值更近了呢"？

健康、健全的社区，他说，是从人与人之间和人与土地之间的关系开始的，还要遵循下面这个假设："与土地的关系和土地本身一样重要。"我们是这场新的土地运动的一分子，"必须同时关注人类的内心和土地本身。人类今日的需求，经过这么多年的发展，就是与更大、更有意义的生命多样性建立关系和联系。"

上述想法在一些主流环境保护和自然资源保护组织中获得了越来越多的重视。卡尔·蒲伯，塞拉俱乐部主席，讲过这样一则寓言："曾经有个人，用了一生的心血悉心照料他那座美丽的花园。他快要死的时候，把孩子叫到身旁，告诉他们：'我爱这座花园。现在轮到你们照顾它了。'听到这个，孩子们说：'为什么我们要照顾你的花园？你可从来没让我们进去过！'"

毫无疑问，可持续发展是当前的主要目标，但对有些人而言，这个词却意味着停滞不前。不止一个人问过，谁想要可持续的婚姻？可持续发展是必须的，但远远不够。我们的语言现在已经满足不了不断变化的人与自然关系的实际情况。实际上，甚至那些最基本的描述性词语也岌岌可危。2008年，新版的《牛津小词典》删除了90多种常见的植物和动物的名称，比如橡子、海狸、金丝雀、三叶草、蒲公英、常春藤、美国梧桐、葡萄藤、紫罗兰、柳树和黑莓。那添加了哪些词汇呢？MP3播放器、语音信箱、博客、聊天室和黑莓手机。我们决不能让大自然的语言消失或在那里腐烂，我们必须增加更多的语言；我们需要新的不同的方式去描述这个混合的世界，这个世界科学技术与自然要平衡发展，在这个世界中，我们每天都要感受到来自自然的深刻的力量。

我的一位好友给家里重新安装了最新的太阳能供电系统。利用太阳能供电后，他每年的电费只有5000美元（当然没有算上加州政府每月强制收取的65元能源费，即使我朋友没用那么多能源，也必须要缴纳——这事挺难以理解的）；他很快就该向国家卖电了。还令人钦佩的是，我朋友现在背下了许多烦人的专业术语和计算方法。谈论更加广义的"环境"时，他特喜欢用一些专业术语。只有被逼着说一些，他才描述了一下这些也给他自己带来的好处——健康、灵魂和精神。

"好吧……"他说。"我确实感到……"他努力找到合适的词语。

"自立，我想……但是我记得，我没有脱离电网。我也没想这样做。我只是给常规的电力系统增加些能源。"他沉默了一会儿，接着开始谈论关系问题。他描述自己就像"优秀的祖先，深深地扎根在时间的洪流里"。

崇拜祖先，这个想法是真的保守，似乎本身就不合时宜，但是唯一的原因就是我们今天的文化在时间上已经冻结了，完全沉迷于现在，害怕面对未来。朋友的所作所为给他的话增加了更多的意义，当然他所做不只是安装了太阳能供电系统。多年来，他一直努力建造一个海洋和山区的地方性保护区，一座巨大的森林公园，他的子孙后代，延至七代都可以享受这座花园的乐趣。他谈论不论过去还是未来的人们，使用太阳能电池板时，声音都变得柔和了，也更加有激情，更有说服力。他确实是一位优秀的祖先。

利用时态和其他语言特点，美国印第安部落讲故事的人在描述他们祖先的历史时，听起来好像他们亲身经历了一般。同样地，他们有时说到未来也好像未来已经来到一样，是他们帮助塑造了未来的模样。最近，我在澳大利亚也遇到了类似的事。这是一个比较新的习俗，我们美国人应该效仿。在大部分主要会议的开幕式上，当地的人们被要求做祈祷，第一个讲话的人要准备简单的演讲，以此纪念这个地方，这片土地上的土著居民。

这个仪式既尊重了祖先，也尊重了下一代，令我震惊的是讲述时语调的微妙转变。尊重是会感染的。这个简单的行为，不是为了反对种族主义，置身在更大的关系体系中。那一刻，不仅人与人之间，而且人与土地之间，每一代人之间，都获得了一种和谐。

超越可持续发展

最近几年，环保运动越来越严于律己，这是运动进步的表现。我们常常忘记了，就在 30 年前，还没什么人谈论循环利用；20 世纪 50 年代到 60 年代，聪明的人们想都不想，就把空的啤酒罐或汉堡包装纸扔出车窗外，随处可见废弃的手机在河床或峡谷边上堆积如山。这样的景象在今天很难看见了。曾经干涸的可以着火的河流又可以钓鱼了。秃鹰也飞回来了。但是这些成功，还有随之而来的更多的成功，都不足以让我们面对更大的全球挑战，其中就包括人类与大自然渐行渐远。

一条河流要想壮大，就要汇入许多支流：美国印第安人的思想和传统；梭罗和爱默生；西奥多·罗斯福关于自然恢复力的信仰；弗雷德里克·劳·奥姆斯特德的作品，他设计了美国许多伟大的城市公园；19 世纪的健康城市运动；一些宗教作品中的观念，当然，还有利奥波德、雷切尔·卡森等的著作。

科学技术滋养了源头；主河道明显拓宽，将人类在自然中的体验与更好的健康状况和增强的认知能力联系起来。新的支流也不断向外延伸。这些新的支流有：回归自然的设计理念、和谐生态学、绿色运动、生态心理学和各种自然疗法；还有回归自然的学习方式、"全面社区"运动、慢食运动和有机园艺；以及建造可以散步休闲的城市运动和让儿童回归大自然的运动。

河岸上的谈话越来越有意思，谈话内容不再是保护和参与，甚至也不再是可持续发展，而变成了创造——不是圣经中的那种创造，是真正的创造。

利奥波德在这个话题上很有先见之明。对于创造这个问题他认认真真地想了很久。"比如，你想种棵松树，既不需要神明也不需要诗人，只要一把结实的铁锨就够了，"他写道。"由于这个有趣的规则漏洞，即使一些大老粗也会说：我想在这儿种棵树，这就会有一棵树。只要他的背够强壮，铁锨够结实，最后种个一万棵都没问题。到了第七年，他就可以靠着铁锨，抬头仰望他种下的树，发现长的枝繁叶茂。"我在本书前面就提到过，环境保护主义口号应该改为"保护和创造"。除了保护自然资源和荒野，我们必须创造全新的、可以再生的环境。从旧的思维出发，每座城市中都应该建造一座植物园。而新的思维告诉我们每座城市都应该坐落在一座植物园中。

重新获得生机的环保运动，要采取的最重要的措施之一就是认识到思维、身体与自然之间的联系。

利奥波德早就预知了这一点，除了他，还有别人也同样具备这样的先见之明，1996 年，托马斯·柏励（使用了更加形而上学的术语）描述了"生态纪"的概念："地球发展经历了一系列生态周期，我们现在处于新生代的末期，生态纪的初期。新生代是已经历经 6500 万年的生态发展阶段。在生态纪发展阶段，所有人类行为都遵循地球共同体理念，地球上的人类，每个人的行为方式都得到优化。"他还说："新生代阶段的结束，将伴随着大量生物物种的灭亡，如此大规模的灭亡，只在 2 亿 2 千万年前古生代末期和 6500 万年前中生代末期发生过。在我们人类面前，唯一可行的办法就是进入生态纪这一发展阶段。"

我们仍然需要学习很多自然界的知识，比如大自然对人类健康、认知水平和社区生活的提高与改善，仍有许多更细节的知识需要掌握；比如到底和大自然亲近到什么程度，以哪种方式最好；社区怎样才能以最好的状态回归自然等等，这些都需要我们继续学习。但是，正如霍华德·弗鲁姆金经常说的，他是华盛顿大学公共健康学院的院长，我们需要更多的科学研究，"但是我们现在所知的，已经足够去开始行动了。"

实际上我们要开展一项新自然运动，一项人与自然的运动。在本书中有过发言的这些人表明这样的运动其实已经开始了。随着这场运动不断发展壮大，卫生保健的专家们就会建议人们多参加绿色活动，多亲近自然。开发商和城市规划师就会建造包含着自然的房屋、社区、郊区和都市，还在回归自然的基础上进行城市和郊区改造。这场运动还将会大幅度增加人类居所附近的自然区面积和数量，有利于生物多样性，提高我们居住地附近的粮食产量。还会鼓励更多"非中央公园"的建设，鼓励回归自然的交通设施的建设。新的政府加大人与自然相关的社会投资，提高地区和个人的认同感。教育方面，这场运动会促使学校和立法机构将大自然带进课堂，提高学生们的学习能力和创造力，而且，无论基础教育的学校还是大学，课堂教学内容都将重新定义。超越可持续发展，将人与自然结合起来的职业规划将会得到企业和教育两方面的大力支持。

政策制定者，可以帮助促进所有这些甚至更多的改变更快地实现。企业、环保组织、基金会、市民团体和宗教团体，通力合作，推动这些政策的落实。但是就个人而言，我们也能更快地让自己的生活回归自然。还有一种方法可以继续前进，让旧传统穿上新衣服。

第三个环

记得我们小时候玩的万花筒吗——你转动了圆筒，那些五彩缤纷的塑料碎片随之哗哗作响，组成了一个个生动的图案。有时候，未来就是以这样的方式呈现在我们眼前。这个想法，是 2007 年参加在新罕布什尔州举行的会议时，突然闯进我的脑海中的。那天，来自全州各地的 1000 多人聚集在一起，商讨如何举全州之力，让家庭与自然联系起来。

数小时后，会议成果丰富，也接近了尾声，这时一位父亲站了起来，先恭维了在座与会者的富有创造力的想法，随后切入正题。"今天我们在这里谈论了许多组织，"他说。"是的，我们需要这些组织，将人类与自然联系在一起，甚至需要更多。事实是，确实有各种组织可以让人们走出去，但是孩子们还是不会走出家门，在自家社区里玩耍。"其实不止孩子，许多大人也是如此。他接着讲述了自己的亲身经历。"有条小溪穿过我家所在的社区，我特别希望孩子们下楼，去溪边玩耍，"他说。"但是事情是这样，邻居的院子就在这条小溪后面，我还没前去拜访，得到邻居的允许，让孩子们去溪边玩耍。我的问题就是：我到底需要什么才能获得他们的允许？"

这位新罕布什尔州父亲，给所有人提了一个十分根本的问题。

我们到底需要什么？

我们的目标是实现深入的、自我复制的文化变革，是社会觉得正常和期望的一次飞跃。但是，怎样才能实现这一目标呢？这里我提出的三环理论。第一环是由那些依靠传统集资方式、直接提供服务的组织（非盈利机构、社区自发组织、环保机构、学校、公园服务组织、自然中心等）构成的，他们承担着把人与自然联系起来的重任。第二环是由市民讲解员和志愿者组成，这些人，一直以来也是团结社会的重要力量。这两个环都非常重要，但每个都有局限性。直接服务组织无论如何向外扩展，也只能是在它资金支持的范围内。同样，志愿者的招募、培训、管理，还有资金筹措，也同样受限于资金和资源。许多优秀的项目为来自同一个资金渠道的同一笔钱争得头破血流。特别是经济困难时期，直接服务项目领导者经常把做类似工作的其他团队视作竞争对手。好点子变成了独家专利；也没有什么远见卓识。不过这种反应是可以理解的。

一些最好的组织和志愿者机构试图克服这些局限，但这样做也是在大环境中苦苦挣扎罢了。

现在来说说第三环：由社团、个人和家庭连接在一起的范围广大的统一体。这一环，通过人与人之间的蔓延扩散，大家彼此互助，不需要资金支持，就可以改变自己的生活和所在社区的环境。这听起来很像原来的志愿精神，但这可不仅限于志愿精神。在第三环中，个人、家庭、社团和社区，利用社交网络的一些高级工具，既是私人的也是科技的，来建立与自然、与他人的联系。

在前面的章节中，我提到了家庭自然俱乐部，就是个很好的例子。通过博客、社交网络和传统的通讯工具电话（或者手机），家庭和家庭之间建立联系，成立俱乐部，一起出去远足或组织其他户外活动。现在网上为这样的俱乐部，提供许多免费的组织和活动工具。不必等待资金援助，也不必经过谁的允许，每个家庭依靠自己就可以马上行动。

家庭自然俱乐部只是其中一个例子。同样在前面提过的，加州的自然联系组织——着迷于大自然，组织那些"自然圈"的人，一起去当地的生物区探险。旧金山湾区的探索地域感组织，带领大家周末去远足，随行的还有植物学家、生物学家、地理学家和其他当地研究大自然的专家。无独有偶，塞拉俱乐部多年来也一直组织大家一起远足。

改造自己的家、院子、花园和社区，使它们回归自然的人们，也可以通过第三环建立联系；除此之外，一同建造纽扣花园的邻居们，希望践行生态原则的企业家和专家们，包括开发商，都可以建立联系。这些建立起来的关系网，凭借大家的能力，可以无限扩大，甚至改变许多传统专业组织的未来政策。例如，今天颇具影响力的美国绿色建筑认证机构，它的绿色建筑评估体系几乎是唯一一个关注建筑是否节能，是否对环境的影响降到最低的评定标准。这套体系在不断更新，现在不仅关注节能，自然环境对提高人类健康水平、提升幸福感的好处也被考虑在内。如果走常规的路子，做出这样政策上的改变可能需要很多年。但是现在，一个由专家组成的、不断扩大的关系网，加速了这种改变——你读到这里时，可能就已经改变了。

以此类推，崇尚大自然疗法的医疗保健和健康领域的专家，也可以建立这样的关系网，这样不需要从上级到下级的层层指示，就可以改变这个领域的一些治疗方法；通过人与人之间的交流，慢慢改变大家的想法，最终改变原有的政策，在这个过程中，还可以建立基金会，为直接服务的组织提供资金支持。

我把第三环的想法告诉了马里科帕县公园管理部门的部长，马里科帕县是全美最大的城市花园地区，他听后非常兴奋——不仅是因为这些家庭自然俱乐部，还因为第三环所涵盖的广大范围。他说："现在我们公园就有为家庭服务的组织，但还没来得及登记。而你所说的第三环，不失为一个改变这种情况的好办法。"而且，他现在也面临预算紧张的难题。鼓励大家以家庭为单位，以亲近自然为目的，构建独立的自我管理的关系网，这无疑会增加公园的游客数量。同样重要的是，随着第三环范围和影响力的扩大，未来公园在获得资金上会得到政策支持。同样，大型土地信托组织和政府帮助各社区建造自己的亲近自然的土地信托组织，这使得相关费用减少，但影响力却不断加强。公众也会越来越意识到土地信托概念的重要性。以构建人与自然的联系为职业规划的大学生们，同样可以建立自己的关系网。

第三环尤其可以对封闭的公共教育体系产生重大影响。我在写这本书时，一些人已经开始行动了，"崇尚自然的教师"正在努力建立一个全国范围的关系网。这些在小学、中学、社区大学和综合大学工作的教育工作者，不一定是环境教育的教师。不管你是直觉地，还是从经验角度出发，认可自然体验在教育中发挥着重要作用，都可以进入这个关系网之中。有艺术教师、英语教师、科学教师和许多其他学科的教师，这些教师都坚持把学生们带到大自然中去学习——写诗、绘画或在树下学习科学知识。我在全国各地都碰到过这样的教师。每所学校都会有一到两人。他们觉得非常孤单。

如果上千名崇尚自然的教师们通过这个关系网建立了联系，获得了力量和认同，那结果会怎么样呢？一旦建立了联系，这些教育工作者们会在自己的学校和社区内做出改变。因为彼此建立了联系，获得了尊敬，这些教师会鼓励其他教师也这样做；他们会给所在学校带来刺激——我敢说是破坏吗？在这个过程中，他们自己的心理、身体和精神健康也会得到改善。

第三环关系网可以很快从最早一批成员迅速壮大。得克萨斯州的奥斯丁市，一位小学校长告诉我，他特别乐意学生们增加对大自然的体验。"但是你不知道，进行这些试验，我承受了多大的压力，"他说。"我们不能什么都做。"我和他讲了家庭自然俱乐部后，他立刻热情高涨。我问他，能不能给孩子们准备一些工具箱（用具有教育意义的材料包装起来），当地公园的地图等，鼓励孩子和家长们建立自然俱乐部。"我可以做到，"他说，他真的不是说说而已，马上付诸行动。他立刻开始思索这些俱乐部的教育元素如何帮助改造学校课程。

那一天早些时候，我去参加了来自德州中部的各组织领导人会议，一位家庭教师协会的主席讲了一个很感人的事情。"请大家听我说两句，我真是烦透了，一进屋，家长们围着我说再不能给孩子糖吃了，因为孩子的肥胖问题越来越严重，"她说。"最近，我开始告诉他们，带孩子，还有他们自己，多去野外玩一玩，多亲近大自然。我简直不敢相信整个屋子的气氛一下子都变了。在我不断讲糖果坏处的那个房间，每个人心情都很差，但是我到了另一个房间，和家长们谈论带孩子出去玩，每个人马上都心情愉悦，态度平和起来。我们一讨论这个话题，家长们也立刻放松了。"会议期间，她计划让所在的家庭教师协会鼓励家长们建立家庭自然俱乐部。

无论是社交网络还是现实中人与人之间的关系网，已经改变了政界。许多网络工具是用来募集资金、组织聚会拉拢选民的。崇尚自然的第三环也可以使用这样的工具，当需要政策改变或商业实践时，这些工具可以聚集许多支持者。实际上，这样做最终打造了一个回归自然的文化环境。

如果家庭自然俱乐部就像最近几年的读书俱乐部一样的流行起来；如果全美在接下来的几年中建立了一万个家庭自然俱乐部；如果这个过程从自然影响到人类体验的中心，那么在这样的文化环境下，这位新罕布什尔州的父亲就可以去敲邻居的门了。或者，更好的是，一位邻居来拜访他，询问他们一家是否愿意加入他们社区的亲近自然关系网。他们第一次探险就是：那条穿越社区的小溪。

在这里我要明确的是，在全球范围内，没有制度和法律保障去保护、恢复和建造自然栖息地，那么永久性的文化改变永远不能站稳脚跟。

第二十章　在森林中散步的权利

一个发生在 21 世纪的故事

未来的历史学家会可能这样写下我们的历史：我们这一代人终于遭遇了环境问题的挑战——不仅是气候本身的变化，还有我们内心的气候变化，社会患上了自然缺失症——而且，正是因为这些挑战，我们才自觉地来到了人类历史上最富创造力的时期之一；我们的所作所为不再满足于生存或维持生计，我们为新的文明奠定了坚实的基础，大自然与我们的工作场所、社区、家园和家庭融为一体。

只有重新考虑人类的权利，这样的文化和政治变革才能实现。现代社会，每个人，尤其是年轻人，无论在学校、图书馆或城市的公共场所，都有上网的权利，这个说法很少有人质疑。可以上网和不能上网之间的

"数字鸿沟"一定要尽快弥合，这个观念也普遍得到大家的认可。最近我一直问朋友们这个问题：我们是否有权利去森林中散散步？一些人听完我的问题，陷入了矛盾之中，感到迷茫困惑。看看我们人类对这个星球做了什么，他们说。就这个罪证，难道还不足以证明人与自然的关系天生就是对立的吗？但考虑到人类对大自然的毁灭，他们有这些想法也可以理解。还有一些人，所持的政治和文化观点不同，给出了另一种回答，在他们眼中，自然只是人类统治下的一个东西，或通往极乐世界的消遣之物。实际上，前面提到的两种观点有着本质的不同。但是也有着惊人的相似之处：那就是自然仍然是"他者"；人类生活在自然中，却不属于自然。

我提到权利这个基本概念，令一些与我谈话的人感到很不舒服。

一位朋友说："现在世界上有上百万孩子每天遭到虐待，我们还有闲心去管孩子是否有权利去亲近大自然吗？"这的确是个好问题。还有人指出我们当下这个时代，诉讼膨胀，权利萎缩；太多的人认为自己"有权利"使用停车场，"有权"看有线电视，甚至"有权"住在禁止孩子入内的社区。结果，权利的观点萎缩了。我们真的需要在那些权利的目录上再增加一些吗？

只要我们认可，刚才讨论的权利对人性至关重要，那么所有这些问题的答案都是肯定的。

几年前，我在为《林间最后的小孩》那本书做调研，拜访了南林小学，这是我度过童年时光的学校，位于密苏里州的雷镇。我问教室里的孩子们与大自然的关系。许多孩子都给出了典型的回答：更喜欢玩电子游戏；更喜欢室内活动——如果去户外，不是踢足球就是参加家长们组织的运动项目。但是一个五年级的小女孩，被教师称为"我们的小诗人"，穿着一条普通的印花裙，一脸严肃地告诉我："我在树林里，就像穿了妈妈的高跟鞋。"对她来说，大自然代表着美丽、庇护和其他一些东西。"那里是那么平静，空气清新。对我来说，那是一个完全不同的地方，"她说。"在那里的时间只属于你。有时我特别生气时来到这里——随后，这里的宁静，就会让我心情慢慢变好。回到家时，我已经很开心了，妈妈都不知道为什么。"她停顿了一下。"我自己还有个地方。那里有个巨大的瀑布，瀑布边上还有一条小溪。我在那挖了个大洞，有时带个帐篷或毯子，躺到洞里，仰望着绿树和蓝天。我会在那里睡着。在那，我感到自由自在；这地方好像完全属于我，我想做什么就做什么，没人可以阻止我。我过去每天都去那里。"小诗人的脸突然涨红了。声音低沉了下去。"他们把那片树林砍掉了。就像砍掉了我身体的一部分。"

"就像砍掉了我身体的一部分。"这孩子的最后一句话震惊了我。如果 E.O. 威尔逊的人类天性热爱自然的假设是正确的——自然对人类的吸引力是与生俱来的——那么我们这位小诗人真挚的话语可就不只是个比喻了。她把那片树林看作是"身体的一部分"，她是在描述一些无法量化的东西：童年最初的生物学、好奇心，和她生命最重要的一部分。

反对人与自然的分离，所展开的行动除了要以科学为依据，同样也要遵循更深刻的理念。2007 年，市长、专家、自然资源保护论者和企业领袖在华盛顿特区召开了一次令人印象深刻的集会，大会主要探讨年轻人与大自然的脱离状况。会上的讨论——颇具启发意义，有时还很激烈——实际上囊括了各个年龄阶段的人，然而几小时后，几位与会者开始要求量化。一些人试图寻找商业模型来衡量让孩子们回归大自然所面临的挑战。大部分人认为做更多的调研很有必要。

"我非常欣赏此次讨论，但是还要说点什么，"杰拉尔德·L.杜尔雷发言说，他是亚特兰大市普罗维登斯传道士浸礼会教堂的资深牧师。杜尔雷帮助成立了美国黑人文化组织，并与小马丁·路德·金一起工作。他向前靠了靠，说："每一场运动要想进行下去。就要赋予它生命。"每一场成功的运动，强有力的道德原则的宣传，是人们努力争取公民权利的动力，这个原则不需要一次又一次地被证明。杜尔雷解释说，如果运动领导人一直等着更多的数据来证明运动的正义性，又或者关注午餐柜台静坐罢工的尺度问题，那么这些公民权利运动的结果一定会大不相同，至少想要取得的结果会被推迟。有些努力是很成功的，有些则没什么成果。但是无论怎样，运动一直在进行。

"道德的推论中，没有任何必须遵守的原则，这样的推论常常会引发争论，"哲学教授拉里·亨曼说。"但是大部分推论都是从某一点或两点得出。这些包括一系列结果和一个首要原则——例如，尊重人权。"人类回归自然后，科学可以清晰地阐明这样做带来的可以预测到的后果；科学研究也可以指出这给人类健康和认知水平所带来的直接的、具体的好处。但是"首要原则"不仅是科学可以证明的，还需要不能完全显现出来的那一部分呈现：无论我们人类从个体角度，还是从一个物种的角度，与自然建立有意义的联系，对我们的精神和生存都至关重要。

我们这个时代，最生动地表达这种不可分离性的人就是托马斯·柏励。柏励把E.O.威尔逊的生态观放在一个更宽广的宇宙情境之下。柏励在《伟大的事业：人类未来之路》一书中写道："在整个地球的背景下，我们当前最紧要的就是开始思索建立包含人类和所有其他物种的完整的地球共同体。讨论伦理观时，我们必须知道这是统治这个综合共同体的准则和原则。"柏励认为大自然是神明的物质体现。宗教和科学不是靠战胜自然存活，而是依赖他所说的 21 世纪的故事的出现——即人与自然重聚。

提到绝对的事物会让人感到不适，但是这确实是真实的：我们需要让自然回到孩子们和我们自己的怀抱。不这样做就是不道德。就是违背伦理。"在衰退的栖息地上生活的人类也会退化，"柏励写道。"一旦有任何一点真正的进步，那么整个生命共同体一定会进步。"美国建国时，自然是人权思想的基本，但还有个假设在国父们的思想中根深蒂固，那就是：权利伴随责任。无论是民主还是自然，如果我们不能做个认真的管理者，那就会毁掉我们拥有这项权利的理由，同时毁掉权利本身。那如果我们不使用这项权利，我们也就失去它了。

范·琼斯，全民环保组织的创办人，《绿领经济》一书的作者，认为环保公平组织过于强调"不好的东西也需要同等的保护"——有毒物质经常排放到经济孤立的社区。他呼吁大家将重点转移到所有人平等获得"好的东西"上——如让都市年轻人和其他人摆脱贫困的绿色工作。然而，还有一种"好东西"——所有人在亲近自然的体验中，身体、心理和精神健康状况得到改善，认知水平得到提高。

我们这个社会，不能总是谈论大自然的重要性；必须确保每个社区的人们每天都可以到自然中去。要做到这一点，就要明白这个事实：只有我们认为自己和自然不可分离，只有把我们当作是自然的一部分地去爱自己，只有我们相信人类有权利从未被破坏的自然中获取礼物，我们才能真正关心爱护自然和我们自己。

雷镇的这个女孩可能对那片树林的某一棵树没有特殊的权利，但她与其他生命相处的权利不可剥夺；她有权去享受自由，但是如果为了保护她

而把她关在家里，你就剥夺了她的权利；她有权追求幸福，而完整的幸福
是大自然给予的。

　　你也有这样的权利。

第二十一章　曾是高山的地方，河流将流过

创造伊甸园的事业指南

西弗吉尼亚州，我和珍妮特·基廷，一路穿过长满橡树、山核桃木、铁杉、松树、鹅掌楸、椴木、枫树和洋槐等各种树木的树林，终于爬上了山顶，这是地球上生物物种最丰富的地区之一。我们在山顶上站了一会儿，向上看到了四五间蝙蝠屋，因为煤矿公司的缘故，房屋建在很高的地方。

随后我们的视线从这些小木屋移到了山下七零八落的景象，炸平的山顶和这个州许多正在消失的风光。

基廷，原来是一所公立学校的教师，现在是俄亥俄山谷环保联盟的执行主席，这个组织成功把很可能是全美最大的氯气纸浆生产工厂赶出了西

弗吉尼亚州。多年来，基廷一直为炸平的山顶到处奔走。如果你不亲自感受一下这种煤矿生产对你的影响，你很难想象出它巨大的破坏力。旁边一座山已经彻底消失了；那些巨大的机器对这座山所做的如同冰川作用一样令人震惊。不仅岩石和土壤彻底消失了，下层植被、蝙蝠们的家园全都被破坏殆尽。在这大概100英亩（约合607亩）的土地上，生活了大约80种树木，包括山茱萸、美国紫荆和山胡椒；710种开花植物；42种蕨类植物；132种草本植物和莎草科植物，还有1000英尺（约合305米）的垂直山坡，全部消失了。所有这些都填进了河谷。洗煤过程中产生的泥浆和废水都滞留在蓄水池中。特别是建在源头的一座集水池，这些废水很可能渗入或流入低处的河谷和山谷里，水中的生物窒息而亡，还会产生洪水淹没人类房屋，而且，这些废水中含有砒霜和水银等致癌的化学物质。2000年，一个蓄水池崩塌，3亿6百万加仑——这个数字可比墨西哥湾大灾难中还多——废水倾泻而出，大片土地被掩埋在10英尺（约合3米）厚的烂泥之下，75英里（约合119千米）水道中的生物全部死亡。1972年，另一个淤泥池大坝崩塌，造成125人死亡，1100人受伤，4000人无家可归。这家公司称这次事故为"上帝的行为"。

1977年出台的地表采矿控制和再生法案要求煤矿公司通过更换表层土（在弃权书的压力下，一些公司可能会使用"表层土替代物"）使土地"再生"。煤矿企业可能会说，一些煤层，依靠传统的开采方式不方便开采，炸平山顶这种方式是唯——种性价比高的开采方式。他们还会提醒我们美国是个高耗能国家。依据最后一点，他们无疑是正确的。

我和基廷向下望去，看到许多大坑（巨大的破坏，因为森林的遮挡，许多大坑在地面上是看不到的，只有从高处眺望才能看到），我想知道这个地方是否还能恢复，她摇了摇头，说："我们现在看到的地方会变成喷草区，就是从空中喷洒草种，通常这些草种都不是本土的，还要喷洒农药，帮助生长。"眼前的景象让我想起了我自己生活的城市，那些正在消失的景观，为了发展经济，巨大的推土机推平了一座座山峰。

煤矿公司在广告里宣称的那些恢复项目呢？"他们只是有一小块参观地罢了，然后说：'是不是很棒啊？土地平整，可以用作房地产开发。'"基廷说。"有时他们还会改造成鱼和野生生物栖息地。阿巴拉契亚山脉的水生系统中，曾经有最丰富的、地方特产的蚌和鱼。现在因为这些公司改变了土壤的化学结构和光照调度，曾经的一切都不可能再恢复了。没有什么会跟原来一样。"

如果钱不是问题，那些山顶被炸平破坏的土地还能恢复吗？"反正我们这个时代是做不到了。其中一个原因是我们甚至都不知道我们到底失去了什么。在西弗吉尼亚州南部，这种破坏随处可见，这个州从来没有真正全面地保护、清查大自然。我认为还有一部分原因是只要我们不知道我们毁灭了什么，就没什么可烦恼的了。"

除了这些对大自然和人类健康的直接冒犯，文化记忆也被摧残消失了。"我们每座山都有名字，"基廷说。"或者说曾经有名字。每条溪流也有名字，人们都知道这些地方。过去人们常常去树林中采摘人参，卖了以后给家人买圣诞节礼物。还经常去采香草、北美黄莲、美洲血根草，这些都可以入药——现在，全部消失了。"

这些山峰警告我们：恢复大自然——甚至恢复人与大自然的关系——可以当作更多破坏的借口。随着企业更加深入地了解大自然和它的模式，生产效率更高，更富创造性，对企业回归自然的伦理观的需求也逐渐增加。

保罗·霍肯，作家、企业家，写道："企业必须改变原有的观念和宣传口号，这些观念和宣传成功地蔑视了'极限'思想。极限与财富是紧密相连的。尊重极限就是尊重这样一个事实：整个世界和构成它的细节，其丰富性超越我们的理解范畴，而且按照自己的目标井井有条地组织起来，各方面有时用非常浅显的方式联系在一起，有时则神秘又复杂。"或者，正如约翰·缪尔所言："你抓起自然中的一根绳子，就会发现它连着万物。"自然的极限就像"塞尚的空白画布或让·皮埃尔·朗帕尔的长笛"，霍肯写道。"恰恰就是在自然的限制所施加的纪律中，我们才发现和想象了自己的生活。"

绝望是很吸引人的，绝望的原因可能会战胜乐观的原因。但是新企业伦理的模型不断涌现，这位商界树立新的目标，为个人和新的认同感提供了机会。

农业传统上提供了许多和自然有关的工作。农业领域正兴起一场新运动，不仅仅局限于有机作物，这场运动不仅改变城市中的自然状况，还会复兴曾经服务城市的家庭农场和小城镇。这个领域，回归自然的商业伦理正逐渐清晰起来。

新农耕

一天下午，我和蓓姬·兰伯特从丹佛市开车前往博尔德，兰伯特是美国西部最好的作家之一。她望着平原上房屋建设的"油膜"，这是她的说法。"人们搬到这里是觉得这里环境好，但是他们不怎么了解牧场文化，最终破坏了曾经吸引他们来到这里的美。"她说。我们一边开车，兰伯特一边和我讲起她和牛的关系——她们一家当时住在怀俄明州，养了50头奶牛。

她写的回忆录《追寻亲人》一书中，就记录了她在那片土地上的生活。她还写了日记，最近从日记中挑了几篇文章给我发了过来，讲述了小家庭牧场的奇妙：在脚踝高的雪地上艰难前行，在十英尺（约合3米）深的水沟中漂流，给牲畜们喂食；在雪堆里找到郊狼的窝，峡谷中有狮子的足迹，马儿在冬天冻僵了。她想知道，如果一个文化体不了解这些，会有什么结果。兰伯特和其他人一起"明知徒劳无功，还要反对当前的反牧场政策，反对那些认为家庭小农场和牧场是破坏自然的农业企业的人。"她说。她害怕那些出于善意，却不理解"西部草原上有蹄动物和农业文明对整个国家意识形态的重要意义的人"。她在日记中写道："我飞到加州，整整五天，守在垂死的父亲身旁。我拍着他的身体，握着他的手，和他轻轻地说话。"她给家里打电话。孩子们"在地下室，一只新出生的小牛也在那里，体温很低，因为这只牛在暴风雪中诞生。"她告诉孩子们怎样"抚摸小牛的身体，用热水瓶和电热毯来温暖它，温柔地和它说话。它和我父亲差不多同时死去，都是在那一年春分的正午。"那一刻，尽管悲伤，她还是很感激孩子们"可以亲眼目睹死亡，不是通过媒体得知的，是自己亲身经历，这将成为他们生命中非常重要的一部分。"我们开车时，她还在想着飘荡在那片土地上纷纷攘攘的雪花，和生活在那里的各种生物。

兰伯特和其他重视和希望传承他们传统的牧场经营者、农场主，与特尼·怀特是朋友，怀特是基维拉联盟的执行主席和创始人之一，该组织是个非盈利的环保机构，总部在新墨西哥州的圣菲市，致力于宣传土地和健康，为牧场经营者、环境主义者、科学家和公共土地经营者等搭建沟通的桥梁。该组织引用温德尔·贝里的话作为非官方的宣传口号："你不可能脱离人类去拯救土地，要拯救其中一个，就必须两个一起。"该联盟的目标之一就是宣扬新牧场理念。该理念包括先进的牧场经营方式、科学的河岸和高地恢复、本地粮食生产、土地健康评估和监管。

第一次见到怀特是在一次基维拉联盟大会上，他是个瘦高个，人很随和。那次会议在阿尔伯克基市召开。大约有 500 名与会者，许多人都戴着牛仔帽，还有一些好像是刚从荒野中远足回来一样，穿着从 REI 买的户外运动衣。十年前，那时怀特是塞拉俱乐部的成员，还是一位考古学家，他认为环境保护主义正在衰败，很快会被他称之为"新农本主义"所取代。"我想反抗当时环保运动中出现的一个主要模式，那时我也是这些运动中的一员，这些运动认为自然和人类（具体说来这就是它们的工作）需要分开，越远越好……环境问题就要依赖环保的解决办法，不需要文化和经济的帮助，"他写道。"这种想法，意思是'拯救'自然，和'拯救'人类自己，这两者彼此独立，毫无关系。"与此相反，他认为新农本主义则是"强调粮食和土地健康，能够抵御外界风险，鼓励伦理关系，尊重生命的生态经济。"他指出，城市、城市附近和城市以外地区，对本地、家庭规模的粮食、纤维制品和燃料的可持续生产的关注度越来越高。这股始于 20 世纪 80 年代的浪潮，包括"流域内合作组织致力于河岸地区生态恢复，利用牲畜抑制有害野草的蔓延，有效管理土地来储存碳元素等一系列行动"。

环保人士批评一些农耕和牧业的耕作方式，的确，有些耕作方式确实存在问题。但是回归自然的农耕和牧场则树立了全新的伦理准则。例如，戴维·詹姆斯和凯·詹姆斯夫妇，和孩子们一起，在跨越科罗拉多州和新墨西哥州，220000 英亩（约合 1335462 亩）的公共土地上，饲养以草为食的牛（不是那些在饲育场，以谷物和农业副产品为食，专门养肥的牛）。20 世纪 70 年代，美国农业进入萧条期，牧场经营也举步维艰，但是詹姆斯夫妇没有放弃，他们建立了复杂的放牧体系，引进其他有机业务，使得牧场经营多样化，最终恢复活力，走出低谷。不仅如此，在这样一个年轻人都试图逃离农业区的时代，詹姆斯夫妇的后代中，有 4/5 的人，都选择回到牧场，并把可持续发展的业务融入了牧场经营中。詹姆斯一家告诉怀特，他们希望土地和社区准则可以建造一个全新的美国农业：土地上长满了物种丰富的植被；土地生产适应水源、矿物和太阳周期；土地可以承载数目庞大、种类繁多的野生生物；社区直接消费本地生产的健康食物；整个民族认识到农业对环境的重要性。

安东尼·弗莱卡文托，曾担任非盈利机构阿巴拉起亚山脉可持续发展组织的执行主席，现在是先锋农业生产领域的领军人物。20 世纪 90 年代末期，美国烟草种植业急速下跌，许多小规模的种植园主，尽管还不知道还能以何为生，但迫于健康倡导者、萎缩的市场和环保主义者的重重压力，准备放弃种植业。2000 年，阿巴拉起亚山脉可持续发展组织在了解了这些烟草种植园主的困境和该地区有机产品供应与其他地区的差距后，为新的和经验丰富的有机农场主们，开展了阿巴拉起亚大丰收的农业合作社项目。现在，合作社的社员们将新鲜的有机产品批发到各主要零售市场贩卖。"人们听说烟草种植园主——健康和环境的'敌人'——开始生产有机农产品（现在还有牲畜），都非常吃惊。"他说。此次农业合作社项目让当地人们参与到生产、销售和消费的各个环节之中，避免了本地资金外流。

"许多宗教和社会公平的积极分子，他们的信条是'按你所想，过新的生活，'他补充说。"随着时间的流逝，我的想法已经逐渐变为'在你的生活中，寻找新思维'。"弗莱卡文托对他所生活的文化和滋养这个文化的大自然，非常专注，这也是他如此富有行动力的基础。他甚至还亲自经营了一个 7 英亩（约合 42 亩）大，经过认证的有机农场。"因为我也在农场工作，所以一旦年景不好，和其他人一样，我农场的收成也不好。"弗莱卡文托最近成立了储存碳元素促进当地经济发展公司，允许公众参观他的农场，这都有利于他积累生态农耕实践。

其他先锋农业的实践与主流农业大不相同。蒂尔农场，位于佛蒙特州绿山国家森林公园的丘陵地带，可以给大家一些基本的认识。这个农场有大约 540 英亩（约合 3278 亩）的北方阔树林，森林集水带有溪流和牧场。农舍和谷仓形成了可再生能源系统，8 英亩（约合 49 亩）的果树林"为所环绕的建筑形成了微型气候区"。安娅·卡梅涅茨在网络期刊《现实三明治》上把这个农场描述为"与传统单一作物的农场不同，这里更像是升级版的荒野"。

与此同时，蒙大拿州西部，有机农场主和实行放养的牧场主，按《高乡新闻》的说法，组成了"新品种的乐观主义者"，这些人，没有传统农业的联邦政府补贴，成立生产合作社，建造自己的工厂和面包房，并包装出售。有些农场主，"从种子到三明治"，形成了全套的生产制作流程，这和在时尚的都市中心非常流行的小型啤酒厂非常相似。

也许有一天，和学校的运动场一样，农场和牧场也具备双重职责。有些牧场主，如果在他们的土地上打猎，要收取费用，农场主和牧场主可以效仿，比如建造手工作坊乐园、自然疗养所，或为都市中长大的孩子们提供教育和农业体验项目，来赚取额外收入。在挪威，农场主和学校的教师们合作，开设新的课程。学生们每学年要去农场实习一段时间，在那里学习科学、自然和粮食生产的知识。当然，仅仅这些还不能够挽救小型农场。但是农场或牧场有了教育的功用，可以让农民家庭留在土地上，可以创造新的工作，将都市中的人们和食物的来源，和大自然联系起来。

特尼·怀特进一步拓展了这个思路。他希望农场主们认为自己是

未来的农场主，他提出了"碳牧场"的概念，这种牧场利用粮食生产和土地管理，巩固土壤，对抗气候变化。实际上，怀特认为气候变化是个机会。新一代的土地耕种者，利用植物的光合作用和其他无论新旧的土地碳封存运动，可以有效控制空气中温室气体的含量。他们也逐渐扩大自己的使命感，并获得认同。

城市和郊区扩张中面临的挑战总是十分棘手，然而，回归自然的城市和郊区建设、新农本主义和回归自然的交通建设，无疑为这些扩张提供了良药。同样，重新复活的乡村生活、大量新工作的产生和生活质量明显提高的乡村地区和小型城镇，都是解决这些扩张的办法。城市农业和乡村农业的分歧正在逐渐消失。工作、生活的意义和新的认同感不断产生。

伟大的事业

个人认同感、自豪感和生命的意义，这些都来自托马斯·柏励所说的伟大的事业——生活回归自然——是下一场自然运动的关键。

科里·休·哈钦森是在修补地面塌陷时找到了自己的人生目标。和珍妮特·基廷和特尼·怀特一样，她也非常关心土地。十年前，在一个灰尘飞扬的一站式市场上，我第一次见到哈钦森。她开着一辆福特 F-150 小卡车，一面上刊登着她公司的广告：水上栖息地。她从车内跳出来，有力地

和我握了握手："叫我科里·休就好。"那年她38岁，皮肤黝黑，肌肉发达，胳膊上满是因体力劳动造成的伤疤。头发编成了根麻花辫。戴着墨镜和耳环，穿着牛仔裤和干活的靴子，还戴着一顶时尚的棉布鸭舌帽，上面写着"NO B.S.（非理科学士）"。我开车跟着她来到了新墨西哥北部的拉普拉塔河。她计划搬到这里。

科里·休在北密歇根大学读大二时，立志成为海洋生物学家，她带了一包衣服，跳上自行车，怀揣着400美元，骑了大约2000英里（约合3218千米）到了俄勒冈州立大学——到了那她才知道自己晕船的症状特别严重。她决定转向河流流域管理。1989年，她在圣胡安国家森林做了一名生物学家。

"我想在保护环境上做出点成绩，"她说。但是她越来越反感政府，"总是开会，计划下次会议，但是毫无成绩。"所以，1994年，她放弃这份人人羡慕的工作和丰厚的养老金，前往西部，加入了正不断壮大的河流保护志愿者的队伍。

过去这一个世纪，有些——并不是所有——牧场主和开发商极大地改变和破坏了河流的生态系统，比如拉普拉塔河，河岸边厚厚的植被消失了，牛群用蹄子践踏河岸，加剧了侵蚀。一个牧场主竟然用推土机把这条河推成了一条直线，结果，拉普拉塔河变成了一条排水沟。现在，绅士牧场主，这是对新来的牧场主们的称号，买下了西部的一些土地，禁止他人入内。这是坏消息。还有好消息，有一些人则成了河流守护者。有一家人买下一片土地，就是我现在和科里·休说话的地方，拉普拉塔河穿过这里，这家人雇用她，让这条河回归到最自然的弯弯曲曲的样子。

她走在河岸上，穿过地中海毛毛草和柳树，手里挥舞着一支拐杖，是用扫帚柄和车把做成的，把这条河当作人一样和它交谈。科里·休解释了一下她怎么端详那些记录了河流最初样子的老照片，特别是那些航空照片，猜想着如果让河流自己恢复，会变成什么样子。她建立了分级控制体系，建造漩涡堰，为了稳固河岸，种植了杨木、根团、柳树等本土保护植被，还拖来了许多巨石防止河岸被侵蚀。她自己搞定这些重型设备。"客户们看似得到了极大的乐趣，一点点汽油就能让巨大的 D-9 推土机开动起来，而只有这台推土机知道她在做什么。"

科里·休的工作是可持续发展，也是将人与自然联系起来，创造或者重新创造有意义的地方。多年来她完成了许多河流治理项目。她的工作方法既是科学的，又极富艺术性；她把这个叫作"水文伏都教"。她经常是凭直觉做事，而不总是依赖统计数据。本质上讲，她加速了地质时间，大自然需要一个世纪甚至更长的时间才能做到的事情，她几个星期就完成了。加速了，比如说 50 年，就可能阻止一些流域彻底消失。有时，她竟然奇怪地可以读懂一条河的心声。她开始改造拉普拉塔河后，有一天河水泛滥。"令我惊讶的是，新的河道就在我原计划安置的地方形成了。这条河也想回到它原来的样子。"

毫无疑问，科里·休已经做出了成绩。"但是这项工作需要谦逊的美德，"她说。她曾努力把安尼玛河从废弃汽车堆和崩塌的河岸中抢救过来，但这条河自己改变了位置，把她所做的一切都冲走了。"有时自然母亲有别的想法。"

我第一次写科里·休的故事是很多年前了，所以最近我打电话给她，询问她最近的工作状况。她说仍然在从事这项工作。"但是现在许多人也都在做。河流和湿地改造这个行业也面临越来越多的竞争。我觉得自己是这个行业的开拓者，现在在这个竞争激烈的行业中存活下来。"她骄傲地告诉我。她最近一项工作是科罗拉多州韦斯特福克的曼柯斯河，流域内被小型采矿业破坏殆尽。她停顿了一会儿。"我想强调一些事情。河流是动态的。我们可以推动它们，但不能控制它们。"已经有河流永远都回不来了，她补充说。被人类的工业生产和经济开发彻底破坏的河流，再也不能恢复，永远地消失了。

就像西弗吉尼亚州的那些山。恢复也是有极限的。

我们得到的教训就是反抗也不全是没有用的。恢复还是可能的。珍妮特·基廷和科里·休·哈钦森活出了自己精彩的人生。在这里转述古希腊的理想：一个人负责磨灭人类残忍的天性；另一个人则负责让整个世界温柔地生活。

谋生和生活

年轻人常常怀揣着创造新世界、让世界更美好的梦想。他们常常告诉我，他们的事业就是将人与自然连接在一起。他们想知道实现这样的梦想，应该去哪所大学，有哪些机遇。这样的问题现在回答起来更容易一些。

高等教育已开设了可持续发展的课程，但主要还是讲节能和通过清洁生产和节约燃料来保护环境等内容。更新颖的课程还有利用自然界的力量，改善人类的身心健康，创造新能源。过去，这些将人类与自然连接起来的工作，人们常常以为就是农业，或直接忽视掉，得到认可的工作有：林业、公园管理者、园艺师、景观建筑师（有时会被这么认为），除此之外就没有其他工作了。写这本书时，已经有很多企业直接或间接地能够让人与自然重新建立联系，我不知道下面这些职业是否全面，但是可以给大家一些参考：城市规划师、利用自然栖息地作为实验室的教师、医疗保健工作人员、自然疗法的治疗师、园艺家、有机农场的农场主、先锋牧场的牧场主、到大自然中露营的组织者、园艺指导师、自然景观建筑师、自然休闲地的设计师、城市花园规划师、导游、野外活动专家、自然解说人员和许多其他的职业。人们一旦开始考虑利用大自然来提高人类自身这种职业，就容光焕发：这种想法，是人与地球关系的积极的、充满希望的想法。

如果这些工作的职业指南等资源方便大家获取，且广为人知，而且详细描述了它们是如何将人类与自然联系起来的，那么很多人都会愿意从事这样的工作。不久以后，从事高等教育的学校——或许是教师培训学校——将会意识到这些工作的巨大前景，建立专门的学科教授将人与自然联系起来的课程。上完这些课后，你就会知道大自然能给人类带来哪些好处，随后根据所学的知识和你自身意愿，决定未来的职业选择（法律、教育、城市规划等）。不管选择何种职业，这仅是将人与自然连接起来的工具，这也是你热爱自然、热爱人性的方式，同时还是你的谋生方式。

我和从事这些职业或将这些职业当作业余爱好的人在一起，常常被他们的快乐所感染。他们充满了活力。我所见的大部分人从事的职业主要是让孩子回归自然，所以似乎我遇到的是个有特别偏好的小团体。坦白来说，从广义上来讲，从事重建人与自然关系这个领域工作的专业人士的数量相对较少。但是考虑到现在的趋势，队伍会迅速壮大。有些学校已经在向着这个方向不断努力。

不久前，亚诺·克里斯皮尔斯，他是加利福尼亚州波威高中的自然老师，邀请我给学生们讲讲年轻人和大自然之间已然发生变化的关系。我预想大概20个学生会来听讲座。但令我吃惊的是，200多名学生挤满了整个大礼堂（他们被允诺会得到额外的学分）。我也做好了在演讲过程中有吹泡泡糖和传字条行为的思想准备。然而我开始演讲后，学生们都非常专注，对我的演讲充满好奇，这不是因为我是个吸引人的演讲者——当然了我的确不错——而是因为我所讲的内容。我讲了两个主题。第一，越来越多的科学研究表明，野外体验可以提高人类的学习和思考能力，增强人类的感官能力，有益身心健康。是真真切切地会改善人类的健康状况，而不仅仅是个抽象的概念。第二，我讲了我们现在的实际情况是，因为气候变化和其他所面临的严峻的环境问题，在未来的几十年一切都必将发生改变。我们需要新能源、新型农业、新的城市规划和新种类的学校、办公地点和卫生保健场所。许多我们尚未命名的新职业将纷纷涌现。

学生们离开礼堂后，我问克里斯皮尔斯，"这是怎么回事啊？为什么大家这么关注我今天讲的东西？真出乎我的意料。"

"原因很简单，"他回答说。"未来的环境状况，你刚才讲了很多积极的事情。他们从来没有听过。"

几周前，一位来自加州大学圣地亚哥分校，研究全球气候变化的专家也给这些学生做了一次演讲。"学生们的眼睛都结冰了。"克里斯皮尔斯说，他要求学生们，把从媒体、环保主义者和主流文化中听来的有关环境的主要信息写下来。大部分评论主要传达两个信息：第一，自己破坏完了自己就要收拾好（大自然就是琐碎的家务事）；其次，我们居住的地球已经摊上大麻烦了（但是不管怎样，想拯救地球已经太晚了）。学生们写下了他们听到的主流声音："人类居住的地方根本不适合其他物种生存。""臭氧空洞越来越大，全球变暖愈演愈烈。""自然环境快要死了。""大自然的危险。""自然的灾难。""人性本坏。""为了给人类腾出空间，我们已经将自然破坏殆尽，所以未来我们只能依赖人工自然了。""地球大限将至。"等类似的说法。

的确，我们和地球的关系确实已经恶化。绝望的情绪甚嚣尘上，而且早早地作为处方开了出来。占据媒体的主要故事情节就是：一切太晚了，游戏结束，全完了。难怪这么多年轻人都不愿意行动起来。是的，的确还有其他宣传，许多人一直在为各种主要的环境问题努力，但是更多的人却没有行动。2010 年，一系列民意调查和研究表明，35 岁年龄组的美国人不如 35 岁以上的人更关注气候变化；许多环境议题的公众关注度达到 20 年来的最低点。我写这本书时，海湾地区遭遇了历史上最大的环境灾难之一，我们还不知道这次事件是否还会带来长远的隐患。但我们知道的是，因为我们这一代人与上一代人的自然体验大不相同，我们这一代人所掌握的详细的、深入的自然知识越来越少。对年轻人和老年人来说，这种严峻的形势有所缓解，比如国家公园的参观人数在数年的下降后最近终于有所回升。一些媒体评论说这种情况的出现是因为经济大萧条的压力；但是我们中一些人坚信，近些年，数千人一直不知疲倦地让孩子与大自然联系起来，当下情况的改善与这些人的努力息息相关。现在，成人们也要参与到这场运动中来了。

一个贯穿本书的论点是：重新与大自然建立联系，这是发起一场声势更加浩大的环保运动的关键。这种重新建立的联系，是发自肺腑的，而且立刻会改善许多人的生活。鼓励每个人与大自然重新建立联系，并不意味着更少地参与全球环境问题，而意味着我们更广泛地参与进去。要行动起来，我们需要的是激励，而不是绝望。生态美国，是一个非盈利组织，主要关注不断变化的环境价值，该组织认为第一代环境问题的争论（最近几十年）是大灾难；第二代则是经济利益——绿色工作——国家安全。如果上述的民意调查结果是正确的，那么这些争论都没有引起足够的关注。我们现在迈入了第三代争论时代，就是我们要额外关注大自然对我们人类的健康、我们的学习能力、我们的幸福感和精神的与生俱来的重要性。

在我演讲结束几周后，克里斯皮尔斯给学生们布置了一项完全不同的作业：在大自然中找个地方，一个人置身其中半个小时的时间，然后写下你的感受，大概一页纸。克里斯皮尔斯告诉了我学生们写下的感受。贯穿许多文章的主题就是：学生们回家时比他们离家时感觉好很多。学生写下的感受有："我见到了我从未见过的东西。""我看到许多新事物。"一个男生写道他可以"闻到美的气味"。"这周末，我坐在大自然中，写下我的感受，发觉我自己被重新联系起来，我的内心与外面的世界重新建立了联系。""大自然，我怎么可以和你分开这么久……大自然让我高兴……我完全迷失在这里，自然深深地扎根在我的心中……我试着重新描摹它的模样，但是很快就消逝了。"两名学生是晚上出去的。一个孩子写道闪电照亮了院子，一切看上去"黑暗，令人害怕，但是说实话，当时置身大自然的环境中，我整个人都非常平和、放松"。一个女孩写道，"我见到了比我一生见到的还多的星星。"她一直生活在城市中，"城市中的公园只是一片特别的土地，在那里有被人工精心浇灌和修剪的草坪。"但是现在她听到了鸟叫声和风吹过树林的声音，她觉得"即使独自一个人在自然中，也一点不觉得无聊"。

有些学生说这半小时的体验改变了他们的生活。我真的很惊讶。毕竟这些学生只是为了完成作业。我在演讲时，只是列举了大量科学证据，证明多在大自然中活动，会减轻压力、提高创造力和认知水平，还能打开所有的感官。但是这些年轻人，是自己亲自重建了与自然的联系。

我相信他们也预想了一个更好的未来——在短短半个小时的自然体验中，他们可以回忆起来的或发现的新事物，是一个还未被注意的世界，这个世界充满了无限的可能，充满了希望。

你再也没有其他更实际的办法，去获得这样的希望了。

后记

　　当这本书快完成时，我和凯西在我们家东部的山区中租了一间小屋，在那里待了一个星期。

　　到了小屋后，我们坐在露天天台上，远眺库亚马卡湖，这是位于高山沙漠中的一个高山湖。最近的大风暴刮倒了许多松树，但是一座小岛上还保留了一些。我们看着云的影子在湖面上慢慢移动。目光一直跟随着石墙峰上的日光，我俩结婚前第一次远足，就是去的那里。

　　那天下午，我们在湖边散步，随后越过水坝，来到了小岛上，走进了一片橡树林和残存的松树林，随后沿着汇入库亚马卡湖的一条小溪慢慢走着。石墙峰就矗立在不远处。我们回到湖边，坐在水边树下的长凳上。一队加拿大黑雁从小峡湾中钻出来，沿着岸边游水，加拿大黑雁是一夫一妻制的忠实信徒，它们在我们面前停了一会儿，在淤泥和水生植物中寻找食物。最大的那只黑雁在离我们很近的地方看着我们，好像我们不存在一样，然后它发出了信号，另一只紧跟着它进了另一个小峡湾。

白鹭和两只巨大的青鹭静静地站在阴影中。突然一只青鹭冲向天空，冲着小岛的方向飞去，它在空中划了一个大大的弧线，又飞了回来，和同伴站在一起。我们还看到一条鲈鱼在阴影处游来游去，地面上有一只好奇的松鼠，两只蜻蜓飞过，还有一大群滨鸟。我们俩坐了很久很久，让这一切的景色包围着我们。

后来，我们迎着风又越过那座水坝，向外看去，在回水区有一片青葱的牧场。凯西问我，孩子们是否曾在岛上生活过。

我说，是的，他们很小时我就带他们到这来："我们睡在货车里，黎明时，我最先醒来，看到贾森的小手从上面的床铺上伸出来。"她笑了，风吹起了她的帽檐。"如果我们经常到这来或到类似这里的地方，我们会觉得心情越来越好，身体也更健康。"我说。她弯下腰，捡起了小路边上的一些垃圾。

"我同意。但我肯定会拒绝。别忘了你娶了个都市女孩。"

事实是我们各自都有借口。即使我们知道大自然会带来很多好处，但多年的都市生活模式还是牢牢控制了我们。凯西之所以犹豫，部分原因是她童年和大自然接触的经历并不总是愉快的。而我，懒惰是主要障碍。而且还有太多工作要做。更深层的原因或许是，我们害怕开发商就像大火一样扫过，将我热爱的大自然带走。这种事情以前就发生过。

我陪着凯西回到小屋，然后自己回到湖边，随着风力的加大，水面变成了灰色。我绕着小岛慢慢走，被其中一只巨大的青鹭吓到。它像个伞兵一样降落在岸边，脖子和头部纹丝不动。我看着它，它也盯着我，我们彼此寻找对方移动的讯号。青鹭眼中的紧张感慢慢消退了。随后，也没有向别处看，这只鸟张开翅膀，抬起身体，在空中停滞了一两秒，慢慢升高，沿着水面滑行而过。又一次，我感到了释放与回归，这种感觉我还是多年前在一片杨木丛下感受到的呢。

这样的时刻，我不需要任何证明，我获得了超越视觉、听觉、触觉、嗅觉、味觉和其他没有名字的感觉的更高级的智慧。这种表达不是崇拜自然，而是为我们的亲密关系感到由衷的高兴。我们是正在被观察的观察者的眼睛。

一个小时后，我感觉头上有东西。抬头一看，一只青鹭就在我的头顶上方徘徊，低头看着我。突然风向变了，这只鸟被吹到了另一边。它抽打了两下翅膀，飞走了。但是我知道，如果我耐心地等下去，它一定会飞回来。

新自然运动

想象更新的世界

发起新自然运动：采访理查德·洛夫

设想更新的世界

2011年9月13日，在威斯康星州拉克罗斯市，与一群高中生讨论后，一个学生问了理查德·洛夫一个颇具挑战性的问题，她希望洛夫帮助她看到——是真正地看到——自然法则下的世界。在后来的演讲中，洛夫提到了她这个问题。这里是对这个问题回答的新版本，一个完全展开的回答。

长昼将尽：月亮爬上天边：

海洋的呻吟和各种声音在四周回荡。

来吧，朋友们，去发现新世界为时不晚。

——阿佛烈·丁尼生勋爵

请想象一下这样一个世界，在这个世界中，所有孩子在成长过程中，都深深地了解周围的生物；所有人都知道后院的植物和动物是什么，就像了解电视中播放的亚马逊热带雨林一样。随着科技的发展，我们更加亲近自然。我们所有的感官都苏醒了，包括谦虚感。在这个世界中，我们感到的更加富有生气。

我们追寻的这个更新的世界，不仅要保护自然，还要在生活、工作、学习和玩耍的地方创造自然。院子里和空地上生活着许多生机勃勃的本土生物。鸟儿们的迁徙路线在人类的保护下已经恢复。每座城市的野生动物走廊都是生活和生命意义的分支与动脉。公共土地和私人地产都变成了花园和蝴蝶区，这些花园跨越全国连接在一起，形成一座国家公园。社区居民们利用土地信托法建造自己的纽扣花园——不用太大，只要尽自己所能照顾好这座花园就可以。城市成为了保护生物多样性的安全港湾。

在这个世界里，儿科医生和医疗保健专家都崇尚自然疗法；公园管理员成为了医疗健康专家。医生开出的抗抑郁药物和其他药物越来越少，自然疗法使用的范围越来越广。医院和监狱也有了花园，可以安慰人的心灵。人们可以回归自然，寻求慰藉，减轻压力。大人与孩子的肥胖率通过户外运动降低。

在这个世界里，回归自然的城市可以实现能源自给，并供应大部分食物。空地变成了社区花园。摩天大楼变成了垂直农场，走廊、平台和屋顶上种满植物，减轻人们生活压力，又可提供食物。回归自然的设计理念改变了绿色建筑和城市规划，不仅满足于节能，还有创造让人们生产效率更高、身体更健康、更能集中精力、更富创造力的环境。

在这个世界里，开发商不仅建筑保护自然的新社区，更重要的是，重新改造衰败的内城社区、郊区和大量老旧的商业中心；生态村不仅有更加"自然"的栖息地——绿色屋顶、纽扣花园和生态走廊——比今天的郊区还能容纳更多人口，而且生活质量大大提高。社区不再被高墙围绕，而是被供孩子们采摘的果园环绕。

在这个世界里，中部大平原上被抛弃的小镇以新的方式回归，互联网与外界连接，建造有机农场、供食用的牧场，创造自然之美。溪流，重见天日，在城市和乡村中弯弯曲曲地流淌，许多野生生物也回家了。

在这个更新的世界里，教育不再是死记硬背、照本宣科，而是充满了奇迹和敬畏；学校依靠大自然的力量，提高学生的学习能力，激发学生的创造力；培养"混合型"学生，现实世界和自然界的体验，增强学生的感官享受，获得创造力。每所学校都有自然区，供学生再一次体验从玩耍中学习的乐趣；鼓励教师带领学生去附近的树林、峡谷和海边野外旅行；教育工作者们的工作和内心满是希望和激动。

在这个世界里，将人与自然联系起来成了迅速发展的行业。新企业纷纷出现，帮助我们的家、工作场所、生活回归自然。每一次地区经济研究，自然的慰藉和恢复力量，水域和自然系统可测量和不可测量的价值，都要囊括进去。自然历史与人类历史同等重要；历史的定义少一些战争，多一些我们与自然建立亲密关系的故事。

在这个世界里，大人和孩子在所居住的生物区获得了很深的认同感。

孩子们体会到大自然的乐趣，他们躺在山坡的草坪上，一躺就是好几个小时，看着云彩变成未来的模样。人与自然社会资本丰富我们的日常生活；作为一个物种，我们不再感到孤独。每个孩子和大人都有权利与自然建立联系，共同承担照顾和保护自然的责任。无论种族、经济地位、性别、性取向，每个人都有计划改变这个世界。

在这个世界里，我们精神的强大不是由语言的专业性决定的，而是依赖我们每个人之间，我们与地球上其他物种之间的亲密关系决定的。在这个世界，我们生命的最后日子，是在自然母亲、大地、蓝天、水、土壤、风和海洋的拥抱中。这就是我们追求的更新的世界，也是我们最终回归的地方。

发起新自然运动

2012 年春，采访理查德·洛夫

问题：在《自然法则》中您提出的"新自然运动"到底是什么呢？您在全国旅行时，大家对这个概念做何反应？

回答：许多人都将其理解为一场声势浩大、充满希望、难以对其命名的运动。和其他正在进行的运动一样，这场运动也包括传统的环境保护论和可持续发展，但是要超越这些。要充分发挥自然的潜力，改善我们的健康状况，增强我们的大脑，增加社会活力。对这场理想主义的但是十分重要的运动的渴望每代人都有，但是年轻人会更加敏锐一些。

问题：难道这场运动完全不顾全国乃至全球的心态吗？

回答：会的。民意调查显示 1970 年地球日之前，政治上对环境问题的关注降到了最低点。许多人一想到未来，脑海里就会蹦出这样的画面：《银翼杀手》《疯狂麦克斯》和《末日危途》电影中，经历浩劫后，整个社会如同地狱，自然和人类的善良也都被剥夺了。我们似乎如同飞蛾扑火。这种定位十分危险。产生这种吸引力的原因有很多——经济困难，环境遭受威胁——但是我们中的一些人坚信主要原因是社会、政治和媒体不能描绘出人们愿意向往的未来图景。是的，海平面会上涨，但是我们还是要活下去，先想象一下，然后努力向一个回归自然的未来前进，这才是生活的最佳方式。

问题：那么科技呢？许多人认为科技才是未来。

回答：我们没有必要反对科技，来证明生活更需要自然。确实很多人认为科技将会拯救人类，机器人—人类的未来并不令人满意。我们的很多问题都源于我们与自然的关系。《自然法则》这本书是告诉大家科技越发达，我们就越需要自然。

问题：本书中的观点与自然资源保护论和环境保护主义有何不同？

回答：传统的自然资源保护论主要是探讨保护和可持续发展。我们不能轻视环保运动过去所取得的胜利，也不能小看保护荒野、附近的自然区和创造可再生能源的绝对必要性。那是建造一个更新的世界的基础，却不是建造世界本身的基础。我们需要设立一个更高远的目标，开展更广泛的运动，才能到达那里。新自然运动更新了健康和城市规划等领域的旧观念——比如弗雷德里克·劳·奥姆斯特德、泰迪·罗斯福、约翰·缪尔等的观点——依据最近的研究，还增加了新思路。我们的确要节约能源，但我们也要创造更好的人类——身心更加健康，思维更加敏锐，更富创造力。我们需要保护自然资源，但也需要在我们生活、工作、学习和玩耍的地方"创造"自然。我们要把城市变为生物多样性的发动机。

问题：这场新自然运动的主要参与者都有谁？

回答：主要参与者有：传统的自然资源保护论者，可替代能源的生产者，当然，还有公众健康专家，写下"公园处方"的医生，生态心理学家，荒野治疗法专家和其他的崇尚自然疗法的理疗师。救助濒危的自然栖息地、建造新的栖息地的市民自然学者，"新型农民"——如社区园艺师和城市农场主（包括践行"难民农业"的外来移民），还有有机农场主和回归自然的"先锋牧场主"也都参与到这场运动中。此外，都市的自然环境设计师，用本土物种装点庭院的人们，建造供人们散步的城市和崇尚积极生活方式的拥护者，前卫的亲近自然的建筑师、开发商，关注健康的庭院设计师，将我们的家、工作地点、郊区和内城居民区改造为亲近自然的社区的城市规划师也是参与者。接下来还有"崇尚自然的教师"，他们坚持带领学生们到大自然中去学习，或建造拥有野外学习基地的学校；认为回归自然的都市是社会稳定的关键的执法机关的官员，还有图书管理员，他们组织创建学习生态区知识的学习中心，也是这场运动的一分子。还有艺术家们。这场新的自然运动比传统的环境保护主义更加丰富多彩。新近的外来移民和内城的年轻人，如果有机会获得亲近自然和户外活动的体验，一定会成为这场运动最有说服力的倡导者。这场运动的参与者还包括户外休闲产业和未来数千种将人与自然联系起来的新企业。喜爱钓鱼的人、猎人和素食者，还有那些在自然中消费而又保护自然的人们也都参与到运动中来。同时，还欢迎各种自由主义者和保守主义者——无论是慢食运动、慢活运动、简约生活运动，还是宗教的造物运动都可以参与到这场新运动中。开展这场运动，我们不需要在方方面面达成一致意见。

问题：你刚才提到的参与者，是不是大部分都认为自己是环境保护主义者？

回答：有一些是这样认为的，但并不是所有人。许多人并不认为自己是这场大型运动的一分子。但是，如果所有这些力量集结起来，去追寻一个更新的世界，这个世界中人类与自然的关系彻底改变了，试想一下，这股集体的力量该有多么强大。而且，参与者的人数会不断增长。

问题：你早期的著作《林间最后的小孩》，被称作是点燃关注儿童运动的火花。与此次运动有什么联系吗？

回答：《林间最后的小孩》并没有发起儿童与自然运动，这场运动此前已经慢慢地在开展了，但是这本书最终证明了它是非常有用的工具，我非常高兴。我们现在看到了一些进步，但是如果孩子们与自然建立联系不加入到这场声势更浩大的新运动中，这些进步就会停滞不前。在过去的五年里，儿童与自然组织跟踪记录了将近 90 场各地区和各州的活动。无论是全国还是各州，立法方面都取得了进步。同时非盈利组织和企业也纷纷加入。家庭自然俱乐部——有些俱乐部成员有上百个家庭——逐渐流行起来。国际性活动也在更多国家和地区开展起来。就在最近，荷兰发起一项活动，要求《联合国儿童权利公约》珍视儿童亲近自然的权利。我们确实需要，无论大人还是儿童，把亲近自然作为我们的权利，还要肩负起伴随权利而来的责任。

问题：那么儿童与自然运动是这场新运动的一部分吗？

回答：当然是，而且还是核心部分，某种程度上，还是这场更加广泛的运动中的模范运动。在很大程度上，有时称儿童与自然运动为让所有孩子到野外中去的运动，是自我组织的。它超越政治、宗教、种族、经济和地理的分歧。将所有通常不想回归自然的人们带到了大自然中。它深深撼动了人们的心灵。这些与我们所谈论的新自然运动是相同的。

问题：你在本书中提到的大部分观点，既不是我们不能做什么，也不是我们需要停止做什么，而主要是我们能做什么。自从《自然法则》出版后，你有没有新想法，有没有在这本书中提到？

回答：关注自然法则的人们常常有新想法，我不断从他们那里获取灵感。我曾在博客中写下了许多新观点（网址是 http://www.natureprinciple. org 和 http://www. childrenandnature. org）。我非常高兴看到许多记者和支持者报道与大自然有关的概念和实际案例，比如发起国家图书馆活动，这个活动旨在将人与所在社区的大自然联系起来，这个想法就非常新颖。在此，我要向长岛图书馆脱帽致敬，该图书馆建造了一个 5000 平方英尺（约合 0.7 亩）的户外阅读和休闲区。大家想一想：在图书馆，你可以找到区域地图、当地自然风光的宣传册、远足和家庭俱乐部的手册、社区花园登记册。甚至还提供户外运动装备。（纽约的一些图书馆就已经开始提供钓竿。）"自然图书馆"可以把建筑师、城市规划师、教育工作者、医生和其他计划令社区回归自然的专业人士聚集在一起。另一个新想法是特拉华州州立大学的道格·特拉美带给我的，他鼓励人们在自家庭院中种上本土物种，逐渐形成"家庭种植的国家公园"。他愿意召集全国的私房屋主和社区，一起努力，最终形成一个巨大的相互连接的生物多样性走廊，这也会改善我们的生活质量。

问题：政策发生改变会怎么样？

回答：大多数情况下，刚才我所列举的人都要比政客们更加超前。他们希望获得政治上的支持，但并不会依赖政治，绝不会默默地等待。然而，政策上的确有大量问题需要考虑，这些问题的答案则取决于我们如何看待未来。在明尼苏达州植物园，来自各行各业——旅游业、房地产开发、医疗保健、教育等——的数百人聚集在这里召开会议，会议的主题就是自然法则。我对玛丽·乔·克赖策的发言非常感兴趣，她是明尼苏达大学护理专业的教授，同时兼任该校精神与治愈中心的主任。她说明尼苏达州应该以建设全国最健康的州为目标，透过自然发展的棱镜所窥视到的未来，可以帮助明尼苏达州实现这一目标。

问题：你对其他社区有什么建议吗？

回答：多年来，我参加了或报道了在各城市和各州建立的许多展望未来组织，它们似乎已经没有什么方法可以看到未来。许多地区变成了新硅谷。如果长远规划组织提出一些完全不同的问题会怎样？如果自然法则应用于一座城市或一个州的教育系统，或医疗保健法规、新的居民区和商业区开发、休闲娱乐产业和经济之中，那么将会怎样呢？生活在这样的未来之中会是怎样呢？许多有见地的人们已经开始提出这样的问题了。

新自然运动指南

想要获取更多信息，参与更深入的讨论，

请看理查德·洛夫的博客：http://richardlouv.com/blog

和儿童与自然组织的网站：

http://www.childrenandnature.org

资源目录和工具请参考：

http://newnaturemovement.com

理查德·洛夫（Richard Louv）

理查德·洛夫，记者，同时是 8 本关于家庭、自然和社区的著作的作者。他的早期著作《林间最后的小孩：拯救自然缺失症儿童》，已被翻译成十种语言，在 14 个国家出版。他是儿童与自然组织（官方网站是： http://www.childrenandnature.org）的创立者和名誉主席，2008年，被美国奥杜邦学会授予奥杜邦奖章。他个人网站的网址是：http://richardlouv.com/blog。